电能质量国家标准培训教材

电能质量国家标准应用指南

全国电压电流等级和频率标准化技术委员会
欧盟—亚洲电能质量项目中国合作组　编著

中国标准出版社
北　京

图书在版编目(CIP)数据

电能质量国家标准应用指南/全国电压电流等级和频率标准化技术委员会,欧盟—亚洲电能质量项目中国合作组编著.—北京:中国标准出版社,2009
电能质量国家标准培训教材
ISBN 978-7-5066-5408-1

Ⅰ.电… Ⅱ.①全…②欧… Ⅲ.电能—质量标准:国家标准—中国—技术培训—教材 Ⅳ.TM60-65

中国版本图书馆 CIP 数据核字(2009)第 140600 号

中国标准出版社出版发行
北京复兴门外三里河北街16号
邮政编码:100045
网址 www.spc.net.cn
电话:68523946 68517548
中国标准出版社秦皇岛印刷厂印刷
各地新华书店经销
*
开本 787×1092 1/16 印张 15.25 字数 391 千字
2009年9月第一版 2009年9月第一次印刷
*
定价 **35.00** 元

编 委 会 名 单

各章编写人员（按章节顺序）

第 1 章　张　苹 高级工程师

第 2 章　陆宠惠 教授级高级工程师

第 3 章　周胜军 高级工程师

第 4 章　林海雪 教授级高级工程师

第 5 章　卜正良 高级工程师，黄足平 教授级高级工程师

第 6 章　赵　刚 高级工程师，林海雪 教授级高级工程师

第 7 章　林海雪 教授级高级工程师，魏宏伟 教授级高级工程师

第 8 章　刘军成 高级工程师

第 9 章　刘军成 高级工程师

第 10 章　李令冬 教授，朱明星 副教授

序

一个良好质量的电能应该是连续的，电源的电压和频率总是保持在允许范围内，且电压和电流具有纯正的正弦波曲线。电能质量可以由电能的特征参数如频率、电压骤降、过压/欠压、电压不平衡、电压波动、谐波、间谐波等描述。

由于电能的特殊性，只有发电、供电、用户三方共同努力，才能保证其质量。

随着国民经济的发展，用电负荷日趋复杂化和多样化，大量具有非线性、冲击性和不平衡特征的负荷造成供电网电能质量的恶化；同时，现代工商业大量使用的计算机系统、快速发展的高新技术产业对电能质量的要求却越来越高，尤其是一些电能质量敏感企业一旦发生问题，会产生很大的经济损失。

风力发电和太阳能发电的规模日益扩大，在局部地区的电网会出现不可忽视的电能质量问题。

随着电力市场的建立和完善，经济和科学技术的不断发展，电力用户自我保护意识的提高，对电力系统的电能质量提出更高的要求。电力公司为提高系统运行的安全经济性，增强自身竞争力，把供电的质量放在重要的地位。电能质量问题越来越引起各行各业的重视。

进入新世纪以来，我国已进入全面建设小康社会、加快现代化建设的新的发展阶段，这对作为经济和社会发展技术基础的标准化工作提出了更新、更高的要求。电能质量国家标准的制定，既涉及大量的技术问题，同时也涉及方方面面的经济利益和国家政策，我们制定电能质量标准的宗旨是兼顾各方利益，使社会效益和经济效益最大化。电能质量标准化工作如何服务于现代经济建设和社会发展，是摆在我们面前的现实课题。随着科技的发展，电能质量的标准也不断地修订，如何让读者全面理解电能质量国家标准，是全国电压电流等级和频率标准化技术委员会（SAC/TC 1）的职责，为此 SAC/TC 1 组织编写了《电能质量国家标准应用指南》一书，旨在为从事电能质量研究、电能质量标准制修订和使用等方面的人员提供参考。

本书系统地介绍了近年来制修订的电能质量国家标准，同时还增加了一些标准实际使用的案例和标准在实际使用中得到的问题反馈，力求满足不同层次读者的需求，为促进我国电能质量标准化工作贡献我们的力量。

国家能源局能源节约和科技装备司司长

全国电压电流等级和频率标准化技术委员会主任委员

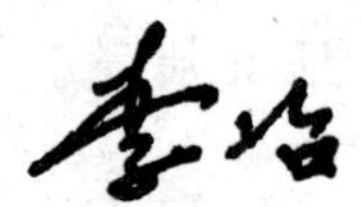

2009年8月8日

前　言

电力是现代工农业和现代社会生活使用的最重要的能源之一。作为一种商品，它不停地流动，不能方便地储存，也不能在使用前进行质量检测。与其他的商品不同之处在于它的用户往往远离发电厂，多个发电机发出的电能同时送入电网，然后通过多个变压器和架空线或埋地电缆送到用户。供电方无法将不合乎标准的电能从供电网上收回，用户也没有办法拒收这样的电能，所以保证用电点的供电质量并不是一件容易的事情。电力供应商提供的电能质量往往和用户所期望的有很大的差别。同时，一些用户负荷的变化也会在电力网中引起电能质量恶化，如大量的电子设备、冶金企业的发展和电气化铁路的开通，会产生大量的谐波电流，这对电力系统和电源质量均造成严重污染，影响公用电网的电能质量，也影响了用户自己和邻近用户的电能质量。高科技的发展，一些敏感用户对电能质量提出了更高的要求。

所以，供用电双方都有义务，承担一定的责任，采取必要的措施，保证合格的电能质量。

标准化就是为了在一定的范围内获得最佳秩序，对实际的或潜在的问题制定共同的和重复使用的规则的活动。而电能质量标准的制定，除了包括大量的技术问题以外，还涉及到相关各方的经济利益和国家政策。制定合理的电能质量标准，需要相关各方在技术、经济等方面进行深入研究，协商一致，以确保社会效益最大化。

本书介绍了全国电压电流等级和频率标准化技术委员会归口的八项电能质量国家标准的内容，这八项国家标准分别是：GB/T 156—2007《标准电压》、GB/T 12325—2008《电能质量　供电电压偏差》、GB/T 15945—2008《电能质量　电力系统频率偏差》、GB/T 15543—2008《电能质量　三相电压不平衡》、GB/T 12326—2008《电能质量　电压波动和闪变》、GB/T 14549—1993《电能质量　公用电网谐波》、GB/T 24337—2009《电能质量　公用电网间谐波》和 GB/T 19862—2005《电能质量监测设备通用要求》。本书分析了标准的适用性，介绍了标准制定过程中的指标选取依据以及在标准使用中应注意的问题。本书还介绍了电能质量限值计算及测试评估案例，探讨了电力系统输配电网、用户供配电网、电气设备之间的电能质量考核点分类，电能质量考核点的限值，电能质量考核点供电质量和用电质量限值的计算方法，为读者实际应用标准提供了帮助。

本书由全国电压电流等级和频率标准化技术委员会组织编写，欧盟—亚洲电能质量项目中国合作组提供支持。

本书可供电能质量专业技术领域的工程、系统和设备的设计、制造、安装、检验、操作、维护人员使用，也可作为电能质量相关管理人员、科研人员、高等院校师生的参考教材。

标准化工作，尤其是电能质量标准化工作发展很快。在编写过程中编者虽然尽力准确无误地解读国家标准的内容，但是由于技术水平和理解的差异，书中难免会出现不妥之处，敬请读者批评指正。

编著者

2009 年 8 月

目　录

第1章 绪 论

1.1 IEC/TC 8 简介

国际电工委员会(International Electrotechnical Commission，简称IEC)成立于1906年，是制定和发布国际电工电子标准的非政府性国际组织。IEC是联合国社会经济理事会的甲级咨询机构，目前大约与200个国际组织保持联系，其中与国际标准化组织ISO关系最为密切。一个国家只能有一个机构以国家委员会的名义被接纳为IEC成员，中国国家标准化管理局(也就是中国国家标准化管理委员会)代表中国参加IEC活动。IEC成员分为P成员和O成员：P成员为积极成员，积极参加IEC活动，有投票权；O成员为观察员，参加活动，但没有投票权。中国是P成员国。

IEC的宗旨是在电学和电子学领域中的标准化及有关事务方面(如认证)促进国际合作，增进国际间的相互了解，IEC通过出版包括国际标准在内的出版物实现这一宗旨。

IEC制定标准的任务是由技术委员会TC和分技术委员会SC来完成的，截止到2008年底IEC约有技术委员会(TC)104个，分技术委员会(SC)96个。IEC有现行标准5 100多个，已被世界各国普遍采用。其中IEC/TC 8的专业范围为电能供应系统方面。

IEC/TC 8原来的工作范围仅限于标准电压、电流和频率等方面的标准制修订。但随着外界环境的变化，电力供应市场发生了迅速变化，供应链的框架发生了变化，不断有新成员的加入，各方关系的复杂性也在呈上升趋势。同时，有些国家的基础设施需要更新，需要满足新的要求。全世界有许多先进的想法，但很少或没有应用，这其中部分原因是重新制定法规的不确定性和复杂性的激增。当代的科学在迅速发展，尤其在技术领域包括通讯、计算机和传感器领域，许多典型的设备正在标准化，这是非常必要的，但还不够。将这些整合在一起需要专门的系统论方法以提供完整的“链”式服务。这需要同时将供用电各方整合成“智能”各方。

从市场需求方面来看，要制定标准帮助新的市场参与者进入市场，要开辟新的经营领域，为消费者提供更好的服务环境，同时要提高质量，满足供应。虽然有相当多的标准已经发布或正在制定，但有必要加强现有相关标委会之间的协调，以保证相关的各个方面都能够涉及得到，并建立起一个灵活的架构。

政府部门一般对协调性文件都比较感兴趣，它可以帮助政府部门组织相关活动，监督市场的发展变化，并对不同国家和不同的市场管理方进行比较。协调性标准是很理想的工具，它可以针对基本特性给出明确的定义，并针对相关技术参数给出测试方法。

对于连接条件应有清楚和对等的定义。例如，对新的发电和传输方式。

对协调性文件和标准的需求是很普遍的，主要用在以下几个方面：对相互协调的立法框架加以落实；对技术和商业革新提供特殊和设计灵活的解决方案；确定基本的技术和经济特性，以及评估和测量方法；明确各方应该承担的责任以及应当实施的工作等条件(电力生产商、输电电网、配电电网、系统和设备制造商、供应商、消费者、政府部门、企业和个人用户等)。估计政府部门和其他相关部门,包括消费者都会积极参与。

从技术和贸易发展的趋势来看,有许多能源市场都是从垄断经营变成竞争性市场的。许多新的发电方式,以可再生能源为主,都在不断开发建设,发出的电都要上网。

让终端用户能够更方便地进入市场就会有新的服务和带来新的效益。它也会带来新的运行边际效益,例如采用用户响应机制,提高能源利用效率以保护环境。标准化也将促进用户所需的先进的商业解决方案的应用(电网自动调节、计量等)。

综上所述,2003年以来,IEC/TC 8将工作范围扩展到电能质量供应系统的市场服务领域,其工作范围是通过加强与其他技术委员会/分委会合作,制定、协调国际标准和其他可交付的文件,重点强调电能供应系统功能和为电力供应系统用户在价格和质量上取得可接受的平衡。电力供应系统包含了输送和配电网络及通过它们的网络界面连接的用户装置。IEC/TC 8制定的标准大致范围如下:

术语;电力系统可靠性(包括计划、运行容量、完备性和系统保障);连接业务活动(包括发电、负荷、系统特性、系统计划数据;运行(包括负荷/发电的平衡、故障处理、应急计划、异常和突发情况管理、测量和监视);电网职责(包括运行安全和保障);测量;数据交换和比对(数据采集和汇总、处理、数据交换、识别方案、计费、负荷概况);通信(包括运行安全和保障);利用公用供应系统的收费机制;与电网相关的服务外包;能源供应的特征,主要包括发电、输电、配电、用电系统的电压、电流、频率标称值及其变动范围和定义在高压、中压、低压网络及其用户(系统操作者、发电方、用电方)接口处的电能供应的特征参数(连续性、电压骤降、过压/欠压、电压不平衡、电压波动、谐波、间谐波)。

协调功能:IEC/TC 8具备系统功能,需要处理电能供应系统的各方面。为了准备基础出版物和确保在这些领域IEC出版物的连续性,依据定义IEC/TC 8同样具备受电能供应的特征(电压、频率和电流以及其参数)涉及项目所限制的协调功能。

IEC/TC 8与以下这些技术委员会和组织在工作上有关系:IEC/TC 1(术语),TC 3(信息结构、文件编制和图形符号),TC 9(电气铁路设备),TC 13(电能测量和负载控制设备),TC 17(开关设备和控制设备),TC 22(电力电子系统和设备),TC 28(绝缘配合),TC 57(电力系统的控制和相关通信),TC 64(电气装置和电击防护),TC 65(工业流程测量和控制),TC 73(短路电流),TC 77(电磁兼容)和SC 77A(低频现象),TC 82(太阳光伏能源系统),TC 88(风力机系统),TC 95(继电器的测量和保护设备),TC 99(在额定电压1 kV和直流电压1.5 kV以上系统中电力设备的系统工程和施工,特别涉及安全方面),TC 105(燃料电池技术),TC 108(音频/视频、信息技术和通讯技术电子设备的安全),TC 109(低电压设备绝缘配合),CISPR(无线电干扰特别委员会)和其他相关的委员会。

IEC/TC 8现有包括中国、美国、比利时、英国、加拿大、德国、法国、荷兰、俄罗斯、瑞士、匈牙利、捷克、芬兰、丹麦、瑞典、日本、沙特阿拉伯、塞尔维亚、韩国等在内的30个P成员国家和包括克罗地亚、保加利亚、希腊、以色列、新西兰、罗马尼亚、乌克兰、波兰、墨西哥、马来西亚和新加坡等在内的12个O成员国家。

1.2 SAC/TC 1介绍

全国电压电流等级和频率标准化技术委员会是由我国标准化主管部门组建的第一个全国性标准化组织,成立于1978年。主要工作任务为根据国家有关方针政策,向国家标准化管理委员会或有关部门提出电压、电流和频率标准化工作方针、政策和技术措施的建议;按照国家确定的积极采用国际标准和国外先进标准的政策，提出制修订电压、电流、频率和电能质量国家标准的规划和年度计划建议；组织电压、电流、频率和电能质量国家标准的制修订工作、科研工作及宣贯工作；审查电压、电流、频率和电能质量国家标准送审稿，提出审查意见；定期复审已发布的本技术委员会归口范围内的国家标准，并提出修订、废止、继续执行等意见；负责电压、电流、频率和电能质量国家标准的解释工作；以及本技术委员会范围内的标准化成果的审查，并对优秀技术标准项目向国家标准化管理委员会提出给予奖励等级的建议；负责与国际电工委员会 IEC/TC 8 对口的技术工作和参加组织有关业务活动，包括对国际标准文件的表态，审查我国提案和国际标准的中文译稿，提出对外开展标准化技术交流活动的建议以及参加 IEC 的会议等。

SAC/TC1 制定的电能质量国家标准如下：

① GB/T 12325—2008 电能质量　供电电压偏差(Power quality—Deviation of supply voltage)

② GB/T 12326—2008 电能质量　电压波动和闪变(Power quality—Voltage fluctuation and flicker)

③ GB/T 15543—2008 电能质量　三相电压不平衡(Power quality—Three-phase voltage unbalance)

④ GB/T 15945—2008 电能质量　电力系统频率偏差(Power quality—Frequency deviation for power system)

⑤ GB/T 156—2007 标准电压(Standard voltages)

⑥ GB/T 762—2002 标准电流等级(Standard current ratings)

⑦ GB/T 1980—2005 标准频率(Standard frequencies)

⑧ GB/T 3926—2007 中频设备额定电压(Rated voltages for medium frequency equipment)

⑨ GB/T 14549—1993 电能质量　公用电网谐波(Quality of electric energy supply—Harmonics in public supply network)

⑩ GB/T 16700—1996 集中网络控制装置的标准频率(Standard frequencies for centralized network control installations)

⑪ GB/T 18481—2001 电能质量　暂时过电压和瞬态过电压(Power quality—Temporary and transient overvoltages)

⑫ GB/T 19862—2005 电能质量监测设备通用要求(General requirements for monitoring equipments of power quality)

⑬ GB/T 20297—2006 静止无功补偿装置(SVC)现场试验(Static Var Compensator field tests)

⑭ GB/T 20298—2006 静止无功补偿装置(SVC)功能特性(The functional specification of Static Var Compensater)

⑮ GB/T 24337—2009 电能质量　公用电网间谐波(Power quality-interharmonics in public supply network)

1.3 本书概况

对于电能而言，就目前的需求或期望来说，它的质量应包括：需要的供电电压等级及其允许偏差、需要的供电频率等级及其允许偏差、良好的电压波形以及不间断连续供电等。然而，在公用电网的公共点上保证电能质量不是一件容易的事情。供电方特性、用电方负荷特性、外部环境、电力系统中的设备设计、制造、安装等方面都会影响电能质量。

表示电能质量的指标一般是指：供电连续性、供电电压允许偏差、供电频率允许偏差、电压波动和闪变、三相电压不平衡、谐波包括间谐波、电压暂降、欠电压、过电压等。

电能质量标准化工作就是通过对电能质量技术的反复实践和总结，经过有关各方的协商一致制定成统一的标准，由主管部门发布和监督实施。本书有选择性地介绍了全国电压电流等级和频率标准化技术委员会归口的电能质量国家标准的内容、适用范围、国家标准主要参数选取的依据。本书还介绍了这些标准制修订所参考的国际或国外标准、根据中国实际情况所作的内容确定以及在标准制修订期间相关条款的争议和最后确定以及标准的局限性和实际案例。

同任何技术一样，电能质量技术也在不断进步和发展，电能质量的标准化工作也将随着技术的发展而发展，今后将会有更多的电能质量标准服务于工农业生产和人民生活。

第2章 标准电压
(GB/T 156—2007)

2.1 概述

国家标准 GB/T 156—2007《标准电压》修改采用 IEC 60038:2002《IEC 标准电压》。本标准代替 GB 156—2003，历次版本还有 GB 156—1980 和 GB 156—1993。

本标准属于基础标准。电是由其他能源转化而来的一种能源形式，因为它使用方便，传输中损耗小，又容易转化为其他形式的能量，便于为人类服务而得到广泛应用。随着科学技术的发展，电在人类社会的发展中将会发挥更大的作用。电压是电的重要属性，它是电源提供能量特性的重要参数，也是供电设备和用电设备之间配合应考虑的首要因素。电压的等级已经影响到全社会的各行各业的发展，甚至现代社会的每一个人。所以它会影响到与电相关的其他国家标准、行业标准、地方标准和企业标准。

电是文明社会的产物，它又促进文明社会的发展，电的使用程度是和社会文明程度密切相关的。文明社会的指标是科学技术迅速发展，生产的社会化程度越来越高，生产规模越来越大，技术要求越来越复杂，分工越来越细，各生产环节的协调越来越重要。电压值、电压标准值以及它们的分级就是需要协调的内容之一。

标准化从其本质上来说，是人类(可以是一个群体、国家、行业、企业)有意识的通过努力使其统一的做法。电压标准值的分级就是为了减少复杂性而制定的。主要工作是对电压值进行合理归并、精选，在适应需要的前提下，合理减少电压等级，同时又要形成系列，满足电力网自身和用户的要求；电力网自身主要考虑系统稳定、输送距离和容量，和相关行业的影响因素也要给予充分考虑(如电气设备制造行业的技术水平，广大用户的使用习惯)，各方尽量协商一致，以得到一个相对稳定的时期，提高电气设备的互换性和通用性，减少“量身定制”的电气设备，为电气设备的高效、大生产服务。减少和清除因为电压值不配合而带来的生产成本的增加。电压等级的确定，还会受到电磁环境、造价等因素的影响。本标准制定的目的还在于促进机械和电力行业的发展。

本标准制修订任务是国家标准化管理委员会下达的 2006 年国家标准制修订计划，项目计划编号为:20064848-T-469，修订标准的主要起草单位有中机生产力促进中心、中国电力科学研究院、国网公司武汉高压研究所、中冶京诚工程技术有限公司、哈尔滨大电机研究所、上海电器科学研究所。

2.2 标准及条款的理解

2.2.1 前言

1. 与 IEC 60038:2002《IEC 标准电压》的主要差异

① 根据我国实际将 IEC 标准电压 230/400 V 和 400/690 V 分别修改为 220/380 V 和 380/660 V，同时增加了我国某些行业使用的 1 140 V(见 GB/T 156—2007 中表 1)。

国际上，有采用 230/400 V 系统的国家，也有采用 240/415 V 的国家，IEC 希望能逐步统一为 230/400 V,其做法有其合理和科学的内涵,IEC 希望通过对 220/380 V 和 240/415 V 系统采用不同容许偏差范围使电压等级逐步向 230/400 V 系统过渡。我国标准没有采用 IEC 的标准,自然沿用 220/380 V 这个电压等级。

② 本标准只规定了电压等级。我国有 GB/T 12325—2008《电能质量　供电电压偏差》标准,专门规定了各电压等级的允许偏差。经过 60 年的建设,我国的电力工业得到了飞速发展,从 1949 年的 185 万 kW 发电装机容量到 2008 年的 80 000 万 kW。这基本满足了国民经济和人民生活对电力的要求。经过了电网改造后,我国的供电质量尤其是农村电网的供电电压的稳定性大大提高。因此,单独规定各级电压的允许偏差是可以操作的,电力系统可以达到的,用户也满意。而《IEC 标准电压》中规定的电压偏差较为宏观,属于指导性的。

③ 增加了四个等级的交流系统标称电压和二个直流系统标称电压。根据我国电力系统发展的实践,标准中增加了 330 kV、500 kV、750 kV、1 000 kV 四个等级的交流输电系统的标称电压。西北地区采用的 750 kV 电压等级、其他地区采用的 1 000 kV 电压等级是我国电力系统和电气设备制造行业近年来的工作和成绩。标准中还增加了 ±500 kV 和 ±800 kV 二个标称电压。自 1990 年建成第一个 ±500 kV 直流输电工程以来(输送距离 1 000 km, 输送容量 120 万 kW),我国已有多个工程建设投运。±660 kV 、±800 kV 直流输电工程正在建设。330 kV 和 500 kV 早已是我国西北和其他地区主网架的电压等级。

④ 增加了发电机的额定电压值。我国近年来新增发电容量每年约一亿千瓦,相应配套的封闭母线和升压变压器的受电端,以及有时设置的开关可采用相应的电压值。

目前我国水电机组的额定电压最高为 24 kV。正在西南建设的某电站部分机组可能采用 23 kV,但不是本标准规定的等级。火力发电机和核电发电机的额定电压值有超过 26 kV 的。

发电机额定电压值提高,可以使输电电流减少,在处理磁屏蔽和发热等问题带来一些方便。带来的困难是发电机线棒绝缘和端部电晕的处理困难,过厚的绝缘会使线槽内填充率下降,发电效率下降。

目前,风力发电机出口电压均采用 690 V;包括太阳能发电等新能源、分布式电源出现的电压等级新问题在标准中尚未涉及。

2. 与 GB/T 156—2003 的主要差异

① 将系统标称电压 20 kV 去掉原来的括号。这代表了一个趋势,就是加大 20 kV 电压等级的使用力度,这部分内容在后面有专门的论述,这里不再多叙述了。

② 将系统标称电压 110 kV、220 kV 设备的最高电压 126 kV、252 kV 修改为 126(123)kV、252(245)kV。123 kV 和 245 kV 是 IEC 推荐的值,126 kV、252 kV 表示最高电压值比系统的标称电压高 15%。随着我国电网规模的扩大,用电负荷的增大,无功管理的加强,特别是负荷密集的地区,系统最高电压值是可以下降的。希望系统最高电压值高的原因是希望设备最高电压值高,这是由于前些年设备质量不稳定,尤其是变压器,提高其最高电压值可以使设备绝缘得到加强。输电线路和变电站事故的一个重要原因是污秽,而污秽的主要指标是爬电距离。爬电距离是爬电比距(mm/kV)和电压值的乘积。在防污规程中,污秽等级有相应的爬电比距。最高电压值可以理解为长期运行的(起码是一个时间段),所以提高最高运行电压值就是加大了爬电距离,也就增加了防污秽闪络的能力。

③ 将设备最高电压 1 200 kV 修改为 1 100 kV，目前我国第一条特高压输电线路设备最高电压是 1 100 kV。

④ 增加了直流部分的 1.2 V、1.5 V 两个额定电压值。这也是《IEC 标准电压》中没有的。这两个电压值特别是 1.5 V 这个值，使用很多。家用和其他场合常用的方便、小型耗电设备和用具都使用一节或数节 1.5 V 的干电池。规范品种可以有利于社会分工，有助于规模生产，降低成本。

⑤ 将强制性标准 GB 156—2003 修订为推荐性标准 GB/T 156—2007。《中华人民共和国标准化法》中第七条规定“国家标准、行业标准分为强制性标准和推荐性标准。保障人体健康、人身、财产安全的标准和法律、行政法规规定强制执行的标准是强制性标准，其他标准是推荐性标准”。很明显本标准属于推荐性标准。当然，不能认为推荐性标准不具有法律效力，当某些法律性文件引用它后，它实际上就与法律性文件一样具有法律作用。如依据《中华人民共和国经济合同法》规定签订的经济合同中，引用了某些推荐性标准，这些标准对签订合同的双方来说，都是必须执行的，对双方都有约束力。当合同失效时，这些标准的技术法规性，对合同双方也同时失效。

2.2.2 规范性引用文件

一般，规范性引用文件都有一段话：“下列文件中的条款通过本标准的引用而成为本标准的条款。凡是注日期的引用文件，其随后所有的修改单（不包括勘误的内容）或修订版均不适用于本标准，然而，鼓励根据本标准达成协议的各方研究是否可使用这些文件的最新版本。凡是不注日期的引用文件，其最新版本适用于本标准。”这是我国标准化管理部门力推的，主要的含义为：本标准引用了下列标准的条款成为本标准的条款。当然，其他标准的条款没有被本标准引用就不应该列入本标准的规范性引用文件中。

标准是不断修订的，如标准 GB/T 156—2007 是 2007 年 4 月 30 日发布，2008 年 3 月 1 日开始实施，不同版本内容也会不同，有时变化很大，所以标准的日期是很关键的。

凡是注日期的引用文件，一旦引用文件有了新的版本，被本标准引用的条款改了，本标准仍然使用注日期的版本中条款。但是鼓励本标准的制定的各个方面研究新条款使用新条款。若不注引用日期，本标准中相应的条款应该用引用文件中的新条款。

实际工作中，往往遇到了与本标准相关的标准中内容与本标准希望的内容有冲突，应全面认真考虑其得失，若确属新材料、新工艺、新方法、新理论和实际使用中需要的变化，在标准制定各个方面协调一致的基础上，可以改变、更正。科学技术的进步应该在标准中有所反映。

2.2.3 术语和定义

2.2.3.1 对术语和定义的理解

1. 术语

术语可以是名词、动词、动宾结构，也可以是形容词加名词等构成的一个语言结构。它对应了一个定义，这个定义又以一段文字描述来规定它所表述的概念。技术标准所提及的术语，其适用范围和使用的人群较人们日常通用的词要小和少。

术语是在特定专业领域中一般概念的词语指称（指概念的任何表述形式）。术语可分为简单术语（如：声、光、电、葡萄）、复合术语（如：声波、光束、电压、葡萄干）和借用术语（如电学中的术语浪涌,其定义是:在电学中借用为超过正常电压或者电流的一个波动)。概念是通过特征的独特组合而形成的知识单元,而指称是概念的间接表达方式。概念和术语原则上应一一对应,以避免歧义和误解。

在现实中,对于一个特定概念的描述有时还会有同义词、近义词、变体、缩写、拒用语等表述形式,标准编写者在编写标准时应尽量避免,一旦使用这些表述也要注意它们的区别和表述格式上的要求,以让标准使用者能够清楚地了解和使用确切的概念。此外,对于"新语词"、"技术行话"、"内部用术语"、"习惯用语"等,在标准编写时亦应注意进行遴选,以使术语通俗易懂,能确切地反映客观事物。

2. 定义

定义是描述一个概念并区别于其他相关概念的表述,定义又分内涵定义(用整体概念和区别特征描述概念内涵的定义)和外延定义(列举根据同一准则划分出的全部部分概念来描述一个整体概念的定义,如惰性气体:氦、氖、氩、氪、氙、氡)。定义在表述时一般不应以专指性的词语开始,如"这个"、"该"等。

术语和定义之间应该一一对应的,即一个术语只表示一个概念(单义性),这个概念只能有一个定义来描述;反之一个定义所描述的概念,只由一个术语来表示(单名性),在技术标准领域应尽量做到这一点,否则会出现异议、多义和同义现象,给标准使用者造成困难。特别需要指出的是电工类标准在采用 IEC 等国际标准时,往往在翻译术语和其定义时出现不统一的问题,尤其是不同的标准化技术委员会对同一术语和定义的翻译。例如 pulse 在我国国家标准中,就有脉冲、冲击、电涌、浪涌、铃振等译法,但其定义几乎是相同的。

术语的定义可用一个典型的例子来说明:

术语:菱形;

定义:无直角的等边四边形。

2.2.3.2　本标准中的术语和定义

1. 系统标称电压

用以标志或识别系统电压的给定值。这个标称电压一般是指电力系统(具体的主要是指电力网)。电力系统是发电厂经变电站、输电线路通到供电点的全部,去掉发电机就是电力网。其主要作用是输送、控制和分配电能。电力系统存在多个层次的电压等级,这些电压等级是按输送和分配电能的需要而设定的。

本标准规定的我国标称电压是 3、6 、10、20、35、66、110、220、330、500、750 和 1 000 kV,均指三相交流系统的线电压。

从输送电能的角度来看,三相交流输电线路传输的有功功率为:

$$P = \sqrt{3}UI\cos\varphi \tag{2-1}$$

式中:U——三相交流输电线路线电压,kV;

I——线电流,kA;

P——传输的有功功率,MW。

三相线路的功率损耗为:

$$\Delta P = 3I^2R_L = 3\left(\frac{P}{\sqrt{3}U\cos\varphi}\right)^2\rho\frac{L}{S} = \frac{P^2\rho L}{U^2\cos^2\varphi S} \tag{2-2}$$

式中：I——线路电流，kA；

R_L——一相导线电阻，Ω；

ΔP——三相线路的功率损耗，MW；

P——三相线路的输送功率，MW；

ρ——导线电阻率，$\Omega mm^2/km$；

L——一相导线长度，km；

S——导线截面积，mm^2；

$\cos\varphi$——负载功率因数；

U——三相交流输电线路线电压，kV。

由式(2-1)、(2-2)可知，当输送的功率一定时，线路电压越高，线路中通过的电流就越小，所用导线的截面就可以减小，用于导线的投资可减少。所用导线截面一定时，线路电压越高，线路中的功率损耗、电能损耗也都会相应降低。但是，电压越高，要求线路的绝缘水平也越高，线路杆塔投资增大，输电走廊加宽；变压设备的投资制造难度也会迅速增加。

电力网中标称电压及其系列的选择是电力网建设的基础，其主要考虑的因素是：国民经济和人民生活的近期和远期的需求、电能和电力输送需求、输送距离、电力网损耗和输变电设备的投资等。

世界电力工业发展的经验表明，电压等级不宜过多或过少，即相邻的两电压等级的级差不宜过大或过小。级差过小，电压等级过多，使电力设备制造部门生产品种增加，成本增大，也使电力系统中设备的维护和检修的工作量增大，电力网中变电损耗增大，管理难度加大。反之，过少的电压等级又会使电压等级的选择受到限制，变电站出线增加，供电可靠性下降。根据经验，电力网中输电的标称电压等级中相邻的两个电压之比为2～3倍。

我国西北地区的电压等级为10，35，110，330，750 kV。其他地区为10，35，110，220，500，1 000 kV。

表2-1给出了架空输电线路的标称电压与输送功率和合理输送距离间的关系。

表2-1 架空输电线路的标称电压与输送功率与输送距离

线路电压/kV	输送功率/MW	输送距离/km
3	0.1～1.0	1～3
6	0.1～1.2	4～15
10	0.2～2.0	6～20
35	2.0～10	20～50
110	10～50	50～150
220	100～500	100～300
330	200～800	200～600
500	1 000～1 500	250～850
750	2 000～2 500	300～1 000
1 000	2 500～5 000	500～1 500

随着输电距离和输电容量的不断增加，输电电压会不断提高，相关的制造、施工、安装、运输和运行技术要求以及工程成本都会提高。输电线路的最高电压等级已成为一个国家电力系统规模和输电技术水平的象征，也是一个国家综合实力的象征。

2. 系统最高和最低电压

标准中规定：正常运行条件下，在系统的任何时间和任何点出现的电压最高和最低值，不包括瞬态电压，包括雷电击中线路和变电站或附近物体、大地时的雷击过电压、开关操作切除或接上电力网的某一部件、部分时的操作过电压，也不包括异常工况时的工频(50 Hz)电压的升高。

和世界上其他任何事物一样，相互联系的两个事物必须相互配合。电力网是由输电线路和电气设备组成的，他们的运行电压值就必须配合(当然其他参数如电流、功率等也应配合)。通常，由于输送电能时在线路和变压器等元件上产生的电压降落，会使线路上产生电压损失，线路上各处的电压各不相等，与标称电压产生偏离。为了使线路各点的电压偏离值小一些，可以将线路调整到首端(电源端)的电压高出标称电压，线路末端的电压低于标称电压。如图 2-1 所示。

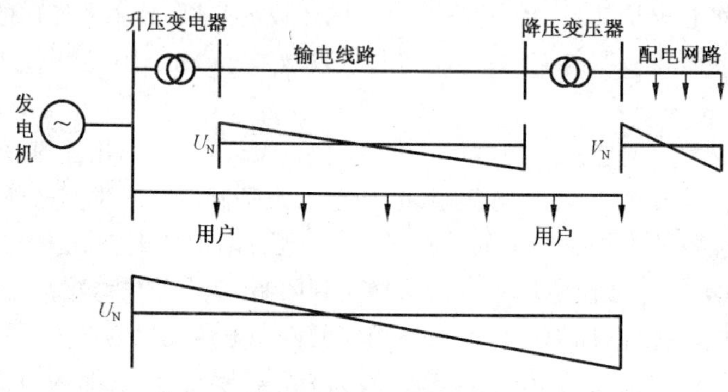

图 2-1　电力网各部分电压分布示意图

3. 供电点、供电电压和供电电压范围

供电点是指供电部门配电系统与用户电气系统的联结点。这点的电压值为供电电压，可以用线电压或相电压表示，这点电压的范围为供电电压范围。这三个术语，主要用于供电部门和用户之间的产权分界、电能计量和电能质量的考核。供电点从纯电气的角度来说只是某个电压等级的电路上的一个点，这个点上有一个集中的负荷接入。

4. 用电电压、用电电压范围

是指设备受电端上的线电压或相电压及它的变化范围。从上面介绍的知识可知，若用户有多台用户设备、供电点到用电设备有相当的距离的条件下，供电电压和用电电压之间会有一个可观的电压差。供电电压范围和用电电压范围也会不同。

5. (设备的)额定电压、设备最高电压

用以规定元件、器件或设备额定工作条件的电压。设备最高电压是设备可以应用的最高电压。用电设备的额定电压应和电网的电压相一致，为了使电气设备有良好的运行性能，电网电压的偏差不得超过±5%。故在运行中通常可允许线路首端的电压比标称电压高5%，而末端电压比标称电压低 5%，即电力线路从首端到末端的电压损失允许为 10%。这样无论用电设备接在线路的哪一点，都能保证其承受的电压不超过额定电压值的±5%，以

满足接入电网设备的安全、经济运行。

对于变压器而言，因为其在电力系统中具有发电机和用电设备的双重性，变压器的一次绕组是从电网接受电能，相当于用电设备；其二次绕组是输出电能，相当于发电机。因此规定：变压器一次绕组的额定电压等于电网的电压。当变压器的一次绕组直接与发电机的出线端相连时，一次绕组的额定电压应与发电机的额定电压相同。变压器的二次绕组的额定电压是指变压器空载运行时的电压，当变压器在额定负载下运行时，其内部阻抗会造成大约5%的电压损失。为使变压器在额定负载下运行时，二次绕组的电压比同级电网的电压高5%，变压器二次绕组的额定电压应比电网电压高10%。当变压器的二次侧输电距离较短，变压器阻抗较小时，变压器二次绕组的额定电压可比同级电网电压高5%。

设备最高电压是表示绝缘和电压值相关的其他特点必须满足运行的要求。在最高电压值下，设备的内外绝缘不能被损坏或击穿，在设备的寿命期内性能不能明显下降。又如变压器等设备在最高电压下，其励磁电流不能超过一个合适的值，铁芯内的磁通密度不应运行在深度饱和区。变压器比则根据系统中所处的位置（电压的值和变化范围）进行选择，不能都按最高电压值来选择，变压器还有抽头用于调节电压。

2.2.4 标准电压

标准文本中4.1～4.8给出了不同系统和设备的标准电压值。

4.2是交流和直流牵引系统的标准电压，系统标称电压25 kV是电气化铁道的电压值（交流）。其他牵引系统的电压值分别为750、1 500、3 000 V（直流）。近年来电气化铁道在我国发展很快，这促进了国民经济的发展，也改变了人们的生活。电气化铁道带来的电能质量问题已经不再是几个省电网的特殊问题，而是整个电网的普遍问题。

4.7是交流低于120 V和直流低于750 V的设备额定电压。设备额定电压和其对应的电源电压的等级充分体现了系列性、适用性和经济性，这既满足了国民经济发展和人民生活对电气设备的需求，又减少了规格，便于设备的互换、配套、更新，达到了减少社会生产总成本的目的。座机电话的插头是标准化最好的一个元件，几乎世界上所有的插头是统一的、通用的。最浪费资源是手机的充电器和电池，设想一下若将手机充电电源与手机接口标准化，有条件时将电池标准化，包括尺寸、电压值的统一，可以节省可观的社会资源。

其他6条的内容是讲发电机、交直流电网和相关设备的。

2.2.5 几个特别关注的问题

1. 220/380 V和230/400 V标称电压

IEC标准中规定的是230/400 V标称电压，在注中还指出，现有的220/380 V和240/415 V标称电压的系统，应逐步过渡到推荐值230/400 V，过渡期要尽可能短，并应不超过2003年。还推荐了一些过渡措施。我国采用的是220/380 V。在IEC标准制定过程中，我国作为P成员国（积极成员），曾表示不改变原来的220/380 V值。这个标称电压值的改变涉及面是很大的，不改是对的。世界上还有美国、日本等许多国家采用110 V标称电压。

2. 20 kV配电电压等级

随着国民经济发展和人民生活的提高，负荷在不断增长，特别是城市中心区域，负荷密度大增。原来的10 kV配电网络容载比较低。因此必须增加新的电源点，但这些区域所处位置、站点、线路路径和上级电源的选取都非常困难。因此将10 kV电压等级升为20 kV

是解决中压配电容量不足，提高供电可靠性，满足用户用电需求的一个途径。

美国早在 1948 年就部分采用了 21 kV～25 kV 电压等级，法国和德国在 20 世纪 60 年代就开始发展 20 kV 电压等级，意大利、奥地利、保加利亚、波兰和前苏联均采用 20 kV～25 kV 电压等级。亚洲有 9 个国家和地区将 20 kV 作为中压配合电压等级，在国内江苏苏州工业园已选用 20 kV 电压等级，华东地区的苏州工业园区和东北地区的部分工业企业中内部配电采用 20 kV 电压等级。20 kV 电气设备制造能力等均已成熟。

20 kV 取代 10 kV 中压配电电压，在提高配电系统的容量，降低线路上的电压损耗，增大供电半径，降低线损等方面有明显的效益。

在有些地区实现 20 kV 供电可以直接采用 110 kV/20 kV 来取代 110 kV/35 kV/10 kV 的模式，减少一个环节，提高电力网效益。当然实现 20 kV 替代 10 kV，在原有供电区域还涉及到改造成本等方面的问题，但是对新建的大型小区、工业园区采用 20 kV 供电是完全可能的，有效益的。

3．直流输电电压等级

IEC 标准中没有这部分内容，本标准 4.6 为高压直流输电系统的系统标称电压，分别为 ±500 kV 和 ±800 kV。

传统的观点认为：直流输电工程的额定电压是由每一个工程的具体情况来决定的。尽管直流工程有架空线路、电缆线路和背靠背等多种类型。20 年前的直流输电工程的直流额定电压主要受汞弧阀电压的限制，形成了目前直流输电工程额定电压繁多的状况，分别为 ±17、±25、±50、±70、±80、±82、±85、±100、±120、±125、±140、±150、±160、±180、±200、±250、±266、±270、±350、±400、±500、±533、±600 和 ±800 kV 等。

国内目前的长距离直流输电工程的额定直流电压为 ±500 kV 和 ±800 kV。第一条 ±500 kV 直流输电工程葛洲坝—上海（葛—上）工程已于 1989 年投运，额定容量为 1 200 MW，输电距离为 1 080 km。以后又有天生桥—广州、三峡—广州、三峡—上海等多个直流工程相继投运。±800 kV 直流输电工程正在建设的有二个：一个是云南禄丰县—广州，额定输送容量 5 000 MW，输送距离 1 438 km，主要将小湾（420 万 kW）金安桥（240 万 kW）等水电站的电力送往广州。另一个是从四川宜宾—上海奉贤，额定输送容量为 7 000 MW，输送距离 2 000 km，主要将金沙川下游向家坝(6 400 MW，8 台 800 MW 发电机，2010 年开始发电)和溪洛渡(13 500 MW，18 台 750 MW 发电机，2013 年开始发电)水电站的电力送往上海。这两个工程是世界上直流电压最高、输送容量最大、距离最远的工程。设备制造方面：6 英寸晶闸管、800 kV 大容量换流变压器、直流平波电抗器、套管将会有重大技术创新和突破。在电气方面：电晕效应、绝缘配合、电磁环境等方面是研究的重点。

我国舟山试验性直流工程的额定电压为 100 kV，西北华中背靠背直流工程的额定电压为 120 kV。

直流输电的优缺点：

① 线路造价低。对于交流，架空线用三根导线，直流用二根导线即可，建设费用较低。对于电缆，绝缘介质的直流强度远高于交流强度，直流电缆投资要少。

② 年电能损耗小。导线电阻损耗小，没有感抗和容抗的无功损耗；没有集肤效应，导线截面利用充分。直流架空线路的“空间电荷效应”使电晕损耗和无线电干扰都比交流线路小。

③ 不存在系统稳定问题。用直流输电系统连接两个交流系统，由于直流线路没有电抗，输电容量和距离不受同步运行稳定性的限制，还可以实现非同期联网，限制由于联网带来的短路电流增加，提高系统运行的安全稳定性。

④ 没有电容电流。直流线路稳态时无电容电流，沿线电压分布平稳、无空载和轻载时交流长线受端及中部发生电压异常升高的现象，也不需要并联电抗补偿。

⑤ 节省线路走廊。输电线路走廊是一种资源，±500 kV 直流和 500 kV 交流输电线路走廊大约 50 m，前者输送容量约为后者的 2 倍。

⑥ 换流装置昂贵。这是限制直流输电应用的最主要原因。在输送相同容量时，直流线路单位长的造价比交流低；而直流输电两端换流站造价比交流变电站贵很多。

⑦ 消耗无功功率多。一般每端换流站消耗无功功率约为输送功率的 40%～60%，需要无功补偿。

⑧ 产生谐波。换流器在交流和直流侧都产生谐波电压和电流，使电容器和发电机过热，换流的控制不稳定，对通讯系统产生干扰。

⑨ 直流开关制作困难。直流无波形过零点，灭弧困难。

⑩ 不能用变压器来改变电压等级。尽管多端直流输电技术取得一些经验(美国和加拿大建成了五端直流输电工程)，中间落点尚有许多困难。

因此，直流输电主要用于长距离大容量输电，交流系统之间异步互联和海底电缆送电。

目前，国内已在开展±1 000 kV 等级的直流输电的论证和前期研究。

4. 特高压输电技术

本标准 4.5 中列有系统标称电压 750 kV 和 1 000 kV，设备最高电压分别为 800 kV 和 1 100 kV。

750 kV 电压等级是西北地区 330 kV 电压等级上面的一个电压等级，从电网电压等级来看是合理的。第一个 750 kV 输电工程 2005 年底投入运行，从青海官亭至甘肃兰州东，地处我国高海拔地区，污秽也较为严重。虽然 750 kV 电压等级在国外属于成熟技术，但在我国首次实现尚有很大困难，此输变电工程从科研、设计、制造、施工和调试，全部立足国内，调试一次成功，运行状态良好，取得了好的效益。随后陕西、甘肃、宁夏、青海已由 750 kV 联成网，同时国家已经批准 750 kV 电压等级的线路和新疆电网相联。

国际上，一般将 330 kV 以上、1 000 kV 以下的电压称为超高压(EHV)，1 000 kV 及以上的电压称为特高压(UHV)。750 kV 电压等级属超高压。750 kV 电压等级输变电工程的投运为 1 000 kV 电压等级的建设提供了借鉴和经验。

我国电力工业在过去的几十年内发展迅速，装机容量从解放初期 1949 年的 185 万 kW 增长到 2004 年底的 4.4 亿 kW，预计到 2009 年底达到 8.6 亿 kW。

电力工业发展来源于用电负荷的增大，我国的生产力发展和能源资源呈逆向分布，能源丰富地区远离经济发达地区。我国 2/3 以上的经济可开发水资源分布在四川、西藏、云南。煤炭资源 2/3 以上分布在山西、陕西和内蒙古。系统运行电压等级的提高来源于输送容量和距离的增加，实现电压等级的提高还要求电气设备制造技术、输变电工程设计、施工技术的提高。我国于 1972 年建成第一个 330 kV 电压等级的输变电工程，1981 年建成第一个 500 kV 电压等级的输变电工程，1989 年建成第一个±500 kV 直流工程，2005 年建成第一个 750 kV 电压等级的输变电工程,2008 年建成第一个 1 000 kV 电压等级的输变电工程。国内外电压等级出现的年份比较见表 2-2。

表 2-2　国内外电压等级出现年份

电压等级/kV	330～380	500	750～765	1 100～1 150	±400～±500	±600	±800
国外	1954 年瑞典	1964 年前苏联、美国	1965 年加拿大	1989 年前苏联	1965 年前苏联	1980 年巴西	—
我国	1972 年	1981 年	2005 年	2008 年	1989 年	正在建设中(±660 kV)	正在建设中

1 000 kV 电压等级的需求来源于:500 kV 系统短路电流的增加,系统发生对地或三相短路故障时,开关必须有效地切断故障部分,以保持系统的安全运行。目前有些地区短路电流已经超过或接近于开关的开断限值。华东地区研究了在系统串联小电抗的方式来限制短路电流,缓解短路电流超标问题。也有将 500 kV 环网采用开环方式来限制短路电流,影响了系统运行的可靠性。

我国幅员辽阔,能源资源分布不均,不同地区电源结构差异较大;地区负荷特性、南北季节性差别明显,东西时差大,存在错峰、水火互济、跨流域补偿调节、互为备用等联网效益。

1 000 kV 交流输电的主要优缺点为:

① 提高传输容量和距离。1 000 kV 交流自然功率输出能力是 500 kV 交流的 5 倍,输送距离是 500 kV 的 2 倍。

② 节约土地资源。我国土地资源紧缺,输电工程的建设必定要占用土地,这势必会对输电走廊内人类的社会活动和日常生活造成一定的影响。从电力建设本身来说,大江、大河的过江点已经成为稀缺的资源,另外随着我国输气管道及其他工农业设施的建设、地下走廊也成为资源,且日益显现出互相牵制、互相矛盾的局面。输送容量相等时,1 000 kV 交流输电比 500 kV 交流输电可节省约 2/3 的土地资源。

③ 输电损耗低。1 000 kV 输电具有低损耗的技术优势,输送相同的容量,1 000 kV 的损耗是 500 kV 的 1/4。

④ 工程造价省。输送相同容量时,1 000 kV 输电与 500 kV 输电相比,节省导线材料约一半,节省铁塔材料约 2/3,综合造价节省约为 3/4。

⑤ 1 000 kV 交流输电具有灵活性。交流输电与直流输电相比,一条交流输电线路上可以有多个落点,而直流输电基本上只是点对点的输送电能。实现网与网之间的连接,进一步形成全国联网,必然是多端网络,这也必须依靠 1 000 kV 交流工程来实现。在特殊情况下,局部可用直流联网和背靠背连接联网。

1 000 kV 输电的主要缺点是稳定性和可靠性问题。从目前的可靠性理论分析,如果靠一、二条线路连接二个网,二个网的可靠性都会下降。电源的集中送出,其容量在受端电网中有相当的比例,一旦线路故障,会对受端电网带来巨大的冲击。1 000 kV 尚未形成主网架时,下级电网不能开环运行,不能有效降低电网短路电流。当然这些问题在大容量直流输电中同样存在。图 2-2 是我国第一条 1 000 kV 特高压线路图(晋东南—湖北荆州)。

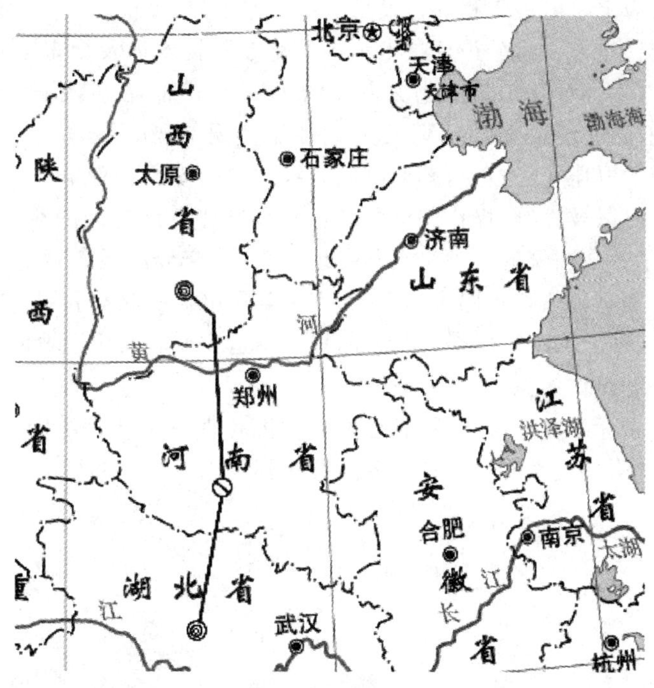

图 2-2 我国第一条 1 000 kV 特高压线路图(晋东南—湖北荆州)

2.3 结语

从国内外电力系统发展的历史看,一座或数座大型电站接入系统会促使系统出现更高一级电压等级。我国西北刘家峡水电站的接入系统形成了西北 330 kV 电网;葛洲坝水电站建成,使我国华中地区形成了 500 kV 电网。在国外,加拿大为邱吉瀑布水电站群建设了 735 kV 电网,俄罗斯为核电站送电建设了 750 kV 电网。

电网的电压等级的发展主要来源于输电容量和距离的需要。电压等级的提高为电网的安全经济运行提供条件。西北 750 kV 迅速成网并延伸到新疆,不但促进了嘉峪关以东地区的经济发展,同时也为新疆经济发展和煤炭资源的开发提供了基础。

我国第一条 1 000 kV 特高压线路(晋东南—湖北荆州)已经投入运行。同时在规划的还有两纵两横的特高压输电线路,输送距离均在 2 000 km 以上,一条是将四川雅安的水电送到南京,一条是将内蒙古西部的火电送到山东潍坊,另外两条分别是陕北到长沙,内蒙古到上海。"两纵两横"的建成将形成国家级特高压电压网,更好地为国民经济和人民生活提供服务。

电压等级国家标准是一基础标准,它反映了国民经济发展和人民生活提高的程度,工农业生产发展了,人民生活提高了,用电量自然就增加了。此时如果本地资源不能生产出足够的电力,就需要远距离送电。工业总体水平提高了,生产的电气设备可以满足相应的电压等级的要求了,才能上一个电压等级。在刘家峡水电站送出相关的 330 kV 电压的论证中,曾有 330 kV 还是 380 kV 之争,后来主要因为我国电工生产水平的限制,才定为 330 kV。第一条 500 kV 输电线路平顶山—武汉,两端变电站的设备基本上是进口的。同时在东北建设的变电站全部采用国产化设备,许多年后才建成。国产设备的质量不高和电力系统很高的安全可靠性之间的矛盾很突出。为了支持鼓励国产化发展,国家有关部门曾有进口设备需要机械部会签的规定。电力工程的建设虽然不像原子弹、宇宙飞船、航空母舰那样的高科技，却也都是和材料、工艺、加工、设计技术和自动化控制技术以及众多基础学科相关，这从某一侧面也反映了一个国家的综合实力。到了二十一世纪初，我国建设的 750 kV、1 000 kV 工程和正在建设的±800 kV 工程，基本上实现了国产化。

以上为电力网的电压等级概述，其他电压等级主要是牵引系统和工农业生产各行业的用电设备(包括系统)以及控制、操作用电源和设备。这些电压等级的科学化、系列化、标准化，更主要的反映了一个国家的管理水平和管理理念，在充分满足各行业需求的基础上，尽量减少电压等级特别是数值相近的电压等级，实现常用电器的电压和接口的标准化，有利于通用性、互换性的实现，少储备件或不用备件，提高制造企业和使用企业的效率，进而在减少社会总成本中发挥重要作用。

文明社会产生了标准和标准化活动，标准和标准化促进文明社会的发展。从某种程度上说，一个社会的文明程度是和这个社会的标准化程度以及人们的标准化意识密切相关的。

第3章 电能质量 供电电压偏差 (GB/T 12325—2008)

3.1 概述

电力系统由发电厂、升压变压器、输电线、各级降压变压器和配电线以及各种用电设备所组成，由于用电负荷不断变化，所以电力系统运行中有功功率和无功功率始终处于动态平衡中，系统各点的电压也时时变化，但这种变化是有一定范围限制的，这就是供电电压允许偏差，即实际运行电压对系统标称电压偏差的百分数。

供电电压偏差是电能质量最主要的指标之一。电压偏差限值的确定是一个综合的技术经济问题，确定合理的偏差对于电气设备的制造和运行，对电力系统安全和经济都有重要意义。偏差限值较小，有利于供用电设备的安全和经济运行，但为此要改进电网结构，增加无功电源和调压装备，同时要尽量调整用户负荷。另一方面，供用电设备的电压偏差限值也反映了设备的设计原则和制造水平。电压偏差限值大，设备对电压水平变化的适应性强，这需要提高产品性能，往往要增加设备的投资。对于一般电工设备，电压偏差超出其设计范围时，直接影响是恶化运行性能，并会影响其使用寿命，甚至使设备在短期内损坏；间接影响是可能波及相应的产品生产质量和数量。

此次修订的宗旨是使标准进一步科学化、实用化，提高可操作性，要做到既向国际标准靠拢，又符合中国国情，以适应电网和用电负荷的快速增加和电力市场的发展需要，加强电能质量的监督和管理。希望通过此次修订，能为提高我国电能质量水平，做好节能降耗，为国民经济总体效益的提高做出应有的贡献。

3.1.1 任务来源

2008年发布的国家标准GB/T 12325—2008《电能质量　供电电压偏差》是根据国标委2006年标准修订计划（项目编号为20063997-T-469）的安排制定的。标准为推荐性国家标准，是对国家电能质量系列标准中《电能质量　供电电压允许偏差》(GB/T 12325—2003)进行的修订，主要为了规范电能质量中供电电压偏差的限值、测量、合格率统计等，使供电电压质量得到基本保证，以获得良好的社会经济效益。

3.1.2 标准的历次发布情况

国家标准《电能质量　供电电压偏差》的历次版本发布情况为：GB/T 12325—2008、GB/T 12325—2003、GB 12325—1990。其中2003年修订版未做实质性工作，只是将原标准中术语由“额定电压”全部改为“标称电压”，原标准的基本缺陷依然存在：没有测量仪表、测量方法、合格率的统计等规定，因此标准仍缺乏可操作性，有必要修订，经国家标准化管理委员会批准正式列入修订计划。

标准的主要起草单位有中国电力科学研究院、华北电力科学研究院有限公司、中机生产力促进中心、中国南方电网有限责任公司、中铁二院工程集团公司、中石化工程建设公司、煤炭科学研究总院上海分院、上海大众汽车、铁道第一勘察设计院。

3.2　电压偏差超标的危害

电压偏差过大,会对电气设备和电力系统运行带来一系列的危害。

3.2.1　对照明设备的影响

电气设备都是按照额定电压下运行设计、制造的。照明常用的白炽灯、荧光灯,其发光效率、光通量和使用寿命,均与电压有关。图 3-1 的曲线表示白炽灯和荧光灯端电压变化时,其光通量、发光效率和寿命的变化。白炽灯对电压变动很敏感,从图 3-1 中可看到:当电压较额定电压降低 5%时,白炽灯的光通量减少 18%;当电压降低 10%时,光通量减少 30%,使照度显著降低。当电压比额定电压升高 5%时,白炽灯的寿命减少 30%;当电压升高 10%时,寿命减少一半,这将使白炽灯的损坏显著增加。

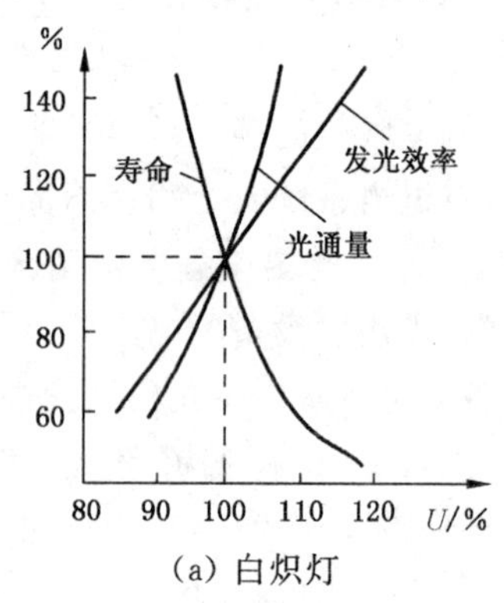

(a) 白炽灯

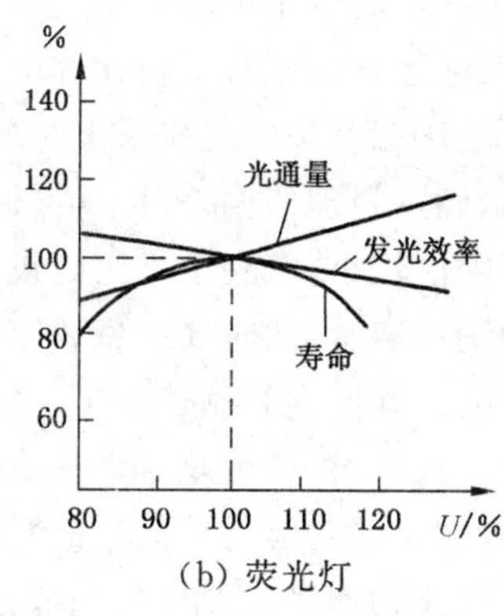

(b) 荧光灯

图 3-1　照明灯的电压特性

对于荧光灯而言,灯管的寿命与其通过的工作电流有关。电压增大,电流增加,则寿命降低。反之,电压降低,由于灯丝预热温度过低,灯丝发射物质发生飞溅也会使灯管寿命降低。

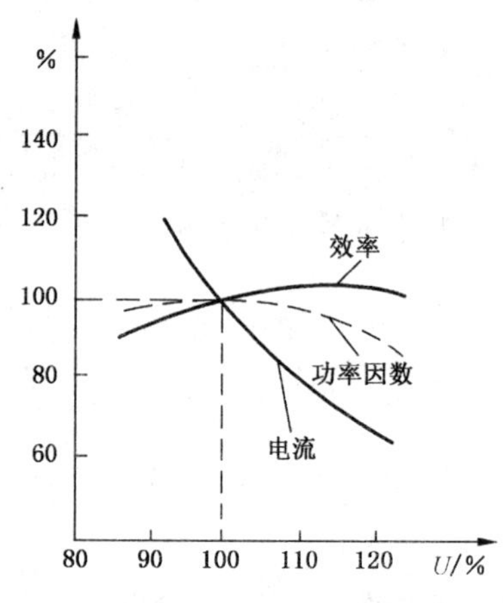

图 3-2　异步电动机的电压特性

3.2.2　对电动机的影响

用户中大量使用的异步电动机,当其端电压改变时,电动机的转矩、效率和电流都会发生变化。异步电动机的最大转矩(功率)与端电压的平方成正比。如电动机在额定电压时的转矩为 100%,则在端电压为 90%额定电压时,它的转矩将为额定转矩的 81%,如电压降低过多,电动机可能停止运转,使由它带动的生产设备运行不平常。有些载重设备(起重机、碎磨机)的电动机,还会因电压降低而不能启动。此外,电压降低,电动机电流将显著增大,绕组温度升高,在严重情况下,会使电动机烧毁。图 3-2 示出异步电动机的电流、效率和功率因数与电压的关系。电压偏差对同步电动机的影响和异步电动机相似,端电压变化虽不引起同步电动机的转速变动,然而,其起动转矩与端电压平方成正比,而其最大转矩与端电压成正比,即端电压变化－10%或＋10%,最大转矩也相应变化－10%或＋10%。如果同步电动机励磁电流由与同步电动机共电源的晶闸管整流器供给,则其最大转矩将与端电压的平方成正比变化。

3.2.3 对变压器、互感器的影响

当电压升高时，对变压器、互感器的影响主要有两方面。一是励磁电流增加，使铁芯中磁感应强度 B 增加，导致铁损增加、铁芯温升增加。二是油中和绕组表面电场强度增加，促使油和绕组绝缘老化加速，严重时将使绝缘很快老化，导致绝缘损坏。当电压降低时，在传输同样功率条件下，绕组电流增加，绕组损耗与电流平方成比例地增加。

3.2.4 对并联电容器的影响

电容的无功功率与电压平方成比例，电压降低使其无功功率输出大大降低。电压上升虽然其无功功率提高，但由于电场增强使局部放电加强，使绝缘寿命降低。若长期在 $1.1U_N$ 下工作，其寿命约降至额定寿命的 44%。电容器的爆炸及外壳鼓肚等，就是由于局部放电及绝缘老化积累效应引起的。

3.2.5 对家用电器的影响

电压降低使电视机色彩变坏，亮度变暗；电压升高使电子设备阴极加热电流增加，显像管寿命降低，阴极电压升高 5%，寿命约缩短一半。电压偏移过大时，使电子计算机和控制设备出现错误结果和误动等。

3.2.6 对其他用电设备的影响

实际上电压的变化广泛地影响各种工业用电设备，过大的电压偏差在不同程度上影响电气设备输出功率和使用寿命，会使电耗增加，产品质量下降或报废，产量减少，设备损坏，甚至被迫停产，对工业企业生产影响很大。例如电阻炉热能输出与外施电压平方成正比，当电压降低时，熔化和加热时间显著延长，严重降低生产效率；电解设备通过整流装置供给直流电流，电压的下降会使电解槽工况恶化。表 3-1 为某电解铝生产状况统计表。

表 3-1 电压偏差与电解铝生产状况的统计表

交流电压偏差/%	0	−0.8	−1.7	−2.8	−4.0	−4.7	−5.7	−6.7	−7.6	−8.6
电耗/(kW·h/t)	17 200	17 300	17 300	17 500	17 600	17 900	18 100	18 250	18 400	18 600
电解槽生产率/%	100	99.4	99.0	97.5	96.0	93.9	91.9	90.0	88.7	87.0

3.2.7 对电力系统运行的影响

电压降低时电压负偏差加大，对系统运行的影响主要表现为三个方面：

① 由于输电线路输送功率的静态稳定功率极限（$P_M = EU/X$）与发电机电势 E 和系统电压 U 成正比，与组合电抗 X 成反比。系统电压越低稳定功率极限越低，功率极限与线路输送功率的差值（即功率储备）越低，越容易发生不稳定现象，甚至会造成系统瓦解的重大事故。

② 当电网缺乏无功功率，电网运行电压低时，可能因电压不稳定造成系统电压崩溃，也可能造成大量用户停电或系统瓦解。根据单发电机—单电动机系统的分析，当电压偏低时，系统发出的无功功率小于负荷吸收的无功功率使电压下降，电压下降无功缺额更大，恶性循环而导致电压崩溃。

③ 输电线路和变压器在输送相同功率的条件下，其电流大小与运行电压成反比。电网低电压运行，会使线路和变压器电流增大。线路和变压器绕组的有功损耗与电流平方成正

比。低电压运行会使电网有功功率损耗和无功功率损耗大大增加,从而加大了线损率,增加了供电成本。

3.3 标准主要条文的解释

3.3.1 综述

此次修订主要从该标准自1990年正式颁布实施以来的执行情况进行重点调研,以验证偏差限值是否需要调整或修订;对电压测量仪器及测量方法进行了补充。对标准中限值的修订紧密结合国情,既要考虑供电系统也要考虑用户设备的实际情况。在对国内外大量实测数据的调查和统计分析的基础上,从电力系统和电力用户的实际情况出发,给出合适的限值。本标准与前一版相比主要变化有:

① 标准名称更名为《电能质量 供电电压偏差》。

② 为便于理解和实施,前三个术语与 GB/T 156《标准电压》协调一致(标准 3.1~3.3),修改了“电压偏差”的定义(标准 3.4),增加了“电压合格率”术语(标准 3.5)。

③ 增加 20 kV 电压等级的电压偏差限值(标准 4.2),其他限值不变;增加“对供电点短路容量较小、供电距离较长”的规定(标准 4.4)。

④ 正文增加“供电电压偏差的测量”,以使标准具有可操作性。

⑤ 增加了“附录 A 电压合格率统计”、“附录 B 电网电压监测及地区电网电压合格率的统计”。

3.3.2 标准名称的变更

由于修订后的标准不仅仅包含供电电压偏差限值,还包括测量以及合格率统计方面的规定,所以将标准更名为《电能质量 供电电压偏差》。

3.3.3 供电电压偏差的限值规定

根据历年的执行情况,本标准维持现有供电电压偏差限值不变。增加 20 kV 电压等级的电压偏差限值,与 GB/T 156《标准电压》协调一致,并考虑到该电压等级的发展主要是新建配网以及根据负荷发展需要将 10 kV 电网改造而成,所以将标准条文 4.2 改成“20 kV 及以下三相供电电压偏差为标称电压的±7%”。之所以维持不变主要从以下三个方面来考虑:

① 虽然 IEC 国际标准和 EN 50160 欧洲标准规定供电电压偏差限值为不超过标称电压的±10%,但现行国家标准已实施多年,两大电网电压合格率统计结果显示执行良好。若放宽标准限值,实际上是降低了电能质量,对电气设备要求更为严格,设备制造成本必然加大。事实上 IEC 在对电压偏差的描述中“考虑压缩这个范围”,也就是说 IEC 国际标准对电压偏差的容许范围规定将趋于更加严格,所以国标现有限值严于 IEC 规定符合国际发展趋势,是可取的。

② 若提高标准要求,减小电压偏差允许范围,有利于供电设备的安全和经济运行,并且对用户的生产也是有好处的,但对现有薄弱的电网会更加不满足标准要求,为此要求电网改进结构,增加无功电源和调压装备,将显著增加电网的投资,目前难以实施。

③ 对供电点短路容量较小、供电距离较长以及对供电电压偏差有特殊要求的用户,可由供、用电双方协议确定。诸如电铁一类用电大户,常会由于途经偏远山区,供电距离较长、供电点短路容量较小,不满足供电需求时,应由供、用电双方协商,经过充分论证,采用合适的供电电压等级或采取一定补偿措施来解决。

3.3.4 测量的基本规定

正文中增加供电电压偏差测量的基本规定，以使标准具有可操作性。主要依据IEC 61000-4-30《电能质量测量方法》中第4.1、5.2条，并结合国情修订。对供电电压偏差的测量规定，包括测量仪器分类、测量方法和精度的基本要求。

应该指出的是，按照惯例现已安装的电压测量仪仍可根据使用状况继续使用，但对新安装的电压测量仪应按照新的要求执行。

3.3.5 电压合格率统计

鉴于对供电点电压偏差进行普遍的实时监测和统计还有一定困难，根据国家电网和南方电网两大电网现有的执行情况，补充了电网电压监测及地区电网电压年(月)度合格率的统计方法的规定，并作为标准的资料性附录。

3.4 国内电压偏差情况

3.4.1 供电网电压合格率水平

根据调研所掌握的资料，本部分汇总了国家电网和南方电网近年的电压合格率状况，选取了两种典型电网，包括一个发达地区(北京)和一个相对落后地区的实际电压指标情况。另外，还对执行中存在的问题及解决办法进行了总结。

1. 国家电网公司近两年电压偏差情况

国家电网公司国调中心、生产部汇总了国家电网范围内2005年、2006年和2007年上半年的电压偏差情况(数据来源于国家电网公司的正式报表)。

目前，国家电网范围包括华北、东北、华东、华中和西北五大电网，除新疆、西藏外，其余地区均通过交、直流系统进行了互联。华中与华东电网经葛南、龙政、江城直流联网，联网容量7 200 MW；华中与西北电网经灵宝直流背靠背互联，联网容量360 MW；华中与华北电网通过辛洹线交流联网；华北与东北电网通过高姜双回交流线联网；国家电网与南方电网经江城直流联网，联网容量3 000 MW。运行方式采取夏季7、8、9三个月华北与华中联网运行，其余时间华北与东北联网运行。

(1) 基本情况

各网2005年度、2006年度和2007年上半年供电电压情况如表3-2所示。

表3-2 国家电网及各子公司综合电压合格率统计 单位：%

名称	2005年度		2006年度		2007年上半年	
	综合电压合格率	用户端(D类)电压合格率	综合电压合格率	用户端(D类)电压合格率	综合电压合格率	用户端(D类)电压合格率
国家电网	99.316	98.852	99.157	98.427	99.271	98.642
华北	99.092	98.529	99.337	98.537	99.465	98.818
东北	99.489	99.047	99.066	98.453	99.155	98.594
华东	99.685	99.434	99.656	99.259	99.753	99.425
华中	99.073	98.400	98.844	97.708	99.056	98.189
西北	99.018	98.527	98.784	98.019	98.841	97.985

目前国家电网将供电电压质量检测分为 A、B、C、D 四类(按《国家电网公司电力系统电压质量和无功电力管理规定》定义),一般要求年度综合供电电压合格率达到 98.0%以上。

A 类指带有地区供电负荷的变电站和发电厂的 10(6) kV 母线电压;

B 类是 35(66)kV 专线供电和 110 kV 及以上供电的用户端电压;

C 类指 35(66)kV 非专线供电的和 10(6)kV 供电的用户端电压,每 10 MW 负荷至少设一个电压质量监测点;

D 类是 380/220 V 低压网络和用户端的电压,每百台配电变压器至少设 2 个监测点,要求监测点设在有代表性的低压配电网首末两端和部分重要用户。

综合供电电压合格率计算公式为:$V_{供}(\%)=0.5V_A+0.5[(V_B+V_C+V_D)/3]$

(2) 存在的主要问题

① 电网结构薄弱,电源点分布不均衡,负荷中心电压支撑点少。华中、西北、东北电网的部分电网由于水电比例较大,并且远离负荷中心,潮流变化大,负荷中心火电机组存在失修情况,电压支撑能力不足,对负荷中心和受端电网电压影响较大。

② 变电站无功配置不尽合理:

a. 在电网规划设计中对无功不够重视。对无功分层分区平衡和逆调压情况考虑不周,片面强调无功补偿设备容量,在一些电压偏高的变电站或长距离轻负荷变电站加装电容器,加重了调压的负担。

b. 部分电网无功补偿配置存在倒置现象。部分 220 kV 变电站无功补偿设备配置过多,电网最大负荷时,220 kV 站无功补偿设备受到电压质量等因素的制约电容器投入率较低,不能充分发挥应有作用,造成不必要的资源浪费,而 110 kV 及以下变电站无功补偿设备配置较少,造成局部地区无功不合理流动。

c. 变电站单组电容器容量配置较大。为了节省开关间隔和其他附属设备的投资,电容器单组容量较大,造成变电站负荷较小时电容器组无法投入,若强行投入则向系统反送无功较大,造成母线电压变化较大,增加了电压质量控制的难度。

d. 部分电网缺乏必要的无功备用容量,缺少在电网事故时用来支撑电网电压的动态无功补偿设备。城市负荷中心具有负荷峰谷差值较大的特性,在负荷高峰期间,所有的无功补偿设备都投入运行,没有一定的无功备用容量,如果设备出现问题,或者电网出现事故,将会造成电压、无功问题的进一步恶化,影响电网的安全稳定运行。

③ 部分无功补偿装置运行状况较差。无功补偿设备由于制造质量不良、设备运行时间较长以及运行维护不到位等方面存在问题,主绝缘(包括主绝缘不良、鼓肚、电容值超标)、内部元件损坏、渗漏油等造成的故障率较高。

④ 用户用电设备对电压质量影响较大。随着人民生活水平的提高,家用电器大量进入居民家庭,由于家用电器等用电设备的功率因数较低,在用电高峰时段,家用电器的无功负荷较大,造成线路压降增大,用户端电压降低,而用电低谷时段恰恰相反,造成电压质量较差,尤其在夏季大负荷期间,高峰负荷中空调负荷比例增大,加剧了电网无功匮乏的局面,对电压水平影响较大。

⑤ 电力用户无功补偿容量配置不合理,参与电网无功调节的能力较低。一些单位客户端电压的监测点数离优质服务的要求还有较大的差距,不能全面反映出本单位供电电压合格率的实际水平。

⑥ 电压监测手段自动化程度相对落后，人工抄表的情况较为普遍，造成数据上报时间长、准确率低等问题。个别供电电压监测装置曾出现了一度失准的情况，对供电电压的统计考核工作造成了困难。

2. 南方电网公司 2005～2007 年电压指标统计

南方电网 2005 年度、2006 年度和 2007 年上半年的电压指标情况分别如表 3-3～表 3-5 所示（数据来源于南方电网公司公布资料）。

表 3-3 2005 年度南方电网及各子公司综合电压合格率统计 单位：%

单位	综合电压合格率		A 类电压合格率	B 类电压合格率	C 类电压合格率	D 类电压合格率
	年度累计	年度指标				
南方电网	98.86	98.50	99.44	98.58	98.71	98.41
直调电网	100	99.900	—	—	—	—
广东	99.02	98.65	99.58	98.9	98.81	98.76
广西	98.85	98.35	98.34	98.33	98.96	97.07
云南	98.41	98.30	99.18	97.92	98.63	97.91
贵州	99.26	98.80	99.43	99.31	98.87	98.93
海南	93.7	93.00	96.94	—	91.96	91.37

表 3-4 2006 年度南方电网及各子公司综合电压合格率统计 单位：%

单位	综合电压合格率		A 类电压合格率	B 类电压合格率	C 类电压合格率	D 类电压合格率
	年度累计	年度指标				
南方电网	99.03	98.80	99.26	98.88	98.84	98.71
直调电网	99.999	99.95	—	—	—	—
广东	99.09	98.85	99.26	99.10	98.86	98.81
广西	99.15	98.85	99.30	99.28	99.16	98.56
云南	98.86	98.85	99.14	98.19	99.05	98.49
贵州	99.31	98.85	99.55	99.18	98.90	99.13
海南	95.84	95.00	97.66	—	94.36	93.67

表 3-5 2007 年上半年南方电网及各子公司综合电压合格率统计 单位：%

单位	综合电压合格率		A 类电压合格率	B 类电压合格率	C 类电压合格率	D 类电压合格率
	年度累计	年度指标				
南方电网	99.22	99.10	99.19	99.29	99.27	99.14
直调电网	100	99.98	—	—	—	—
广东	99.24	99.10	99.20	99.29	99.34	99.13
广西	99.40	99.10	99.58	99.22	99.41	98.80
云南	98.99	99.00	99.28	99.13	99.36	98.53
贵州	99.36	99.20	99.52	99.48	98.84	99.43
海南	98.26	98.50	98.39	99.90	98.36	97.18

3. 北京电网近两年电压偏差情况

作为全国的政治经济中心,北京电网的地位亦比较特殊,除了要求高供电可靠性,供电质量要求也比较高,可作为发达地区电网的一种典型代表。

(1) 北京电网供电电压允许偏差值

带有地区供电负荷的变电站的 10 kV 母线正常运行方式下的电压允许偏差为系统额定电压的 0%~+7%。其他规定与现行国标完全一致。

(2) 北京电网电压监测点设置原则

按相关规定供电电压质量监测分为 A、B、C、D 四类监测点,各类监测点随供电网络变化进行动态调整。

(3) 电压合格率的统计与计算

① 电压合格率是实际运行电压在允许电压偏差范围内累计运行时间与对应的总运行统计时间之比的百分值。

电压合格率计算公式如下:

a. 监测点电压合格率:

$V_i\%=[1-(\text{电压超上限时间}+\text{电压超下限时间})/\text{电压监测总时间}]\times 100\%$

b. 电网电压合格率:

$$V_{\text{网}}\% = \sum_{i=1}^{n}(\text{电网监测点电压合格率})/n$$

式中:n 为电网电压监测点数。

c. 供电电压合格率:

$$V_{\text{供}}\% = 0.5V_A + 0.5(V_B + V_C + V_D)/3$$

式中 V_A、V_B、V_C、V_D 分别为 A、B、C、D 类的电压合格率。

② 统计电压合格率的时间单位为“分”。

③ 各类电压合格率和综合电压合格率的统计方法:

a. V_A——A 类电压合格率平均值:

$$V_A = \sum(P_{Ai} \times A_i)/\sum P_{Ai}$$

式中:P_{Ai}代表各单位的 A 类监测点数,A_i 代表各单位的 A 类电压合格率。

b. V_B——B 类电压合格率的平均值,计算同 A 类。

c. V_C——C 类电压合格率的平均值,计算同 A 类。

d. V_D——D 类电压合格率的平均值,计算同 A 类。

e. 公司供电电压合格率$=0.5V_A+0.5(V_B+V_C+V_D)/3$。

(4) 北京电力公司 2006 年、2007 上半年电压合格率统计结果如表 3-6 所示。

表 3-6 北京电力公司 2006 年度和 2007 上半年电压合格率统计 单位:%

	综合电压合格率	A 类客户合格率	B 类客户合格率	C 类客户合格率	D 类客户合格率
2006 年度	99.245	99.675	99.321	99.033	98.093
2007 年上半年	99.571	99.852	99.684	99.539	98.645

4. 某地区电网电压偏差情况

本部分为某地区电网电压偏差的实际情况。该地区电网主网架薄弱,负荷密度较低,小水电丰富,经济比较落后,电网在我国也具有一定代表性。

2005 年度的农网综合电压合格率为 92.396%,A 类电压合格率为 91.36%,C 类为 96.43%, D 类为 90.432%;2006 年 1 季度的综合电压合格率为 92.97%,A 类电压合格率为 92.64%,B 类为 90.85%,C 类为 97%,D 类为 92.039%。

2006 年度的城市供电的年均电压合格率指标如表 3-7 所示。数据采集用的是统计型电压监测仪。

表 3-7 某地区 2006 年度电压合格率统计 单位:%

电压等级	220 kV	110 kV	35 kV	10 kV
2006 年度平均电压合格率/%	83.511	76.871	93.014	98.495

该地区电网供电电压合格率的情况较差,主要原因如下:

① 由于历史欠账较多,各县局的电压管理工作起步晚,很多县局无功电压管理人员一人身兼数职,没有更多的精力投入实际工作。由于网架薄弱,供电半径大,同时也由于资金缺乏,有些局 35 kV 变电所还在使用无载变压器,有些局 35 kV 变电所还未配置电容器,更不用说使用 VQC(电压无功控制)了,这些原因都造成电压无法自动调控,因此 A 类电压合格率低。

② 该地区水电资源丰富,径流电站点多面广,受小水电冲击,小水电受电价影响日发夜停,而用电负荷是夜高日低,再加上小水电功率因数考核办法不合理,造成电压日高夜低,电压波动大,难以调节。

③ 网架薄弱,短路容量小,谐波污染较严重,大量非线性负荷使得变电所原先配置的小电抗电容器不能正常投运,而用户谐波治理投资大,周期长,给无功管理带来很大的难处。

④ 各县局所属变电所综合自动化系统附带的软件 VQC 功能运行不稳定。

⑤ 各基层单位对配变电压分接头,基本未根据季节以及系统电压的变化进行调档。

⑥ D 类电压未严格按要求设置监测点,不能确切反映真实电压情况。

⑦ 城网改造过程中出现一部分统计型电压监测仪损坏和丢失,影响合格率统计。

⑧ 经过电压合格率的核查后,核实各县局一直都是沿用"国家电网农[2003]293 文件"中《国家电网公司农村电网电压质量和无功电力管理办法》的计算方法,对同类监测点电压合格率的计算方法采用公式"∑该类监测点电压合格率/该类监测点总数",而未采用新下达的《国家电网公司农网电压质量和无功电力管理办法》中[1-(∑超上限时间+∑超下限时间)/∑运行总时间]的计算方法。由于以前对超限时间一直就未作抄表要求,有些监测仪本身就没有时间记录,故本次数据还原时,还是采用老的取平均值的计算方法。

⑨ 有些县局电压监测点数量与《国家电网公司农网电压质量和无功电力管理办法》的设点数量要求还有较大差异。

3.4.2 一些行业供电电压现状及要求

1. *煤矿*

煤矿井下电网目前普遍容量较小,地面上的中央变电站进线电压为 35 kV,主变容量大多在 5 MVA～20 MVA 范围内。输出 10 kV 或 6 kV 向井下供电;井下采掘工作面为 3 300 V、

1 140 V、660 V、380 V四种电压等级。采用哪种电压,由煤矿规模来确定,越是大型煤矿,其采掘机械功率越大,电压等级相应越高,3 300 V电压使用较多,只有南方的小煤矿仍采用660 V、380 V的电压等级。电网容量小,供电质量很不稳定。

大型煤矿的工作机械供电电压基本上为3 300 V和1 140 V,工作面移动变电站直接供电,随着移动变电站制造技术水平的提高,其容量已由原来最大1 250 kVA增加至4 000 kVA,所以工作电压不像过去那样由于供电线路较长造成电压较低,用电电压基本能满足要求,而且经常会有供电电压过高现象,负荷轻时可达120%额定电压,在起动较大电动机时压降不超过20%额定电压。小型煤矿由于煤层较薄,大型机械不能使用,大容量移动变电站不能下井,其工作面属供电末端,电压损失较大,供电电压不足,特别是在起动电机时,电压跌落可能超过25%额定电压,电器开关不能正常工作。

煤矿电器、电动机的电压要求:

① 电动机。电动机应尽量运行在额定电压下,当电网电压低于95%额定电压时,电动机不能输出额定功率,低于90%额定电压时容易烧毁电机,当额定电压超过130%额定电压时,电机绕组会被击穿。

② 高压开关。井下高压供电有10 kV或6 kV高压综合保护开关,其正常工作电压范围为85%额定电压及以上;若低于35%额定电压时,失压脱扣线圈动作,开关跳闸,但由于该设备用于井下主供电网线路中,一般情况下不会失压脱扣,大部分原因是线路漏电引起跳闸故障较多。

③ 低压电器开关。主要有馈电开关和电磁起动器,馈电开关正常工作电压为70%~110%额定电压,当电网电压在35%~65%额定电压时,欠压脱扣线圈动作,开关跳闸;电磁起动器的正常工作电压为75%~110%额定电压,65%额定电压时可维持吸合状态,低于65%额定电压即释放,开关断开。

2. 铁路

铁路行业目前的用电分为两类,一类是铁路沿线的电力用电,如照明动力设备用电、通信信号设备用电等负荷,这类负荷一般取自电网的10 kV系统,个别的采用110 kV电压等级供电,其负荷特征与一般的电力负荷没有多大区别。另一类负荷为电气化铁道牵引负荷,电气化铁道现行的技术方案决定了其结构不对称、谐波含量丰富、负荷波动性大、无功需求大等特点,从三相电力系统获取电能的同时产生了一些电力污染,因此电能质量问题较为突出,长期以来一直是电力部门关注的主要对象之一。

铁路动力照明负荷主要由配电网络引入10 kV电源供电,个别线路或供电点采用110 kV供电,在铁路沿线架设10 kV贯通线,对全线的用电负荷供电。其供电的主要对象为铁路的办公楼、生活区、车站站房及站场和沿线的铁路设施。这类负荷与常规的民用电力设施一样,均按国家相关标准进行设计,符合用电设备要求。对用电设备处的电压偏差,其设计按GB 50052《供配电系统设计规范》进行:电动机为±5%;一般工作场所的照明为±5%;对站场等远离变电所的场合为+5%、-10%。但由于铁路负荷主要分布在铁路沿线,采用10 kV贯通线供电,其负荷特征是供电半径大、负荷点多、实际负荷小,因此,在供电设备处的实际电压偏差往往会超过标准规定。

从现场运营调研和实测结果可以看到,目前既有电气化铁道的供电电压允许偏差指标在不同地区和线路有很大差异:在电网强大的地区如华东、东北、华北电网和西南电网的城市附近，电气化铁道牵引变电所进线处（供电部门的配电系统与用户电气系统的联结点）的电压偏差较小，可满足现行国标 GB/T 12325 所规定的“35 kV 及以上供电电压正负偏差的绝对值之和不超过标称系统电压的 10%”的规定。但在山区线路和电力系统薄弱地区，电压偏差出现超标的现象，个别牵引变电所超标十分严重。

从有关分析可以看到，造成电压偏差过大的根源主要还是牵引变电所进线短路容量太小，这可能是以下原因造成：沿线电网薄弱，电源点较少；110 kV 供电线路太长。因此，解决电压偏差的根本还是要努力提高牵引变电所的进线短路容量，这可以通过加强电网结构、增加电源点实现，也可通过采用更高等级供电电压的方式实现。同时，牵引变电所应加强无功补偿设备建设。

3. 纺机纺织业

中国纺织机械（集团）有限公司企业标准 Q/CTMC1004《电气产品通用质量规范》中规定：电气设备应设计成能在下列电源条件下正常运行，即稳态电压值为 0.9～1.1 倍额定电压或 0.85～1.15 倍额定电压（短时工作）。

纺机纺织用主要电气设备正常运行时对电压偏差的要求基本上为±10%，例如变频器、电机、开关电源为 220×(1±10%)V，380×(1±10%)V；变压器为 200×(1±10%)V～240×(1±10%)V，380×(1±10%)V～440×(1±10%)V；可编程控制器为 220 V(85 V～264 V)，低压电器为额定工作电压至 660 V。

4. 汽车业

目前汽车业对供电电压偏差的要求高于现行国标规定值，如上海大众对受电端供电电压偏差执行如下规定：

35 kV 及以上供电和对电压质量有特殊要求的用户为额定电压的＋5%～－5%；10 kV 及以下高压供电和低压电力用户为额定电压的＋7%～－7%；低压照明用户为额定电压的＋5%～－10%。

5. 石化业

目前石化行业对供电电压偏差的要求高于现行国标规定值，具体要求如下：

(1) 供配电电压

110×(1±5%)kV　　交流三相三线制；

35×(1±5%)kV　　交流三相三线制；

(6/10)×(1±5%)kV　　交流三相三线制；

0.38×(1±5%)kV　　交流三相四线制。

(2) 用电设备端子处电压偏差要求

① 电动机的端电压：

a. 正常情况下　　±5%；

b. 特殊情况下　　＋5%、－10%；

c. 经常起动　　－10%；

d. 不经常起动　　－15%。

② 照明灯具的端电压：

a. 一般工作场所　　±5%；

b. 在视觉要求较高的室内场所　　＋5%、－2.5%；

c. 应急照明、道路照明及 12 V～24 V 检修照明　　＋5%、－10%。

③ 其他用电设备:

a. 无特殊要求时 ±5%;

b. 特殊设备和灯具,按产品要求确定。

3.5 国外相关标准简介

部分国际标准或国家标准的电压偏差指标有采用极值或概率大值的形式,如表 3-8 所示,法国国家电力公司还定义了一个上下限归并的极值来描述。

3.5.1 IEC 60038:2002

IEC 60038:2002《IEC 标准电压》对“标称电压 100 V 与 1 000 V 之间的交流系统及其相关设备”规定如下:现有的 220/380 V 和 240/415 V 标称电压的系统,应逐步归向推荐值 230/400 V,过渡时期要尽可能的短。

关于供电电压范围,在正常运行条件下供电端电压对标称电压的偏差建议不要大于 ±10%。

关于用电电压范围,除在供电端的电压变化外,用户的电气装置内还会出现电压降。对低压装置而言,这个电压降被限制到 4%,因此,用电电压范围是 +10%、−14%。过渡期结束时,将考虑压缩这个范围的问题。产品委员会应该考虑这个用电范围。

IEC 60038:2002《IEC 标准电压》对“标称电压 1 kV 以上至 35 kV 的交流三相系统及其相关设备”中规定:在正常电压系统中,最高电压和最低电压对系统标称电压的偏差不能大于±10%。

3.5.2 欧洲标准

在正常运行条件下,不包括电压中断,在每一周的 95% 时间内,供电电压 10 min 平均有效值(rms)应在标称或公称电压的±10%范围内。

表 3-8 部分标准对电压偏差指标及限值的规定

电压偏差指标		国际标准或导则	地区或部分国家标准或导则(部分含限值)			
标准/文本		IEC 61000-4-30:2003	EN 50160:1999	NRS048-2:2003	EDF Emeraued contract	H.-Q 电压特征[网站]
地位		国际标准	欧洲标准	国内标准	法国国家电力公司翠绿电能质量合同	志愿
应用范围		国际	欧共体 19 国	南非国家	法国	加拿大魁北克
名称		电能质量测量方法	公共电网的供电电压特征	监督机构采用的监管最低标准	供电电压特征	供电电压特征
指标/评估(LV)	10 min	CP95 值或更高概率大值	CP95 值 ±10%	三相中最大 CP95 值<500 V:5%;500 V~1 kV:10%	$I_T = \max\left\{\frac{\tau\Delta U_{max}}{\tau\Delta U_{LimSup}}, \frac{\tau\Delta U_{min}}{\tau\Delta U_{LimInf}}\right\}$	CP95 值 −11.7% +5.8%
	其他	最大和最小值;超过限值的值的百分比或个数;连续值超过限值的个数	最小值/最大值 −15%~+10%	最大值 <500 V:10% 500 V~1 kV:15%		CP99.9 −15% +10%

续表 3-8

电压偏差指标		国际标准或导则	地区或部分国家标准或导则(部分含限值)			
指标/评估(MV)	10 min	CP95 值或更高概率大值	CP95 值 ±10%	三相中最大 CP95 值 11 kV~275 kV:10% 400 kV:10%	$I_T=\max\left\{\frac{\tau\Delta U_{max}}{\tau\Delta U_{LimSup}},\frac{\tau\Delta U_{min}}{\tau\Delta U_{LimInf}}\right\}$	CP95 值 ±6%
	其他	最大和最小值;超过限值的值的百分比或个数;连续值超过限值的个数				CP99.9 ±10%
统计评估的时间		至少一周	一周	至少一周	一周	一周
备注		在附件中推荐的合同应用指标限值±10%(IEC 61000-2-2)			单一指标指示值,$\tau\Delta U_{max}$是每周的三相 10 min 电压均方根值偏差最大值,如果为负值,则计算时置零;$\tau\Delta U_{min}$是每周的三相 10 min 电压均方根值偏差最小值,当为正值时置零;$\tau\Delta U_{LimSup}$、$\tau\Delta U_{LimInf}$分别是电压(合同)允许偏差的上限值和下限值	

3.6 减小供电电压偏差的措施

减小供电电压偏差是电力公司保障电能质量的基本任务之一。地区电网各个节点的电压偏差与调压设备、无功补偿设备等有关,并和运行、调度人员对电压的监测、管理和调整密切相关。

3.6.1 优化系统负荷分配,降低负荷峰谷差值

① 经济上,用电价政策鼓励用户使用谷电量,提高谷负荷,降低峰负荷,削峰添谷。并用分时电价政策鼓励晚间用电。

② 技术上保证电网的无功功率贮备,采用抽水蓄能等技术,避免峰负荷期间电压过低,同时推广蓄能式电热水器和冰蓄冷设备。

③ 合理调整工矿企业的休假日和上下班时间,避让用电高峰。

3.6.2 分层、分区、就地平衡无功功率

① 对高、低压大用户,采取根据功率因数调整电价的措施,通过经济手段鼓励用户合理投切(或调节)无功补装置。

② 根据有关规定,在各个电压等级合理配置的无功补偿装置,要能随负荷的变化进行分组自动投切,降低电网中的无功电流。功率因数偏低的大功率设备,应配置无功补偿装置,并要求与设备同时投切或连续调节。参见《国家电网公司电力系统无功补偿配置技术原则》(国家电网生[2004]435 号文)。

③ 合理布局电网运行方式,做好无功功率日、月、季、年的平衡计划,做好电网无功功率分层、分区就地平衡的基础工作。

3.6.3 合理配置有载调压，推广 VQC 的应用

① 用户电源至少要经过系统中一级有载调压变压器。对负荷变化大、降压层次多、线路距离长、电压波动和偏离过大的用户，需经二级有载调压变压器。

② 用户应根据实际需要选用有载调压配电变压器来提高电压质量。

③ 系统变电站内的无功补偿装置和变压器有载调压开关，应采用联合自动调节的方式（即 VQC 调节）。

3.6.4 改进电网结构，缩短供电半径

① 应将中压配电网络深入负荷中心。降低配电变压器的容量，增加台数，达到就近安装的目的，尽可能合理地缩短供电半径。

② 合理调整设备负荷，防止设备过载运行。

③ 随着城市负荷密度增加，配电电压宜由 10 kV 改为 20 kV。

3.6.5 合理选择监测点，加强电压监测

① 用户侧电压监测点应选择在网架相对薄弱、负荷较大、供电半径较长的线路末端，这样才能反映较严重的电网电压的实际运行水平。

② 所有变电站和带县级供电负荷发电厂的 10(6) kV 母线是中压配电网的电压监测点。同时，应选择一批有代表性的用户作为电压质量考核点。例如：110 kV 及以上供电和 35(63) kV 专线供电的用户；对电压有较高要求的重要用户和每个变电站 10(6)kV 母线有代表性的线路末端用户；其他 35(63)kV、20kV 和 10(6)kV 用户每 10 MW 负荷至少设立一个电压监测点；低压（380/220 kV）用户每百台配电变压器至少设立 2 个电压监测点。

③ 对电压质量的监测应使用具有连续监测和统计功能的仪器或仪表。无人值班变电站的母线电压应由调节端的调度员进行监视及调控。

第 4 章 电能质量 电力系统频率偏差 (GB/T 15945—2008)

4.1 概述

电力系统频率是电能质量的基本指标之一。根据电工学理论，正弦量在单位时间内交变的次数称为频率，用 f 表示，单位为 Hz(赫兹)。交变(含正负半波的变化)一次所需要的时间称为周期，用 T 表示，单位为 s(秒)。频率和周期互为倒数，即 $f=\frac{1}{T}$。电力系统的电源来自各同步发电机。在稳态条件下各发电机同步运行，整个电力系统的频率可以视为相同，它是一个全系统一致的运行参数。电力系统的标称频率为 50 Hz 或 60 Hz，中国大陆(包括港、澳地区)及欧洲地区采用 50 Hz，北美及台湾地区多采用 60 Hz，日本则有 50 Hz 和 60 Hz 两种。频率对电力系统负荷的正常工作有广泛的影响；系统某些负荷以及发电厂用电负荷对频率的要求非常严格。要保证用户和发电厂的正常工作就必须严格控制系统频率，即使系统频率偏差控制在允许范围之内。系统频率偏差 Δf 用公式表示为 $\Delta f=f_{m}-f_{N}$，式中 f_{m} 为实际频率(Hz)；f_{N} 为系统标称频率(Hz)。

一般讲，电力系统频率仅当所有发电机的总有功出力与总有功负荷(包括电网的所有损耗)相等时，才能保持不变，而当总有功出力与总负荷发生不平衡时，各发电机组的转速及相应的频率就要发生变化。电力系统的负荷是时刻变化的，任何一处负荷的变化，都要引起全系统功率的不平衡，导致频率的变化。电力系统运行时，要及时调节各发电机的出力(通过调节原动机动力元素——蒸汽或水等的输入量)，以保证频率的偏移在允许的范围之内。

但应注意，一些大型冲击负荷(例如电弧炉、轧钢机等)，因短时从近区发电机大量吸收有功功率，会造成近区系统短时频率波动(即使从整个系统看，有足够的备用有功容量)，如波动过大，会危及发电机组安全和某些用户的正常用电，因此也应严加限制。

4.2 标准修订过程

本标准是根据国家标准化管理委员会 2006 年标准修订计划(项目编号为 20064399-T-469)的安排修订的。然后按照相关规定成立了标准修订工作组，中国电力科学研究院为主要起草单位。自 2007 年 5 月开始工作，先后提出了标准的讨论稿、征求意见稿、送审稿、最后形成报批稿。在标准修订工作中，共收到来自不同行业的调研报告(或资料)共 7 份，分别为：

① 国家电网公司国家电力调度通信中心调度处提供的《关于国家电网公司近两年频率合格率指标情况的报告》；

② 广东电网公司电力科学研究院提供的《南方电网公司 2003～2007 年频率和电压指标统计》；

③ 中铁二院工程集团公司电气化设计处提供的《铁道行业调研报告》；

④ 中国纺织机电研究所提供的《纺机纺织用主要电气设备正常运行电能质量要求》；

⑤ 中石化工程建设公司提供的《石化行业对电能质量的要求及标准执行情况分析报告》；

⑥ 国电龙源电力技术工程有限责任公司提供的《电厂新机组对电能质量要求》；

⑦ 哈尔滨电力仪表研究所提供《国内外电能质量监测仪表测量方法现状》。

本标准于2007年12月由全国电压电流等级和频率标准化技术委员会的会议审查通过，经国家质量监督检验检疫总局和国家标准化管理委员会批准发布，于2009年5月1日起实施，替代GB/T 15945—1995《电能质量　电力系统频率允许偏差》。

4.3　电力系统频率偏差超标的危害

电力系统中的发电与用电设备都是按照额定频率设计和制造的，只有在额定频率附近运行时，才能发挥最好的性能。系统频率过大的变动，对用户和发电厂的运行都将产生不利影响。系统频率变化的不利影响，主要表现在以下几个方面：

① 频率变化将引起电动机转速的变化，由这些电动机驱动的纺织、造纸等机械的产品质量将受到影响，甚至出现残、次品。

② 系统频率降低将使电动机的转速和功率减小，导致传动机械的出力降低，影响生产效率；无功补偿用电容器的补偿容量与频率成正比，当系统频率下降时，电容器的无功出力成比例降低，此时电容器对电压的支持作用受到削弱，不利于系统电压的调整。

③ 频率偏差的积累会在电钟指示的误差中表现出来。工业和科技部门使用的测量、控制等电子设备将受系统频率的波动而影响其准确性和工作性能，频率过低时甚至无法工作。频率偏差大使感应式电能表的计量误差加大，研究表明：频率改变1%，感应式电能表的计量误差约增大0.1%；频率加大，感应式电能表将少计电量。

④ 电力系统频率降低时，会对发电厂和系统的安全运行带来影响，例如：频率下降时，汽轮机叶片的振动变大，影响使用寿命，甚至产生裂纹而断裂。又如：频率降低时，由电动机驱动的机械（如风机、水泵及磨煤机等）的出力降低，导致发电机出力下降，使系统的频率进一步下降。当频率降到46 Hz或47 Hz以下时，可能在几分钟内使火电厂的正常运行受到破坏，系统功率缺额更大，使频率下降更快，从而发生频率崩溃现象。再如：系统频率降低时，异步电动机和变压器的励磁电流增加，所消耗的无功功率增大，结果更引起电压下降。当频率下降到45 Hz～46 Hz时，各发电机及励磁的转速均显著下降，致使各发电机的电动势下降，全系统的电压水平大为降低，可能出现电压崩溃现象。发生频率或电压崩溃，会使整个系统瓦解，造成大面积停电。

⑤ 系统频率过高也是不行的。一般大中型发电机组均有过频率保护跳闸装置，以免机组超速而损坏。美国西北联合电网在设计低频减负荷装置时，规定了低频切负荷后的频率超调不得超过61 Hz（额定60 Hz）。据此认为，在大约61 Hz以上，某些火电厂将可能因锅炉问题跳闸。同时，当发电机组在带负荷运行条件下发生过频率情况时，调速系统的动态行为如何，也很难在事先掌握。美国佛罗里达电力系统，为了与某些机组配备的数字式电液调整器协调，规定了低频切负荷后引起的频率超调不超过62 Hz。国内引进的元宝山600 MW机组、华能福州电厂350 MW机组等均有过频率运行的明确限制。

4.4　冲击负荷的影响

据调研，具有综合性负荷的大电力系统的负荷波动一般小于负荷平均值的1%。对于

中小电力系统，这种波动的相对值一般可达2%～3%，个别情况可能更大。如取负荷波动3%估算，系统实际调差系数为10%～15%，则频率"一次调整"过程中最大偏差为(0.03×15)/100=0.45%，即Δf=0.225 Hz。"一次调整"是靠发电机组调速器本身的动作来实现的。由于调速器有失灵区，在负荷突然增加的瞬间，发电机出力仍然保持不变，只能由原动机转动部分的动能供给突增负荷，频率有较快的下降趋势，随即调速器起作用，使发电机出力增加，最终按调差特性使频率稳定在某一较低的新水平上。在实际系统中，还通过"二次调整"即自动或手动调节调频器使特性平移将频率恢复至正常值。达到这种情况需要的条件是：①系统有足够的备用容量；②功率的调节作用能跟上负荷的变化。条件②和冲击负荷的性质与大小、"一次调整"、"二次调整"装置水平以及原动机的承载能力等因素有关。

发电机电磁功率变化约可达到每秒5%额定功率的速度，其机械功率变化则要慢得多。就汽轮机本身，改变负载速度和凝汽器的情况，凝结水泵的工作能力以及锅炉的加载能力有关。其许可的负荷改变速度约每分钟2%～4%额定功率。水轮发电机还要慢些。

在分析冲击负荷作用时，应把电力系统看成为一个"弹性"联系的整体。冲击负荷引起电网中频率波动是一个相当复杂的动态过程。在冲击负荷作用的瞬间，各机组将首先按离冲击点的电气距离远近拾取冲击功率。因此，近区机组将受到较严重的冲击。随之，各机组将按拾取的冲击功率大小和惯性大小不同程度地减速。然后，各个机组的调速系统按各自特性，动作于改变原动机的机械输入。在这个暂态过程中，机组之间将产生机电振荡，存在于它们之间的同步力矩，将力图把它们挂在一起按同一平均速度减速。因此，在实际的系统频率下降过程中，不同地点观测的频率变化有不同的动态过程，且具有振荡性质。

我国每年都有不少大型的轧钢机和电弧炉投产，其冲击负荷可达几万乃至几十万千瓦。这类负荷对近区电力系统或整个电力系统的安全稳定运行和频率偏差均有不可忽视的影响。应通过计算分析，采取必要的措施妥善处理。

4.5 标准基本条文及说明

国家标准GB/T 15945—2008《电能质量　电力系统频率偏差》规定：电力系统正常频率偏差限值为±0.2 Hz。当系统容量较小时，频率偏差值可以放宽到±0.5 Hz。标准还规定：用户冲击负荷引起的系统频率偏差变化不得超过±0.2 Hz。在保证近区电网、发电机组的安全、稳定运行和用户正常供电的情况下，可以根据冲击负荷的性质和大小以及系统的条件适当变动限值。

3.1 规定正常频率偏差允许值为±0.2 Hz，系统容量较小时，可放宽到±0.5 Hz的依据有：

① 在上述频率范围内能保证电力系统，发电厂和用户的安全和正常运行：GB 755—2000《旋转电机　定额和性能》(idt IEC 60034-1:1996)规定的电机能实现基本功能的连续运行区(标准中称为区域A)，频率偏差范围为±2%(即±1 Hz)；一般电气设备，稳态频率偏差范围为±5%(即±2.5 Hz)。例如GB/T 7061—2003《船用低压成套开关设备和控制设备》的5.1.2就有此规定。须指出，这些标准规定的频偏范围只是对电气设备本身安全、正常运行而言，如考虑频率的累积效应，当然希望频偏越小越好。

② 1996年电力工业部颁布的《供电营业规则》规定："在电力系统正常状况下，供电频率的允许偏差为：电网装机容量在300万kW及以上的，为±0.2 Hz；电网装机容量在300万kW以下的，为±0.5 Hz。在电力系统非正常状况下，供电频率允许偏差不应超过

±1 Hz”。在对国家电网和南方电网的频率合格率统计中，近两、三年频率合格率都在 99.99%以上。

③ 2006 年《国家电网公司电力生产事故调查规程》中关于“事故”的规定：300 万 kW 及以上电力系统频率超出 50 Hz±0.2 Hz 延续 30 min 以上或 50 Hz±1 Hz 延续 15 min 以上；300 万 kW 以下电力系统频率超出 50 Hz±0.5Hz 延续 30 min 以上，或 50 Hz±1 Hz 延续 15 min 以上。

④ 国外较新的标准中对电力系统频率允许偏差用±0.5 Hz 居多（例如欧洲标准 EN 50160《公共配电系统供电电压特性》规定）。也有一些发达国家（如美国、加拿大、日本、德国、法国等）电力公司对互联系统频率偏差有±0.1 Hz，甚至更为严格的规定。

⑤ IEC 61000-2 中关于公用供电系统电磁兼容水平规定，短时频率偏差为±1 Hz。

⑥ 虽然我国大电网（装机容量 300 万 kW 以上）占绝对优势，正常频率偏差还可以控制在更小范围内（如±0.1 Hz），但个别电网缺电的局面，小的孤立系统，以及大型冲击负荷对近区系统的频率影响等因素将长期存在，故不宜将频率偏差规定得过小，而作为电能质量指标，也不宜和这些因素挂钩。此外，如将系统频率偏差规定得过小，势必影响电气设备对频率的适应性，并不有利。由于频率控制的精度和电网容量有关，当然也和调节和控制的技术水平有关，标准中提出±0.5 Hz 作为放宽的限度，也能满足设备对频率要求。不过±0.5 Hz 频偏规定只是对联网的系统而言，小的孤立系统不包括在内。

附录 A 对冲击负荷引起的频率变动作了规定，这是因为大型冲击负荷对供电系统的影响一般在规划设计阶段要作专门研究，为此应有标准作为技术措施的考虑依据。由于冲击负荷对频率的影响涉及冲击负荷性质、大小、电力系统容量、结构、旋转备用，系统调频方式，调速调频装置性能，背景冲击负荷以至于无功功率平衡和调压手段等诸多因素，难以提出确切的标准。因此本条提出的用户冲击限值±0.2 Hz 是一个粗略值，此限值是对整个系统的频偏而言的，且可以适当变动。至于冲击负荷对近区电力系统的影响，则以“安全、稳定运行以及正常供电”为原则。关于“正常供电”，应包括不引起电力系统低频切负荷装置或其他保护和自动装置误动作，也应包括满足对某些用户（例如纺织厂、造纸厂）的正常生产要求。应注意本条中冲击负荷，不限定数量，多个冲击负荷综合结果，应根据具体条件分析或试验确定。

附录 B 对频率合格率的统计做了规定，统计的时间以 s 为单位。需要指出：“合格率”是电网内控的一个指标，并不直接面对用户。对用户仍以本标准中 3.1 和 3.2 限值为判断依据。

第 4 章规定频率偏差的测量，主要依据 IEC 61000-4-30《电能质量测量方法》中对频率偏差的测量要求，同时兼顾现行国标 GB/T 19862—2005《电能质量监测设备通用要求》，以及国内电力系统中一直沿用的习惯方法。

本标准提出频率测量仪表绝对误差不大于±0.01 Hz 是考虑测量频率允许偏差±0.2 Hz 应有的精度，同时也兼顾到数字式记录仪的现状。

4.6　新老标准的差别说明

新老标准主要差别如下：

① 标准名称改为《电能质量　电力系统频率偏差》，去掉原标准“偏差”前面的“允许”二字，意味着标准的内容不仅限于规定偏差限值（允许值），还包括测量和合格率统计的内容。

② 增加了术语“标称频率”。标称频率就是系统设计选定的频率,目前世界上公用电网的频率只有 50 Hz 和 60 Hz 两种,我国通用 50 Hz。

③ 对原标准中“测量仪表”的内容进行扩充和细化,改为“频率偏差的测量”,其中包括仪器准确度和测量方法。测量方法中规定“测量电网基波频率,每次取 1 s、3 s 或 10 s 间隔内计到的整数周期与整数周期累计时间之比(和 1 s、3 s 和 10 s 时钟重叠的单个周期应丢弃)”。测量时间间隔不能重叠,每次在时钟开始时计。IEC 61000-4-30 标准中只规定对 A 级性能的测量仪器“在 10 s 间隔内计到的整数周期与整数周期累计时间之比。”国标中之所以增加 1 s 和 3 s 测量值是因为我国电力系统中一直沿用 1 s 测量确定频率;而在 GB/T 19862—2005《电能质量监测设备通用要求》5.1.7 中规定频率偏差的一个基本记录周期为 3 s。因为实际系统频率总是处于动态变化之中,显然,上述不同间隔测得的频率会有误差。原则上,间隔大,平均性较好,从总体上能更好地反映频率水平。

④ 删除原标准中“频率变动”术语,将原标准中关于冲击负荷引起的频率变动条文移到附录 A,称为“冲击负荷引起的频率偏差变化”,限值不变。

⑤ 增加附录 B“频率合格率统计”。标准中指出,频率合格率只是“表征电网频率在限值以内的一种方法。统计时间以 s 为单位”。因此,这是电网内控的一个质量指标,并不直接面对用户,对用户仍以标准中规定的±0.2 Hz(大容量系统)或±0.5 Hz(较小容量系统)为判断依据。

4.7 电力系统频率的调整与控制

对发电机组有功出力进行调整,使电力系统频率的变动正常保持在允许偏差范围内是频率调整的任务。电力系统所有发电机组的原动机均装有自动转速调整器(简称调速器),能自动地将频率控制在一定的范围内。调整器的调频作用,一般称为频率的一次调整,是最基本的调频措施。为了使并列运行的发电机组间有确定的有功功率分配关系,调整器均做成有差调节特性,所以单靠这一调整,通常不能满足要求,还需要由人工或自动调频装置改变某些发电厂(称为调频发电厂)中发电机调速器的特性,将频率调整到要求的范围内,这种作用称为频率的二次调整。对于大型电力系统,需要多个发电厂共同参与二次调整,还要考虑各调频机组间的功率经济分配以及联络线中交换功率的限制。这种频率—功率联合控制要用自动调整系统来实现。

电力系统在非正常方式下,针对频率异常所采取的调频措施属于频率控制。电力系统频率异常原因有:

① 电力系统发生事故失去大电源或造成系统解列,而解列后的局部系统有功功率失去平衡;

② 由于气候变化或意外灾害使负荷迅速突变;

③ 在电力供应不足的电力系统缺乏有效地控制负荷的手段;

④ 高峰负荷期间,发电出力的增长速度低于负荷的增长速度,低谷负荷期间发电最小出力大于低谷负荷;

⑤ 大型冲击负荷的近区电力系统造成的频率波动。

在电力系统中一般采取下列措施,防止频率的异常:

① 电力系统留有负荷备用和事故备用容量;电力供应不足的系统,必须事先限制一部分用户的负荷,除使发电出力与负荷平衡之外,还须有一定裕度;

② 在调度所或变电所装直接控制用户负荷的装置，并备有事故拉闸序位表；

③ 在系统内安装按频率降低自动减负荷装置和在可能被解列而功率过剩的地区装设按频率升高切除发电机等装置。

在电力系统发生事故出现功率缺额引起频率急剧大幅度下降时，自动切除部分用电负荷使频率迅速恢复正常以避免频率崩溃，这种措施称为按频率降低自动减负荷（又称自动低频减载）装置，这是一种以低频率继电器为基本元件的自动装置，是每个电力系统都必须配置的最主要的一种安全自动装置。这种装置广泛配置在发电厂和变电所中，当系统频率降低到其动作值时，它就自动切断一条至数条供电线路（或用户），从而达到自动切除部分用电负荷的目的。自动减负荷配置方案包括：确定切除用电负荷总数；各级动作频率及切除负荷量的整定值，以及装置配置点的确定等。

解决冲击负荷作用下频率波动的主要措施有：

① 增加装机容量或扩大电力系统。系统越大，负荷冲击功率相对就越小，则引起的频率变化也越小。1987 年某钢厂要投 45 MW 轧机冲击负荷，电网装机容量仅为 294 MW，计算频降达 0.426 Hz，后来将某钢厂电网与主网联网，装机容量达 2 200 MW，计算频降仅0.047 Hz。

② 使电力系统保持足够的备用容量。这从某工程的二次调频计算结果中可以看出（见表 4-1）：在水火备用调频容量为 210 MW 时，冲击引起的频降为 0.204 Hz；随着备用容量的减小，频降逐步增大；当系统无备用时，频降为 0.486 Hz。必须指出，我国某些电力系统缺电，为了减少限电，往往在备用容量上做出牺牲，这对冲击负荷引起的频降是不利的。为此，大型冲击负荷应避开电网高峰负荷用电。

表 4-1　某厂冲击负荷对系统频率降的影响

系统运行方式	调频机组	备用调节容量/MW	投入最大冲击负荷时系统最大频降/Hz	投热轧负荷时频降/Hz	投初轧与钢管负荷时频降/Hz
正常方式（某厂二台机）	G1 G2 G3	70 70 70	0.204	0.12	(0.09)
	G1 G2	70 70	0.250		
	G1 G3	70 70	0.273		
	G1	70	0.426		
	无	—	0.486		
正常方式（某厂一台机）	G1 G2 G3	35 70 70	0.236	0.14	
	G1 G2	35 70	0.280		
	G1	70	0.438		

③ 改进调速系统和采取功率跟踪。汽轮发电机的调速器是控制电网频率的关键设备，其性能和灵敏度直接和频率偏差相关。一般老机组均用离心式调速器，灵敏度不够好，有的在频率下降 0.4 Hz 时才开始动作，难以适应频繁的冲击负荷下快速调整出力的要求。现代功频电液调速装置，失灵区可以小于 0.05 Hz 左右，会大大提高频率控制的精度。当然，对于电弧炼钢炉这类快速冲击负荷，系统功率调节是难以跟随的，由于系统存在惯性，实际引起的频降不一定很大。因此，要针对实际负荷和系统条件作专门研究，例如 1976 年为某钢厂引进一米七轧机，动态模拟试验提出有功功率阶跃调节和跟踪调节措施，达到系统频降小于 0.5 Hz 要求。

④合理选用水电厂的备用调频容量。水轮机的调速器失灵区较小，对于某些负荷，可以起到调频作用。例如，对于某钢厂一米七轧机动态模拟试验及分析证明，由于负荷曲线上升速度较慢，冲击周期长，其负荷曲线的特性与水电的备用容量选择能基本吻合，故使水电厂留有一定的备用容量能承担部分冲击负荷。

⑤ 改善无功功率平衡，抑制电压波动。由于冲击负荷一般既包括有功也包括无功功率。有功功率不平衡会导致频率偏差，同时也影响无功功率的平衡，因此在解决频率偏差的同时，应对无功平衡和电压予以足够重视。例如，在处理某钢厂轧机冲击时，从无功平衡角度，在系统中原有 127 Mvar 调相机外，加装了 500 Mvar 无功补偿设备，合理地配置，并改善系统中枢点调压手段，把主系统电压从 180 kV 升到 200 kV。在钢厂内部，采用总容量为 138.5 MVA 的静止无功补偿装置，对轧机冲击无功进行动态补偿。

综上所述，大型冲击负荷接入电力系统前应作专门研究，其中包括对电力系统的频率、电压的影响，如有谐波和负序问题，也应考虑在内。因此，电能质量的国家标准中应有相应的规定，以作为采取技术措施的依据。

第 5 章 电能质量 三相电压不平衡 (GB/T 15543—2008)

5.1 概述

电力系统在正常运行时，由于构成三相电力系统的元件参数不对称，尤其是三相负荷的不对称，会造成系统三相电压长时间运行于不平衡状态。系统处于不平衡运行时，其电压、电流均含有大量的负序分量或零序分量，会对电气设备造成不同程度的影响，可能造成继电保护误动、电机附加振动力矩和发热等问题。例如对额定转矩的电动机，如长期在负序电压含量 4%状态下运行，由于发热，电动机绝缘寿命将会降低一半，若同时某相电压高于额定电压，其运行寿命的下降将更为严重。因此将三相不平衡度控制在一定范围内是保证电能质量的重要工作之一。为此，原国家技术监督局发布了 GB/T 15543—1995《电能质量 三相电压允许不平衡度》，对电力系统正常运行方式下的三相电压不平衡度的允许值、计算、测量和取值方法进行了规定。

三相不平衡包括三相电压不平衡和三相电流不平衡，其不平衡程度用电压或电流不平衡度指标衡量。不平衡度是指三相系统中电压、电流负序基波分量或零序基波分量与正序基波分量的方均根值百分比值，即电压不平衡度可表示为：

$$\begin{cases} \varepsilon_{U2} = \dfrac{U_2}{U_1} \times 100\% \\ \varepsilon_{U0} = \dfrac{U_0}{U_1} \times 100\% \end{cases} \tag{5-1}$$

式中：U_1——三相电压的正序基波分量方均根值，V；

U_2——三相电压的负序基波分量方均根值，V；

U_0——三相电压的零序基波分量方均根值，V。

将式(5-1)中 U_1、U_2、U_0 换为 I_1、I_2、I_0 则为相应的电流不平衡度 ε_{I2} 和 ε_{I0} 的表达式。

实际上三相不平衡对电气设备产生危害主要是由于流过设备的负序电流或零序电流超过其承受能力，因此以电流为准则进行限值规定应该更为合理，但由于连接于电网公共连接点(PCC)的电气设备不同，其承受负序电流或零序电流的能力也不同，且现行标准也无法兼顾所有电气设备的标准，另外电网公共连接点可能随时有新的用户需要加入，电气设备可能不断增加与更换，因此如果以电流为准则进行限值规定，一则限值规定比较困难，而且操作性不强。通过理论分析可知，流过电气设备的负序或零序电流是由于电网公共连接点的负序电压或零序电压作用于电气设备的负序阻抗或零序阻抗而产生的，或者公共连接点的负序或零序电压是由于设备产生的负序或零序电流作用于一定阻抗的结果。对每一固定电气设备，其负序或零序阻抗在生产时就已确定，因此采用电压为准则进行三相不平衡度加以规定和限制，并在限值选择时综合考虑重要用电设备(如旋转电机)标准、电网电压不平衡度的实际现状、国外同类标准以及电磁兼容标准等，则可以避免以电流为准则所出现的问题。

5.1.1 任务来源及标准主要起草单位

原国标 GB/T 15543—1995《电能质量 三相电压允许不平衡度》针对电力系统正常运

行方式下的三相电压不平衡度的允许值、计算、测量和取值方法进行了规定，但由于该标准运行时间较长，同时随着大功率电力电子器件的大量应用、电气化铁路的飞速发展以及钢铁冶炼技术和规模的大量提升，电力系统电压三相不平衡问题变得越来越严重，原标准已不能满足现行电力系统电能质量的控制要求。为此国标委于 2006 年下达了重新修订 GB/T 15543 的计划，项目编号为 20063377-T-469。

根据计划成立的标准工作组随后对我国部分电网、铁路以及钢铁企业的实际电压不平衡情况进行了统计和分析，收集了近年来国内外相关技术资料，参考了国际电工委员会标准 IEC 61000-4-30，对国标 GB/T 15543—1995《电能质量　三相电压允许不平衡度》的部分条款进行了重新修订。

本标准修订的主要参加单位包括：全国电压电流等级和频率标准化技术委员会、武汉国测科技股份有限公司、中国电力科学研究院、武汉高压研究所、中铁第四勘察设计院、武汉钢铁工程技术集团、哈尔滨电工仪表研究所、浙江省电力试验研究院、广东电网公司电力科学研究院、江苏省电力试验研究院有限公司、北京交通大学电气工程学院、中冶京诚工程技术有限公司、华中科技大学电气与电子工程学院、江西电力试验研究院等。

5.1.2 国内外相关标准简介

电力系统三相电压允许不平衡的标准涉及到各种电气设备、用电器具、继电保护和自动化装置的相关标准，一般可分为 3 大类：

① 对负序干扰源的限值；

② 被干扰设备(装置)承受不平衡能力；

③ 从保证供电电能质量或电磁兼容角度规定的不平衡度。

5.1.2.1 对负序干扰源的限值类标准

1. 电气化铁路

电气化铁路是电力系统主要的负序和谐波干扰源，世界上各国对于电气化铁路电力机车对公用电网的干扰问题十分关注，先后制定了相应的限值标准。

(1) 英国

工程推荐导则 P24《英国铁路交流牵引供电》规定，电气化铁路产生的负序电压不平衡度 $\varepsilon_U \leqslant 1\%$，和背景负序电压不平衡度算术和累加，其和要求持续 1 min 的电压不平衡度 $\varepsilon_U \leqslant 2\%$。

(2) 澳大利亚昆士兰电气化铁路

30 min 最大负荷：$\varepsilon_U \leqslant 0.7\%$；

5 min 最大负荷：$\varepsilon_U \leqslant 1\%$；

1 min 最大负荷：$\varepsilon_U \leqslant 2\%$。

(3) 加拿大太平洋国际咨询公司《铁路电气化建议标准》规定

电气化铁路正常运行情况，要求增加的不平衡度：$\varepsilon_U \leqslant 2\%$；

电气化铁路非正常运行情况，要求增加的不平衡度：$\varepsilon_U \leqslant 3\%$。

(4) 新西兰电力公司对国内一条 680 km 电气化铁路主干线的最大持续负序电压要求 $\varepsilon_U \leqslant 2\%$。

(5) 法国电力局(E. D. F)对大西洋 TGV 高速电气化铁路规定

正常供电时：$\varepsilon_U \leqslant 1.5\%$；

降压供电时：$\varepsilon_U \leqslant 2\%$。

可见，国际上对电气化铁路不平衡限值规定尚未统一，但作为公用电网的负荷，电气化铁路的干扰必须控制在一定范围内，以确保公用电网的安全。

2. 感应电炉

英国工程推荐导则P16《超高压或高压对感应电炉的供电》中对感应电炉在电网公共连接点产生的电压不平衡度规定，在供电电源线一条退出，发电容量最小且背景电压对称条件下：

33 kV及以上：$\varepsilon_U \leqslant 1\%$；

33 kV以下：$\varepsilon_U \leqslant 1.3\%$。

当电炉配有平衡装置时，在生产过程中为了调整平衡装置，短时允许超标，但每30 min中超标时间不应超过5 min。

5.1.2.2 被干扰设备抗扰能力类标准

1. 旋转电机

GB 755《旋转电机 定额和性能》规定了同步电机的不平衡运行条件。标准规定：同步电机承受不平衡负载的能力，在任一相电流均不超过额定电流 I_N 时，I_2/I_N 值以及在故障时 $(I_2/I_N)^2t$ 的允许值(t 为时间，s)，不超过规定数值。对电动机 I_2/I_N 值最大不超过0.1，对发电机最大不超过0.08；$(I_2/I_N)^2t$ 值最大不超过20。

国际电工委员会关于旋转电机标准(IEC PUB 34-1)规定，同步电机的不平衡运行条件和国家标准的完全相同，对交流电动机，在运行条件中规定：电压不平衡度 $\varepsilon_U \leqslant 1\%$ 时可以长期运行，在几分钟短时间内 $\varepsilon_U \leqslant 1.5\%$。

2. 半导体电力变流器

GB/T 10236—2006《半导体变流器与供电系统的兼容及干扰防护导则》中将电网对变流器的扰动分为F、T、D三级，变流器的抗扰等级分为A、B、C三级(分别见表5-1、表5-2)，变流器在各种扰动和抗扰等级下的三相电压不平衡度限值见表5-3。

表5-1 电网对变流器的扰动类别

受扰类别	符号	扰动越限时的后果
性能级	F	不能保证规定的性能，但可以继续工作
跳闸级	T	保护器件动作，工作中断
损坏级	D	永久性损坏

表5-2 变流器的抗扰等级

变流器的抗扰等级	变流器适用场合	造价和运行费用
A	扰动严重或变流器故障会造成重大损失	最高
B	一般电网工作条件或扰动虽严重但有措施	适中
C	供电质量好，小功率变流器用	最低

表 5-3 变流器三相电压不平衡度限值

扰动说明		扰扰等级 / 受扰类别	A	B	C
稳态/%		F	5	5	2
短时/%	只作整流运行	T	8	5	3
	作整流或逆变	T	5	5	2

5.1.2.3 电磁兼容水平类标准

1. 国际电工委员会(IEC)

为统一各国电气标准和规范,近年来 IEC 正在制定电磁兼容的系列标准,其中三相电压不平衡度是属于低频扰动范围的主要指标。IEC 61000-2-4:2002《电磁兼容(EMC) 第 2-4 部分:环境 工厂低频传导骚扰的兼容水平》中对电压不平衡度的规定如表 5-4。电磁兼容环境分为 3 个等级:第一级用于防护式电源和低于公用电网水平的兼容值,该级只用于低压电网且涉及对扰动很敏感的仪器设备使用,如实验室仪器、一些自动装置和保护装置、计算机等;第二级用于电网公共连接点和一般工矿企业内部的连接点,其兼容水平和公共电网中相等;第三级仅用于有特殊负荷的工矿企业内部连接点,其兼容水平高于第二级。

表 5-4 电压不平衡度的电磁兼容水平

电磁环境	第一级	第二级	第三级	备注
兼容值/%	2	2	3	10 min 平均值,瞬时不大于 4%

2. 英国

工程推荐导则 P29(草案)《英国关于电压不平衡度的规划限值》规定,干扰性负荷的负序引起的电网公共连接点不平衡限值为:

任何 1 min 不超过 2%(包括系统背景不平衡);

持续电压不平衡:

$U_N<33$ kV 时:$\varepsilon_U \leqslant 1.3\%$;

33 kV$\leqslant U_N<132$ kV:$\varepsilon_U \leqslant 1\%$。

当负荷采用平衡装置时,由于负荷条件改变而引起平衡装置和负荷短时失调,短时允许超标,但每 30 min 中超标时间不应超过 5 min。

3. 前苏联

前苏联在 ГОСТ 13109-1987《电能 公用电网的电能质量要求》中规定:电网负序电压时正常不大于 2%,最大不超过 4%;零序电压正常时不大于 2%,最大不超过 4%。上述不平衡允许值是按每昼夜测量结果评价的,每昼夜中不超过正常值时间不少于 95%。

4. 德国

德国发电厂联合会(VDEW)1987 年制定的《对电网干扰的评价准则》中,规定一个用户对电网公共连接点引起的不平衡度为:

$$\bar{\varepsilon}_U=\sqrt{\frac{1}{T}\int_0^T \varepsilon_U^2(t)\mathrm{d}t}=0.7\% \tag{5-2}$$

式中:T 取 10 min。

5.2 三相不平衡问题

5.2.1 三相不平衡问题起因

电力系统主要由供电环节(包括发电、输电、配电环节)和用电环节构成,各环节中任一元件出现三相参数不对称都可能引起系统电压不平衡。造成系统元件参数不对称的原因有如下几种情况。

1. 供电环节元件三相参数不对称

供电环节的三相元件主要包括发电机、变压器和线路(架空线和电缆)等,由于发电机、变压器等设备在制造时可以保证其正常运行时良好的对称性,因此供电环节的元件参数不对称往往是由于线路的不平衡引起的。

三相架空线路由于架设时三相导线的排列方式不能完全保证相间、相对地的相对位置关系保持完全对称,尽管采用换位的方法在一定程度上可以降低不对称程度,但其等值参数仍出现一定程度的不对称。架空线的参数不对称一般不超出0.5%～1.5%的范围,其中1%以上的情况往往是分段的架空电网,其换位是在变电站母线上进行的。电缆的不对称度几乎为零。

2. 用电环节元件三相参数不对称

用电环节的元件不对称主要由三相负荷不对称引起,也是电力系统正常运行方式下出现三相不平衡的最主要因素。产生负荷不对称的主要原因是单相大容量负荷在三相系统中的容量和电气位置分布不合理,其中电气化铁路、交流电弧炉是两个最重要的干扰负荷。

我国交流电气化铁路主要通过110 kV、220 kV或330 kV系统经牵引变压器降压后向牵引电网和电力机车单相负荷供电,从而使得三相处于不对称状态。交流电弧炉虽采用三相供电方式,但由于电弧等值电阻在一个冶炼周期中数值的不确定性,使得三相功率处于不对称状态。

3. 不对称故障

电力系统的不对称故障包括各种不对称短路故障(单相接地故障、相间故障、两相接地故障)和非全相运行工况(单相断线、两相断线)。电力系统发生故障时,一般能通过继电保护和自动装置迅速切断故障元件,但对于中心点不直接接地系统的单相接地故障和非全相运行工况则可能允许运行较长的一段时间,从而造成三相电压不平衡。

5.2.2 三相不平衡产生的危害

系统处于三相不平衡运行时,三相电压电流中可能含有大量的负序分量和/或零序分量。由于负序分量和/或零序分量的存在,可能会对各种电气设备产生不同的负面影响,具体表现为:

① 同步发电机:不对称运行时负序电流在气隙中产生逆转的旋转磁场,增加了转子损耗(包括励磁绕组中感应的二倍频电流所引起的附加损耗以及转子表面由于感应涡流所产生的附加表面损耗),造成转子温升的提高。由于温升的分布取决于转子结构,严重时可能出现局部温升过高而损坏设备。另外,在不对称负荷时,由于负序电流产生的气隙旋转磁场与转子励磁磁势及由于正序气隙旋转磁场与电子负序磁势所产生的二倍频交变电磁力矩,将同时作用在转子转轴以及定子机座上,引起二倍频振动。

② 感应电动机:在不平衡电压作用下,负序电流产生制动转矩,使感应电动机的最大转

矩和输出功率下降。正反磁场的相互作用，产生脉冲转矩，可能引起电机振动。由于电动机的负序阻抗小，负序电压可能产生过大的负序电流从而使电动机定子、转子的铜耗增加，使电动机过热并导致绝缘老化过程加快。研究表明，对额定转矩的电动机，如长期的负序电压含量 4%状态下运行，由于发热，电动机绝缘寿命将会降低一半，若同时某相电压高于额定电压，其运行寿命的下降将更为严重。

③ 变压器：变压器处于负载不平衡运行时，如果控制最大相电流为额定电流，则其余两相就不能满载，变压器容量不能充分利用。反之，如果仍维持额定容量，会造成局部过热。另外，由于磁路的不平衡、大量的漏磁通经箱壁使其发热。研究表明，变压器在额定负荷下，电流不平衡度为 10%时，其绝缘寿命约缩短 16%。

④ 换流装置：三相不平衡使换流装置的触发角不对称，从而产生一系列的非特征谐波。以 6 脉动装置为例，在三相电压不平衡时除产生 6 k±1 次特征谐波外，还产生 6 k±3 次非特征谐波。研究表明，随着三相电压不平衡程度的增加，非特征谐波电流也加大，可能导致换流装置的滤波成本增加。

⑤ 继电保护和自动装置：如果三相不平衡系统中有较大的负序分量，则可能导致一些作用于负序电流的保护和自动装置误动作（如发电机负序电流保护、变压器的复合电压启动过电流保护、母线差动保护、线路距离保护振荡闭锁装置、线路相差高频保护、故障路波装置等），从而威胁电力系统的安全运行。另外还可能降低负序启动元件反应于电网故障的灵敏度，危及其在真实故障时动作的可靠性。

⑥ 线路：三相不平衡中，负序电流会产生附加损耗，增大线损，同时使输电线路电压损失增加，另外还增大对通讯系统的干扰，影响正常通讯质量。

⑦ 计算机等电子设备：在低压三相四线制配电系统中，三相不平衡必然引起中线上出现不平衡电流，产生零电位漂移，产生影响计算机等电子设备的电噪声干扰，甚至使得设备无法正常工作。

5.3 标准主要条款的解释

5.3.1 本次标准主要修订内容

与 GB/T 15543—1995《电能质量 三相电压允许不平衡度》相比较，这次修订的主要内容有：

① 增加了低压配电系统零序不平衡度的相关内容，包括本标准的适用范围、不平衡度的术语等，并对低压系统的零序不平衡度限值给出了规定。同时，为明确标准的含义，将原标准中所有的“不平衡度”改用“负序不平衡度”加以叙述，使之更适合实际电力系统的运行情况。

② 将原标准的“不平衡度的测量和取值”内容由附录提升至标准正文，并对测量时间、测量方法进行了调整。对波动负荷引起的不平衡，测量时间规定为 24 h，每个不平衡度的测量周期调整为 1 min；而对系统的公共连接点，测量时间调整为一周，每个不平衡度的测量周期调整为 1 min 的整数倍。从而可以保证快速波动负荷造成的不平衡度测量值更接近实际情况。

③ 对标准的名称进行了修改，将“三相电压允许不平衡度”修改为“三相电压不平衡”，因为测量方法成了新标准的内容，修改后的标准标题更切合标准的内容。

④ 增加了“规范性引用文件”的内容,并对术语进行了扩充。

⑤ 明确规定三相不平衡度为基波分量的不平衡度。

⑥ 对附录的“不平衡度计算”内容进行了调整。

5.3.2　标准修订条文说明

5.3.2.1　标准适用范围

GB/T 15543—1995《电能质量　三相电压允许不平衡度》规定了三相电压不平衡度的允许值及其计算、测量和取值方法,只适用于负序分量引起的不平衡场合,因为零序分量引起的不平衡基本上不影响旋转电机的正常工作,且国际上极大多数有关不平衡的标准均是针对负序分量而制定。同时,该标准只适用于电力系统正常运行方式下的电网公共连接点(PCC)的电压不平衡,因此故障方式引起的不平衡(如单相接地、两相短路等)不在考虑之列。由于电网中较严重的不平衡往往是由于单相或三相不平衡负荷所引起的,因此标准的衡量点选择于电网的公共连接点,以便在保证其他用户正常用电的基础上,给干扰用户以最大限值。实际上,一个大用户内部可能有多个连接点(IPC-In-plant Point of Coupling),用户内部的负序干扰源在 IPC 上引起的不平衡,一般大于 PCC 上引起的不平衡。

但在实际系统中尤其在低压系统中,零序分量的存在不可避免,其危害也比较严重,同时对个别系统故障允许运行的持续时间较长(如非全相运行、不直接接地系统的单相故障),因此原标准的适用范围需要给予更科学的限定。

1．零序不平衡

电力系统中三相电压不平衡主要由负荷不平衡、系统三相阻抗不对称以及消弧线圈不正确调谐等因素引起。在实际运行中出现零序电压分量不可避免,尽管其不影响旋转电机的正常运行,但用户电气设备不只有旋转电机,还有变压器等其他设备。零序电压同样会对相关设备造成损害,并增大线损和变损等。

我国对高压系统一般采用中性点接地系统,当处于三相不平衡运行方式时存在零序电压分量,但是高压系统相对而言短路容量较大,而且一般不针对直接用户,零序分量较小,可不考虑零序不平衡度问题;对中压系统一般采用中性点不直接接地系统,零序阻抗大,因此零序分量的影响很小,也可以不考虑。

但在低压配电系统中,当三相电压不平衡时会产生较大的零序分量,其同负序一样会增加线路损耗,增加配电变压器的电能损耗,减少配变出力,配变产生零序电流,影响用电设备的安全运行等。配变在三相负荷不平衡工况下运行所产生的零序电流随三相负载不平衡的增大而增大。运行中的配变若存在零序电流,将在铁芯中产生零序磁通(高压侧没有零序电流),当变压器采用三相三柱 Y 接线方式时,将迫使零序磁通只能以油箱壁以及钢构件作为通道,产生磁滞和涡流损耗,引起钢构件局部发热,加速绕组绝缘老化,导致设备寿命降低,同时零序电流的存在也会增加配变的损耗。实际上在配电系统中零序分量引起的中线安全、节能节材等问题已经十分突出。因此在低压系统中应该考虑由于零序电压分量引起的不平衡问题。

2．电气设备的不平衡限值

三相电压不平衡标准主要是针对公用电网的电能质量标准,根据各种电气设备对电压不平衡承受能力而规定 PCC 的不平衡限值,并不是具体电气设备的设计标准。实际上,作为公用电网电能质量标准和电气设备的标准,既有联系,又必须注意其区别。供电电能质量在空间上电网各个连接点的情况均不相同,而且时间上也随时变化,基于目前水平所制定的电能质量标准,一般与电气设备的标准间存在一定差距,因此标准中特别指出:"电气设备额定工况的电压允许不平衡度和负序电流允许值仍由各自标准规定。"

3. 正常运行方式

电力系统的不对称故障是造成系统不平衡的原因之一,其包括各种不对称短路故障(单相接地故障、相间故障和两相接地故障)和非全相运行工况(单相断线、两相断线)。一般电力系统发生故障时,通过继电保护和自动装置迅速切断故障元件,使系统恢复到正常运行方式,持续时间很短,不会对一般电气设备造成大的影响。因此,GB/T 15543—1995《电能质量 三相电压允许不平衡度》不适用故障方式引起的不平衡。

但在实际电力系统中,对中心点不直接接地系统,发生单相接地故障时,由于不会造成相间电压的变化,系统仍可正常运行。只是考虑到绝缘安全问题,不能长时间运行,但允许单相接地故障情况下运行 1 h～2 h,持续时间长,由其造成的电压不平衡的影响应该予以考虑。另外,随着电气化铁路的发展,由于牵引变压器的种类比较多,而相当一部分属于两相供电(如浙赣线江西省全境13个牵引变电站,除横峰和东乡两座牵引变电所采用220 kV三相 V/v 接线外,其余各所均由 220 kV 直接以两相供电方式运行),这可以理解为典型的非全相运行方式。当然,如果牵引站还担负除电气化铁路外的其他用户供电功能,在公共连接点上电铁也可以理解为严重的单相不平衡负荷。为减少负荷的不平衡程度,在不同的牵引站采用换相方式供电,以力求负荷的对称性,但对每一个供电点而言,属于严重的负荷不对称运行工况。非全相运行工况可能允许运行时间较长,从而造成三相电压不平衡的影响也应该予以重视。

为解决上述问题,本标准修订中对其适用范围通过时间加以界定,规定"瞬时和暂时的不平衡问题不适用于本标准"。关于瞬时和暂时的具体时间规定,则参考了我国电力行业标准《电能质量术语》(正在制定中)的规定,在本标准的"术语和定义"中进行了描述和规定。瞬时规定为"工频 0.5 周波～30 周波",从而无需考虑对需要快速保护切除的故障所造成的不平衡问题;暂时规定为"工频 30 周波～3 s",从而对一些通过后备保护切除的故障或暂态过程所造成的不平衡问题予以规避。换而言之,只要不平衡持续时间大于 3 s 的均属于本标准考虑范围之内。

4. 基波不平衡和谐波不平衡

系统运行时三相电压可能含有一定的谐波分量,但谐波的成分比较复杂,既有整次谐波,也有间谐波,每相电压的谐波量都可通过计算得到,但是在分析系统电压不平衡时,各次谐波都可能存在正序、负序和零序分量,处理起来相当复杂。IEC 61000-4-30《电能质量测量方法》中明确规定电压不平衡所测量的是"输入电压信号基波分量的有效值",对 50 Hz 测量历时 10 个周波。考虑到电能质量中谐波标准对公共连接点谐波的限制要求,本标准只适用于电压基波分量的负序和零序不平衡,而谐波不平衡不在本标准考虑范围。

5.3.2.2 不平衡度限值

标准对电压不平衡度允许值的规定分为两个方面。

1. 电力系统公共连接点电压不平衡度限值

从用户设备电压不平衡兼容限值水平规定了电网公共连接点(PCC)电压不平衡允许

值,这个水平值是需要连接在电网上所有包括供电方和用户方的电气设备来共同维护,是一个低限值。

原标准 GB/T 15543—1995《电能质量　三相电压允许不平衡度》规定:电力系统正常运行时,公共连接点的电压不平衡度允许值为 2%,短时不得超过 4%。这是在综合考虑了重要用电设备(如旋转电机)标准、电网电压不平衡度的实际现状、国外同类标准以及电磁兼容标准等进行分析选取的。

英国工程推荐导则《英国关于电压不平衡的规划限值》(P29 草案)中规定,干扰性负荷的负序分量引起的电网公共连接点的不平衡限值为任何一分钟不超过 2%(含系统背景不平衡),持续不超过 1.3%;国际电工委员会 IEC 在 IEC 61000-2-4:2002《电磁兼容第 2-4 部分:环境　工厂低频传导骚扰的兼容水平》中针对不同等级的电磁环境分别规定了三相不平衡度的兼容水平:第一级用于防护式电源和低于公共电网水平的兼容值,该级只用于低压电网且设计对扰动很敏感的仪器设备使用,如科研实验室仪器、一些自动保护装置等,兼容水平为 2%;第二级用于电网公共连接点和一般工矿企业内部连接,其兼容水平也为 2%;第三级仅用于特殊负荷的工矿企业内部连接,其兼容水平为 3%。无论对哪一级的瞬时均要求不大于 4%。美国电气电子工程师(IEEE)标准《电能质量监测导则》(IEEE Std 1159)中报告的测量数据表明三相不平衡变化范围在 0.5%～2%内。

GB 755《旋转电机　定额和性能》规定,同步电机持续运行的 I_2/I_N 最大值为 0.08～0.10,而旋转电机的负序阻抗为 0.14～0.45,如果机端电压比平衡度为 2%,则相应的电流不平衡度为 0.044～0.14,可能超过该电机的负序电流长期承受能力。但机端作为公共连接点,直配供电量很小,实际旋转电机与公共连接点之间一般有线路和电力变压器,只要其折算等值阻抗达到 0.10 以上,则相应的负序电流可控制在 8%以下。当然电机的负序承受能力与电机本身的承载状况有关,承载负荷越大,承受负序的能力就越弱。

作为电能质量指标的电压不平衡度,在空间和时间上均处于动态变化中。整体上呈现统计特性,具有正态分布特点,因此在标准中规定用 95%概率大值作为衡量值。也就是说,标准中规定的"正常电压不平衡度允许值 2%"是在测量时间 95%内的限值,而剩余 5%的时间可以超过 2%。但是过大的"非正常值"时间虽短,也会对电网和设备造成危害,特别是对负序启动元件的快速动作继电保护和自动装置,容易引起误动,因此标准对最大的允许值做了不得大于 4%的规定。

2. 接于公共连接点的各用户引起该点负序电压不平衡度允许值

为保证公共连接点总的三相不平衡水平,标准规定了接入公共连接点的各用户所引起的三相电压不平衡限值,实际上规定了各个用户对公共连接点三相不平衡度的"贡献"限值。

原标准规定:接于公共连接点的每个用户引起该点负序电压不平衡度允许值一般为 1.3%。该值是在参考国外相关标准的基础上,并考虑到不平衡负荷电网中少数特殊负荷而确定。考虑到实际情况的千差万别,原标准还规定:"根据连接点的负荷状况以及邻近发电机、继电保护和自动装置安全运行要求,该允许值可作适当变动",但必须满足公共连接点的不平衡限值要求。

在标准修订过程中,重点对电气化铁路、冶炼部门和电力系统的电压不平衡度进行了调研,各个部门统计的结果基本能满足原标准规定限值的要求,个别检测点数据偏高甚至超标是主要与其系统的短路容量、电压等级和治理手段有关,可以预见,采取合理的治理手段后不平衡度可满足原标准限值规定的要求。可见，原来的限值规定的比较合理，因此在本次标准修订过程中对公共连接点负序不平衡度的限值维持原规定不变。

对于用户的不平衡限值要求，考虑到其“贡献”的电压不平衡度也处于动态变化过程中，并且变化也呈现正态分布特点，为与公共连接点的限值规定相配合，规定为：“接于公共连接点的每个用户引起该点负序电压不平衡度允许值一般为1.3%，短时不超过2.6%”。

对零序不平衡度的限值，在国外标准中，除了前苏联在ГОСТ 13109—1987《电能　公用电网的电能质量要求》中给出了零序电压不平衡度的限值要求外(零序电压正常不大于2%，最大不超过4%)，IEC 61000-4-30《电能质量测量方法》5.7中也只给出了零序不平衡度的定义和零序电压测试误差的要求，其他标准包括EN 50160《公共配电系统供电电压特性》等，均是针对负序分量而制定。国内由于原标准没有对零序作出要求，因此在调研过程中也没有得到实际低压系统中零序不平衡状况的实际数据，本打算在限值上采用前苏联的规定，后经相关专家意见征求和标准修订工作组讨论，在本次修订中对零序不平衡度的限值暂时不作规定，“但各相电压必须满足GB/T 12325《电能质量　供电电压偏差》的要求”。

另外，原标准对最大限值的时间要求是“短时”，但操作过程中具体的时间没有明确规定，本标准修订时参考我国电力行业标准《电能质量术语》(Power Quality Terms)将“短时”明确规定为“3 s～1 min”，该时间规定与电压不平衡测量的“测量仪器记录周期为3 s，按方均根取值”和测量时间间隔“为1 min或1 min的整数倍”的要求相一致。

5.3.2.3 不平衡度测量、统计周期和取值

标准修订过程中，对部分电网、电气化铁路和钢厂的电压不平衡情况进行了调研，结果比预计的要为理想，可能基于下列几个原因：① 近年来对电能质量的重视程度提高，对一些电能质量较差的用户或供电点采取了有效的治理措施；② 电气化铁路、大型炼钢炉采用更高一级的系统电压供电，系统的短路容量大大增加，从而降低了不平衡度；③ 可能由于测量方法使得实测结果偏小：对波动负荷，采用10 min的平均值测量方法，可能使得测量结果与实际的未能捕捉或统计的尖峰负荷差距较大。因此对于日波动负荷的不平衡测试方法进行了调整。

1. 测量条件

原1995版标准中不平衡度测量值是指在电力系统正常运行的最小方式下负荷所引起的电压不平衡度为最大的生产(运行)周期中的实测值，例如炼钢电弧炉应在系统最小运行方式下的熔化期间测量。但在实际测量过程中，要同时满足“系统正常最小运行方式”和“不平衡度为最大”两个条件通常比较困难，从而给实际操作带来很大程度的不便。为便于操作，修订时将电压不平衡度测量的条件规定为：“测量应在电力系统正常运行的最小方式(或较小方式)下，不平衡负荷处于正常、连续工作状态下进行，并保证不平衡负荷的最大工作周期包含在内”。

2. 测量时间和取值

为满足上述测量条件，必然存在具体的测量持续时间取值问题，时间取得过短，可能无法测到最大的不平衡度值，测量时间过长，又会增加工作量。原标准GB/T 15543—1995《电能质量　三相电压允许不平衡度》中只规定了测量值不少于30个的规定，并对日波动负荷按典型工作日24 h作为测量时间，而对公共连接点并没有给出测量时间要求。至于波动性较大场合规定实测值不少于30个的理由，是从不平衡的波动性为正态分布假定出发，根

据概率理论得出的。当然,实际波动不一定服从正态分布的假定,实测值当然越多越好,但这要增加工作量。作为标准,宜在一般情况下规定一个最低要求。

在国外标准中,欧洲标准EN 50160《公共配电系统供电电压特性》中明确规定:在正常运行方式下,不平衡度以10 min平均有效值在一周内的95%概率大值为准。取一周时间用于不平衡度测量主要原因是一周为一个典型的负荷周期,大型用户经历了正常生产和休息的一个循环,从而能满足"不平衡负荷的最大工作周期包含在内"的要求。以每个不平衡度的测量时间间隔为10 min计算,连续一周的测量值样本数为1 008个,无论平衡度波动是否服从正态分布都能满足测试要求。

而对于日波动负荷,测量持续时间为24 h。在波动性较大的场合,考虑到可能存在冲击性负荷,持续时间短,并可能短时内对其他负荷造成较大的负序冲击,而仍采用10 min平均值的测试法并不一定能反映实际不平衡情况。例如一个持续时间为1 min并且两次冲击时间间隔为10 min的冲击负荷所造成的负序不平衡,采用10 min的平均有效值方法进行数据处理,则实际发生冲击时间内造成的6%不平衡度将被处理为1.9%,这显然不合理。同时如果仅用"测量值不少于30个"加以限制,表明测量装置可以采用不连续方式测量,可能无法捕捉到实际的最大不平衡度值。因此将日波动负荷的不平衡度测试时间规定为1 min,并且要求进行连续测量,这样实际测量值的样本数为1 440个,与公共连接点的一周测量样本数一致。尽管重新规定后的测量样本数比原规定的"不少于30个"增加了不少,数据处理要求大为增加,但对于数字化测量仪器,几十个数据和1 000个数据的处理时间不会有明显的增加,完全能够达到。

原标准GB/T 15543—1995《电能质量 三相电压允许不平衡度》还规定:"对于日波动负荷,也可以按日累计超标时间不超过72 min,且每30 min中超标时间不超过5 min来判断。"但在实际操作中,如果测量时间间隔过长(如采用10 min),本身"每30 min中超标时间不超过5 min来判断"就无法操作,因此也要求缩短测量时间间隔。考虑1 min的测量间隔,一则不会使得数据处理工作量过大,又能满足以时间累计的要求,同时明确规定时间的累计方式为:"以时间取值时,如果1 min方均根值超过2%,按超标1 min进行时间累计。"

另外,对于公共连接点的测量时间间隔问题,原则上采用10 min进行168 h的连续测量,但GB/T 19862—2005《电能质量监测设备通用要求》中记录保存时间规定为3 min,显然两者时间发生冲突,为达到两者时间上的统一,修订时将公共连接点的测量时间间隔规定为1 min的整数倍。在具体应用时根据测量设备的要求具体规定,只是测量设备记录保存时间越短,测量值的样本数越大,数据处理工作量也增大。

鉴于上述原因,标准修订时将不平衡度的测量时间规定为:"对于电力系统的公共连接点,测量持续时间取一周(168 h),每个不平衡度的测量间隔可为1 min的整数倍;对于波动负荷,可取正常工作日24 h持续测量,每个不平衡度的测量间隔为1 min。"并参考国外标准的规定,取其95%概率大值作为不平衡度的衡量依据。

不平衡的测量比较容易实现。测量的方法主要为对称分量法。在没有零序的场合,还可以通过直接测量三个不对称电量的大小直接计算得到。为减少偶然性波动的影响,标准中规定了测量仪器记录周期为3 s,按方均根取值。电压输入信号基波分量的每次测量取10个周波的间隔。对于离散采样的测量仪器推荐按下式计算:

$$\varepsilon=\sqrt{\frac{1}{m}\sum_{k=1}^{m}\varepsilon_k^2} \tag{5-3}$$

式中：ε_k——在 3 s 内第 k 次测得的不平衡度；

m——在 3 s 内均匀间隔取值次数($m\geqslant 6$)。

对于特殊情况由供用电双方另行商定。

5.3.2.4 测量准确度

电能质量设备在现行的市场上有不同的特点，它需要有一个共同的参考系统。IEC 61000-4-30 对测量误差要求：A 级性能仪器的零序、负序不平衡的测量范围为 1%～5%，且测量误差均小于±0.15%；而对 B 级性能仪器测量误差则由制造商自行规定。IEC 61000-4-30 标准被公认是一个基础 EMC 领域的出版物，但本身并不是一个产品标准，为此 IEC 现正在制定 IEC 62586 电能质量监测设备的产品标准，其测量方法引用 IEC 61000-4-30、IEC 61000-4-7（谐波、间谐波测试）和 IEC 61000-4-15(闪变测试)。该标准修订过程国内相关标委会一直处于跟踪中，一旦条件成熟，可能会转换为国家标准。

目前国内对电能质量监测设备的标准采用 GB/T 19862—2005《电能质量监测设备通用要求》，该标准对监测设备的通用技术要求均有详细规定。但对三相不平衡度测量准确度的规定，GB/T 19862—2005《电能质量监测设备通用要求》和 GB/T 15543—1995《电能质量 三相电压允许不平衡度》出现了矛盾：

GB/T 19862—2005《电能质量监测设备通用要求》中电压、电流不平衡度的准确度要求是按相对误差概念提出的，即要求电压不平衡度的测试值与实际值的相对误差不大于 0.2%，电流不大于 1%。这显然对监测设备提出了非常高的要求。例如对一个实际不平衡度为 2%的场合，根据相对误差为 0.2%的要求，实际测量值要求在 1.996%～2.004%的范围内，即仪器电压测试的准确度需要达到 0.004%，电流测量准确度达到 0.02%，其指标明显高于 IEC 61000-4-30 的 A 级测量仪器要求，且测试设备一般很难达到该要求。

GB/T 15543—1995《电能质量 三相电压允许不平衡度》规定，电压不平衡度的测量绝对误差为 0.2%，电流不平衡度的测量绝对误差为 1%，该要求略低于 IEC 61000-4-30 中对 A 级仪器规定的 0.15%的要求。这是在考虑测量结果不会明显引起不良后果的前提下，给仪器的结构、型式的选择以尽可能大的灵活性。显然用绝对误差来规定测量精度，在三相比较平衡时，其测量结果相对误差会较大，但不会造成严重后果。这个误差要求对测试设备一般应能达到。

考虑到不平衡度本身是一个百分比的概念，而传统的绝对误差是一个偏差的概念，为防止与相对误差概念的混淆，修订时对测量仪器的测试误差要求用绝对误差规定，用具体的公式加以描述。

5.3.2.5 用户引起的电压不平衡度允许值的实际换算

为审核新用户的接入或考核已入网用户，标准规定：负序电压不平衡度允许值一般可根据连接点的正常最小短路容量换算为相应的负序电流值作为分析或测算依据。这是因为虽然标准对用户规定了电压不平衡度的限值，但可能相应连接点上已经存在多个用户，且背景电压中已存在一定水平的不平衡，无法直接判断新接入用户对连接点的电压不平衡度作出“贡献”的大小，对已入网用户的“贡献”大小也无法直接通过电压不平衡度判断，因此对负序的发生量大小宜用电流来进行校验。

旋转电机的负序阻抗一般远小于正序阻抗，但在公共连接点离旋转电机电气距离较远（即线路和变压器的等值折算阻抗在总的等值阻抗中占绝对优势）的场合，由于线路、变压器的正序阻抗与负序阻抗相等，可近似认为公共连接点与电源之间的正、负序阻抗相等。则负序电压不平衡度换算为负序电流计算近似为：

$$\varepsilon_{U2} = \frac{\sqrt{3} I_2 U_L}{S_k} \times 100\% \tag{5-4}$$

式中：I_2——负序电流值，A；

S_k——公共连接点的三相短路容量，VA；

U_L——线电压，V。

可见，该近似计算是由条件的，因此标准规定："邻近大型旋转电机的用户其负序电流值换算时应考虑旋转电机的负序阻抗。"

对于接于相间单相负荷引起的负序电压不平衡度可近似为：

$$\varepsilon_{U2} \approx \frac{S_L}{S_k} \times 100\% \tag{5-5}$$

式中：S_L——单相负荷容量，VA。

5.3.2.6　公共连接点不平衡度的计算

在不平衡的情况下，除了基波的正序分量，至少还存在以下一个分量：基波负序分量和（或）基波零序分量。三相电压的负序和零序不平衡度的定义为：

$$\begin{cases} \varepsilon_{U2} = \dfrac{U_2}{U_1} \times 100\% \\ \varepsilon_{U0} = \dfrac{U_0}{U_1} \times 100\% \end{cases} \tag{5-6}$$

式中：U_1——三相电压的正序分量方均根值，V；

U_2——三相电压的负序分量方均根值，V；

U_0——三相电压的零序分量方均根值，V。

将式(5-6)中 U_1、U_2、U_0 换为 I_1、I_2、I_0 则为相应的电流不平衡度 ε_{I2} 和 ε_{I0} 的表达式。

不平衡度的计算一般采用对称分量法。如某一时刻测量得到三相电压相量，则电压不平衡度为：

$$\begin{cases} \varepsilon_{U2} = \left| \dfrac{\dot{U}_A + a^2\dot{U}_B + a\dot{U}_C}{\dot{U}_A + a\dot{U}_B + a^2\dot{U}_C} \right| \\ \varepsilon_{U0} = \dfrac{1}{3}\left| \dfrac{\dot{U}_A + \dot{U}_B + \dot{U}_C}{\dot{U}_A + a\dot{U}_B + a^2\dot{U}_C} \right| \end{cases} \tag{5-7}$$

上式中 a 为旋转因子：$a = e^{j120^\circ} = -\dfrac{1}{2} + j\dfrac{\sqrt{3}}{2}$。

电流不平衡度也可以用类似方法计算。

在没有零序分量的三相系统中，当已知三相量 a、b、c 时也可以用下式求负序不平衡度：

$$\varepsilon_2 = \sqrt{\frac{1-\sqrt{3-6L}}{1+\sqrt{3-6L}}} \times 100\% \tag{5-8}$$

式中：$L=(a^4+b^4+c^4)/(a^2+b^2+c^2)^2$

由此可见，在没有零序分量的三相系统中，只要知道三个不对称相量的大小，即可求出不平衡度。

5.4 修订标准期间相关条款的分歧与统一

5.4.1 零序电压不平衡及其限值问题

标准修订过程中，低压系统的零序电压限值原打算采用前苏联规定的限值。在专家意见征求中，有专家建议将零序电压不平衡度限值修改为："低压系统零序电压暂不作规定，但各相电压必须满足《电能质量 供电电压偏差》的要求。"也有专家建议将电压零序分量引起的不平衡度从正文中删除，并加注说明"存在由电压零序分量引起的不平衡度，但不在本标准中规定。"

经过标准工作组的仔细讨论，认为：该指标为前苏联所定，由于国内原标准没有对零序提出要求，在我国目前没有足够的研究或测试结果支持该指标，此外低压 220 V 系统绝大多数为民用单相负荷，不仅各相之间难以平衡，控制达到以上指标难以实现，也更难以普遍检测和治理，一是民用单相负荷量大面广，二是引起零序不平衡的原因具有极大的随机性，本次修订时可暂时不给出具体限值要求。另外，尽管本次标准修订对零序限值暂不规定，但该工作应该引起相关部门的重视并着手相应的研究工作，以期下次修订提供必要的依据，该内容出现在正文表明其重要性。但限值不作严格规定，而电压必须满足《电能质量 供电电压偏差》的要求。

5.4.2 负序不平衡限值问题

标准修订过程中，无论是工作组内部讨论还是意见征求，电力部门和用户对负序电压不平衡限值的意见分歧比较大，用户部门要求：标准应充分考虑目前中国电网在许多地区还比较薄弱，及电铁等负荷产生负序的客观属性等情况，在调查研究现状的基础上，以电网和负荷综合利益最大化为基础修订标准，建议进一步补充现场调研、检测验证工作；建议负序限值在 PCC 点由产生负序的负荷按比例分配；建议在电网比较薄弱地区，负序超过限值时，可按周围受负序影响设备承受能力校验负序，在受负序影响设备承受能力内，可允许负序超过标准限值；建议标准体现出铁路牵引变电所换相连接的效果。电力部门则认为应该遵循谁污染谁治理原则，对限值要求不应低于原标准的规定。

针对上述意见，工作组经过讨论认为：

① 标准的修订到再次修订，需要运行多年，因此不能只考虑现状，更应考虑到发展和各方面的利益，对电网薄弱问题，需要由电力部门加以改造，对用户负序问题，需要用户进行必要的治理。本标准给出的限值与原标准相比并没有提高。

② 用户负荷对 PCC 点产生负序的影响，如果规定为按比例分配，由于实际负荷是变化的，有较大的随机性和不确定性。另外电网公共连接点可能随时有新的用户需要加入，则需要重新分配，牵涉到已接入用户的要求改变，可能需要老用户采取治理措施但受条件限制而无法实施，可操作性太差。

③ 在电网比较薄弱地区，负序超过限值时，周围受负序影响设备多，承受能力差异性大，并且设备不断增多和更换，可操作性太差。

④ 变电所换相是降低不平衡度的一个有效措施，但实际情况是各牵引站间距离较远，

并不处在同一个电网公共连接点上，而本标准是针对电网公共连接点制定的，应该不属于本标准范围。同时许多牵引站还担负着给其他用户供电的职能，因此各牵引站的不平衡状况将直接影响与之相近的其他用户，如果考虑换相连接的效果而放宽要求，对其他用户是不公平的。再者，换相连接的效果的测量、统计和考核也不易实施。

⑤ 原标准的公共连接点误差限值是在综合考虑了重要用电设备（如旋转电机）标准、电网电压不平衡度的实际现状、国外同类标准以及电磁兼容标准等进行分析选取的，而用户产生的不平衡限值是在参考国外相关标准的基础上，并考虑到不平衡负荷电网中少数特殊负荷而确定。修订过程中调研的情况表明该限值制定比较合理，实际系统也一般能满足其要求。

在标准给定限值时，考虑到上述实际情况，限值维持原标准指标，但在用户引起的负序不平衡规定短时可以超标，但最大不能超过 2.6%。与原标准相比，在指标上有所放宽。另外，标准规定："根据连接点的负荷状况以及邻近发电机、继电保护和自动装置安全运行要求，该允许值可作适当变动"，但必须满足公共连接点的限值规定。也就意味着由于电网比较薄弱、供电容量不足，但由于其他用户产生负序较小，对大用户的要求可适当放宽。

5.4.3　测量时间问题

标准修订过程中另一个分歧较大的条款是关于测量时间的，其主要原因是原标准、IEC 标准、欧洲标准以及 GB/T 19862—2005《电能质量监测设备通用要求》等对测量时间的要求不相一致。主要意见为：建议测量时间取一周，每个不平衡度的测量间隔为 10 min；发电机等设备的负序反时限跳闸时间一般最长为 15 min，长于这个时间将烧毁电机，而一般设备接入系统时的暂态过渡时间为 1 min～3 min，因此测量取样周期的时间间隔不应该大于 3 min；对最大值限值的取值，如果采用 10 min 或 1 min 的算术平均值作为判断标准，将使标准放得太宽，不利于电能质量的控制等。

在测量时间的规定上，对测量记录周期取 3 s 都比较统一，分歧主要集中在测量时间间隔上。欧洲和 IEC 标准的测量时间间隔为 10 min，GB/T 19862—2005《电能质量监测设备通用要求》测量保存时间为 3 min，原标准规定："对于日波动不平衡负荷也可以时间取值：日累计大于 2%的时间不超过 72 min，且每 30 min 中大于 2%的时间不超过 5 min。"如果测量时间间隔大于 1 min，则无法实现以时间取值的要求。

标准修订工作组讨论认为：

① IEC 和欧洲标准中 10 min 的不平衡度平均值主要是针对公共电网，对日波动负荷采用一周和 10 min 进行测量和统计，对于持续时间比较短的且比较严重的不平衡状况将会因为平均时间过长而无法反映实际情况，再加上 95%概率取值使得该问题将更为突出。既然标准规定短时的电压不平衡属于本标准考核的内容，也就是持续 3 s 以上时间的不平衡均要考虑，实际上采用 1 min 的平均值和 95%概率大值对日波动负荷的检测已经有所放宽。另外，强行规定为 10 min 与 GB/T 19862 要求的 3 min 也无法兼顾。

② 根据 GB/T 18039.4—2003/IEC 61000-2-4:1994《电磁兼容　环境　工厂低频传导骚扰的兼容水平》规定 95%概率大值为 10 min 的平均值，但最大值规定为瞬时值。本标准中将 GB/T 18039.4—2003 作为引用标准，且规定每一个不平衡度为 3 s 的测量值，因此将最大值规定为"所有测量值中的最大值"。也就是每 3 s 不平衡度的均方根值的最大值，其主要考虑是瞬时值在时间上不好界定，给测量的实现带来困难，采用上述方式处理实际上在

一定程度上降低了对不平衡度的要求。但标准规定持续时间小于 3 s 的不平衡不属于本标准的考虑范围，采用 3 s 的均方根值作为测量值应该是合理的。

③ 既然 GB/T 19862—2005《电能质量监测设备通用要求》作为现行有效的国家标准，为避免不同标准间的冲突，且又与国际标准接轨，因此在测量时间间隔的规定上，对日波动负荷采用 1 min，而对公共连接点，规定 1 min 的整数倍，具体时间由测量装置的数据保存时间确定。从而保证了与 GB/T 19862—2005 的 3 min 规定和 EN50160、IEC 标准的 10 min 的规定相兼容。

5.5　标准的局限性分析

本标准在修订过程中，对大量的现场情况进行了调研，包括铁路、钢厂、电网，但标准需要涉及的内容要么缺乏研究、要么缺乏实际数据，给标准的修订带来了很大的困难，因此在某些方面操作性和应用性不强。标准需要改进的问题主要表现在以下方面。

5.5.1　风电并网对电能质量的影响

随着越来越多的风电机组并网运行，风力发电对电网电能质量的影响引起了广泛关注。风资源的不确定性和风电机组本身的运行特性使风电机组的输出功率呈波动性，可能会影响电网的电能质量，如电压偏差、电压波动和闪变、谐波等。风力发电机组大多采用软并网方式，但是在启动时仍然会产生较大的冲击电流。当风速超过切出风速时，风机会从额定出力状态下自动退出运行。如果整个风电场所有风机几乎同时动作，这种冲击对配电网的影响十分明显。不但如此，风速的变化和风机的塔影效应都会导致风机出力的波动，而其波动正好处在能够产生电压闪变的频率范围之内（低于 25 Hz），因此风机在正常运行时也会给电网带来闪变问题。

如果系统内含有风电场，因为风电场出力的预测水平还达不到工程实用的程度。如果把风电场看做负的负荷，不具有可预测性；如果把它看做电源，可靠性没有保证。正因为如此，有必要对含风电场电力系统的运行计划进行研究。风力发电并网以后，如果电力系统的运行方式不相应地做出调整和优化，系统的动态响应能力将不足以跟踪风电功率的大幅度、高频率的波动，系统的电能质量和动态稳定性将受到显著影响，这些因素反过来会限制系统准入的风电功率水平。

GB/T 20320—2006/IEC 61400-21：2001《风力发电机组　电能质量测量和评估方法》只规定了风力发电机组对电压波动、闪变和谐波的测量及评估方法。风力发电对三相电压不平衡的影响问题，由于缺乏实际数据和运行经验，在本标准修订中没有加以考虑，同时其测量和评估方法也没有深入研究。

5.5.2　牵引变电站换相连接对不平衡的影响

为尽量减轻单相牵引负荷对电力系统造成的负序负担，目前在单相工频交流电气化铁路普遍采用牵引变电站换相连接的供电方式。从相序上看，三个牵引变电站形成一个循环，如其牵引负荷相等，则对电力系统来说三相负荷平衡，在这种情况下负序电流不进入电力系统，而只在三个牵引变电站内流通。但实际情况上各变电站的牵引负荷是随时变化的，不可能达到理想的三相负荷平衡状态，因此仍将在电力系统中产生一定的负序电流，不过它在数值上要比没有采用换相连接时小。实践证明，采用牵引变换相连接方法，对减少电力系统中负序电流是有效的。

从电网公共连接点角度考虑，每个牵引站都是一个 PCC 结点，同时为节约资源投入，大量的牵引站还担负着其他用户的供电，由于本标准只是针对电网公共连接点制定，因此并没有考虑牵引站换相连接的有利因素。但考虑到牵引站换相连接所产生的效果，应进行对不同牵引站间整体的电能质量测量和评估方法进行研究，希望在下次修订时补充相应的内容。

5.5.3　零序不平衡限值的确定问题

电网中三相间的不平衡电流是普遍存在的，在城市民用电网及农用电网中由于大量单相负荷的存在，三相间的电流不平衡现象尤为严重。对于三相不平衡电流，除了尽量合理地分配负荷之外几乎没有什么行之有效的解决办法。正因为找不到解决问题的有效办法，因此反而不被人们所重视，也很少有人进行研究。

电网中的不平衡电流会增加线路及变压器的铜损，增加变压器的铁损，降低变压器的出力甚至会影响变压器的安全运行，会造成三相电压不平衡因而降低供电质量，甚至会影响电能表的精度而造成计量损失。

现有的 10/0.4 kV 的低压配电变压器多为 Yyn0 接法三相三柱铁心的变压器。这种类型的变压器，当二次侧负荷不平衡且有零线电流时，零线电流即为零序电流，而在一次侧由于无中点引出线因此零序电流无法流通，故零序电流不能安匝平衡。对铁心而言，有一个激磁零序电流，它受零序激磁阻抗控制，根据磁路的设计，这一零序激磁阻抗较大，零序电流使相电压的对称受到影响，中性点会偏移。国家标准 GB 50052—1995《供配电系统设计规范》第 6.08 规定："当选用 Yyn0 结线组别的三相变压器，其由单相不平衡负荷引起的电流不得超过低压绕组额定电流的 25%，且其中一相的电流在满载时不得超过额定电流值。"由于上述规定，限制了 Yyn0 结线配电变压器接用单相负荷的容量，也影响了变压器设备能力的充分利用。并且，对三相三柱的磁路而言，零序磁通不能在磁路内成回路，必须在油箱壁及紧固件内形成回路，而油箱壁及紧固件内的磁通会产生较大的涡流损耗，因而使变压器的铁损增加。当零序电流过大导致零序磁通过大时，由于中性点漂移过大会引起某些相电压过高而导致铁心磁饱和，使铁损急剧增加，加上紧固件过热等因素，可能会发生任何一相电流均未过载而变压器却因局部过热而损坏的事故。由于 Yyn0 接线组的配电变压器的零序激磁阻抗较大，因此零线电流会造成较大的电压变化，形成比较严重的三相电压不平衡现象，不但影响单相用户，对三相用户的影响更大。

但由于国内原标准没有对零序提出要求，在我国目前没有足够的研究或测试结果支持该指标，此外低压系统绝大多数为民用单相负荷，不仅各相之间难以平衡，控制达到以上指标难以实现，也更难以普遍检测和治理，一则民用单相负荷量大面广，二则引起零序不平衡的原因具有极大的随机性，因此本次修订时暂不给出具体限值要求，但该工作应该引起相关部门的重视并着手相应的研究工作，以期下次修订提供必要的依据。

5.6　标准实际应用案例

单相电弧炉接入系统对邻近小水电机组的影响

浙江某钢铁公司引进俄罗斯的单相交流电弧熔炼技术生产模具钢，其直接接入某变电站的 10 kV 母线，同时与其相连的有三个小水电。尽管其生产过程中电弧很稳定，但 1 600 kVA 左右的单相负荷接入变电站的 10 kV 侧后，会造成该变电站的 10 kV 侧母线电压不平衡，大量的负序电流注入系统后会对其 10 kV 侧出线相接小水电机组产生危害。

该公司现有单相电炉变压器的参数为表 5-5 所示。

表 5-5 单相电炉变压器参数

容量/ kVA	分接位置	高压电压/V	高压电流/A	低压电压/V	低压电流/A
1 600	1	10 000	160	52	30 769
1 785	2	10 000	178.5	58	30 769
1 969	3	10 000	196.9	64	30 769
2 154	4	10 000	215.4	70	30 769
注：空载电流 0.418%，阻抗电压 9%。					

发电机的容量是按三相平衡负荷设计的，定子的旋转磁场转速与转子的旋转速度同步。当系统电压不对称运行时，定于电流中不仅有正序分量，还有负序分量，由负序电流产生负序的旋转磁场，其转速的大小与转子转速相同，但方向相反，即相对速度为 2 倍同步转速。这个磁场便在转子绕组、阻尼绕组及转于本体内感应出 2 倍工频(100 Hz)的感应电流。这就增加了线卷中的附加损失，引起转子附加发热，转子表面往往会出现局部性的过热(由于交流电的集肤效应)使得发电机的绝缘受到损坏。另外，由于负序磁场产生的脉冲转矩，将会引起发电机的振动。因此，发电机在不对称负荷情况下运行有一定限制。原水电部制定的发电机运行规程中规定：汽轮发电机三相电流之差不得超过额定电流的 10%；水轮发电机为 20%，同时任何一相电流不得大于额定电流。在 GB 755—2000《旋转电机 定额和性能》中规定：凸极发电机组的负序分量/正序分量不得超过 8%。为了防止该钢铁公司现有单相电炉变压器投入后对小水电的影响，对变电站的 10 kV 侧小水电在单相负荷接入后的负序电流进行计算。

该钢铁公司单相负荷接入变电站 10 kV 侧后，在该变电所 10 kV 母线所接的小型水电机组吸收的负序电流计算值见表 5-6。

表 5-6 负序电流计算值

	发电机侧负序/A	发电机额定电流/A	钢铁公司铭牌全出力时	75%限出力时负序含量
甲电站一级 800 kW 机组	6.289 1	91.700 0	6.86%	5.14%
甲电站一级 1 000 kW 机组	6.817 5	114.557 0	5.95%	4.46%
甲电站四级 400 kW 机组	4.519 5	45.822 8	9.86%	7.40%
甲电站四级 800 kW 机组	6.489 7	91.645 6	7.08%	5.31%
甲电站二级 200 kW 机组	1.828 5	21.994 9	8.31%	6.23%
乙电站	0.937 9	9.164 6	10.23%	7.68%
丙电站四级	1.635 9	18.329 1	8.92%	6.69%

计算依据：变电站 10 kV 侧小方式下短路阻抗为 0.720 7，甲电站四级 400 kW 机组、二级 200 kW 机组、乙电站、丙电站四级小型水电机组负序阻抗因无铭牌参数，按有阻尼绕组的发电机考虑，负序阻抗取 0.15。甲电站一级 800 kW 机组：纵轴 $X_d=1.287\ 9$，$X_d''=$

0.263 8，X_q=0.754 1,X_q''=0.754 1,X_e=0.100 5,X_2=0.179 7。四级 800 kW 机组参数依照其一级 800 kW 机组。一级 1 000 kW 机组:纵轴 X_d=1.330 3,X_d''=0.268 6,X_q=0.776 9，X_q''=0.187 6,X_e=0.099 9,X_2=0.181 0。

从计算数据可以看出,按现有参数计算,钢铁公司铭牌满出力时,会使部分小容量小型水电机组吸收的负序电流计算值超过 8%,可能对其造成危害。75%出力时负序含量基本能控制在 8%以内。在该钢铁公司生产线投入运行初期,浙江电科院建议限制其出力,并对部分小容量小型水电机组吸收的负序电流进行测试。在 2005 年 3 月,在该厂投运初期,在该厂线路的接入点测试,当该炉变接入的 3 条生产线投两条时,约 75%工况,对不平衡电压进行测试。测得的电压不平衡度为 2%左右。此时,相关的小型水电机组在运行中发现噪声明显变大。为了保证该钢铁公司能达到正常设计生产能力的同时不影响相关的小型水电机组,建议更换原变压器,改用同容量的三相转换两相的平衡变压器。电炉变压器换成平衡变压器后,把三相电流转换成两相电流,高压侧其中一相电流是另两相的两倍,低压侧与现有电炉变压器的参数相同,高压侧注入电网的负序电流将减少一半。相应的发电机组负序电流含量在满工况条件下不会超标(见表 5-7)。

表 5-7 采用平衡变压器后发电机吸收负序电流

	发电机侧负序电流/A	发电机额定电流/A	钢厂铭牌全出力时
甲电站一级 800 kW 机组	3.145	91.700 0	3.43%
甲电站一级 1 000 kW 机组	3.409	114.557 0	2.98%
甲电站四级 400 kW 机组	2.260	45.822 8	4.93%
甲电站四级 800 kW 机组	3.245	91.645 6	3.54%
甲电站二级 200 kW 机组	0.914	21.994 9	4.16%
乙电站	0.469	9.164 6	5.12%
丙电站四级	0.818	18.329 1	4.46%

由表 5-7 可见,采用平衡变压器后,钢铁公司达到最大生产能力后,注入电网的负序电流将不大于该厂投运初期测试值,保证达到正常设计生产能力的同时不影响相关的小型水电机组。

第 6 章 电能质量 电压波动和闪变 (GB/T 12326—2008)

6.1 概述

随着国民经济的不断发展，电力系统负荷快速增长，其中冲击性负荷（诸如电弧炉、轧机、电焊机、电力机车以及大电动机频繁起动等）广泛的使用，加剧了某些供电系统的电压波动程度。目前分布式电源（特别是风电机组）的接网，更使电压波动的控制显得重要。电压波动的危害表现在：①照明灯光闪烁（称为“闪变”）引起人的视觉不适和疲劳，影响工效；②电视机画面亮度变化，垂直和水平幅度振动；③电动机转速不均匀，影响电机寿命和产品质量；④影响对电压波动较敏感的工艺或试验结果。

为了控制电压波动和闪变的危害，早在 1990 年国家标准主管部门就发布了国标《电能质量 电压允许波动和闪变》（GB 12326—1990）。历年来，我国在贯彻标准中积累了相当的经验，同时也发现原标准中存在一些问题，例如，标准中缺乏对干扰源指标的预测计算以及分配办法；标准中的“闪变”指标是基于日本的 10 Hz 等效闪变值（ΔV_{10}）制定的。日本的照明电压为 100 V，而我国照明电压为 220 V，和欧洲国家接近，这些国家都用国际电工委员会（IEC）标准。IEC 标准中用短时间闪变值（P_{st}）和长时间闪变值（P_{lt}）来衡量“闪变”，其使用的广泛性远大于 ΔV_{10}。

因此根据当时国家质量技术监督局的要求，1999 年全国电压电流等级和频率标准化技术委员会对该标准进行了修订。闪变值修改为国际通用的短时间闪变值 P_{st} 和长时间闪变值 P_{lt}。在闪变的评估上引用 IEC 标准技术文件 IEC 61000-3-7 内容。修订后的标准《电能质量 电压波动和闪变》（GB 12326—2000）于 2000 年作为强制性国家标准在全国颁布执行，这对规范我国电能质量中主要参量——电压波动和闪变发挥了积极的作用。但是通过几年的实践，该标准在执行过程中也遇到了一些问题，有必要进行进一步的修订。

根据国家标准化管理委员会 2006 年标准修订计划（项目编号为 20064937-T-469），2007 年 5 月全国电压电流等级和频率标准化技术委员会组织成立了标准工作组（以下简称工作组）。

标准修订过程中，工作组参考了如下标准：

① GB/T 156—2007《标准电压》；

② GB 17625.2—2007《电磁兼容 限值 对额定电流不大于 16 A 且无条件接入的设备在低压供电系统中产生的电压波动和闪烁的限制》（IEC 61000-3-3：1994，IDT）；

③ GB/Z 17625.3—2000《电磁兼容 限值 对额定电流大于 16 A 的设备在低压供电系统中产生的电压波动和闪烁的限制》（idt IEC 61000-3-5：1994）；

④ IEC 61000-4-15：1996《Electromagnetic compatibility（EMC）—Part 4：Testing and measurement techniques—Section 15：Flickermeter—Functional and design specifications》；

⑤ EN 50160：2000《Voltage characteristics of electricity supplied by public distribution system》；

⑥ GB/Z 17625.5—2000《电磁兼容　限值　中、高压电力系统中波动负荷发射限值的评估》(idt IEC 61000-3-7:1996)。

2007 年 10 月工作组对标准征求意见稿进行了全面的修改，根据返回的意见，形成该标准的送审稿。2007 年 11 月在全国电压电流等级和频率标准化技术委员会四届九次会议上审查、修改并通过了标准报批稿。

6.2　基本概念

电压波动是由一系列电压（方均根值）变动引起的，如图 6-1 所示。电压变动（或通称为电压波动）值 d 为波动特性曲线上相邻两个极值电压之差（$U_{max}-U_{min}$）与其标称电压 U_N 之比的百分数表示，即

$$d=\frac{U_{max}-U_{min}}{U_N}\times 100\% \tag{6-1}$$

图 6-1(a)示方均根值波动电压 U（每个波形的方均根值用竖线表示）可以看作由一个调幅波电压 $v(t)$ 对正常电压方均根值调制的结果；图 6-1(b)表示正弦调幅波，d 值为 $v(t)$ 的峰谷差值，以 U_N 的百分数表示。单位时间内电压变动的次数称为频度 r，一般用 $\min^{-1}$ 或 s^{-1} 作为频度的单位。注意，电压由大到小或由小到大各算一次变动，因此对于正弦波形频度 r 和频率 f 的关系为：

$$f(\text{Hz})=\frac{r(\text{s}^{-1})}{2}=\frac{r(\text{min}^{-1})}{120} \tag{6-2}$$

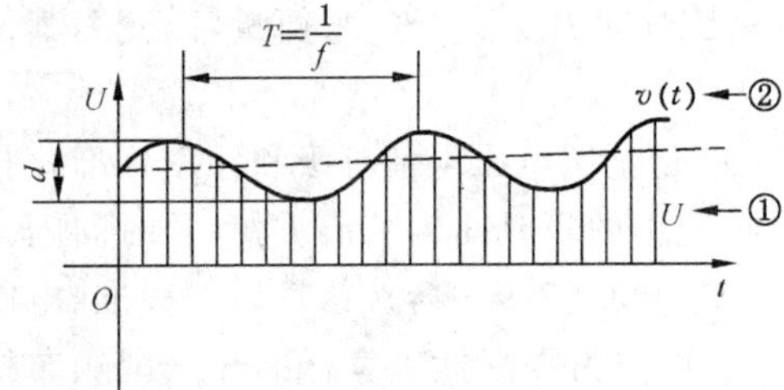

(a) 电网方均根电压 $U(t)$

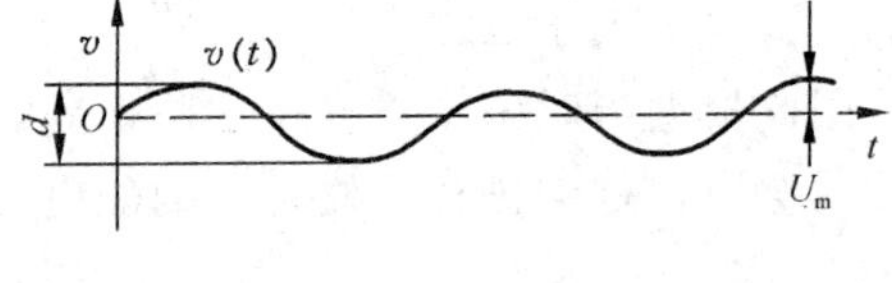

(b) 调幅波电压 $v(t)$

①—方均根值电压；②—正弦调幅波 $v(t)$。

图 6-1　波动电压 $v(t)$ 对方均根值电压 U 的调制

当调幅波 $v(t)$ 为周期性任意波形时，可以将 $v(t)$ 按傅里叶级数分解为各频率的正弦波形分量，对于每个频率分量，都有其相应的 d 值和 r 值。

灯光照度不稳定造成的视感叫闪变。闪变不仅与电压波动的大小（d 值）有关，而且与波动频度、波形、照明灯具的型式和参数（电压、功率）有关，此外还和人的视感灵敏性有关。一般认为白炽灯照明对电压波动最灵敏。为了制定闪变标准，IEC 工作组采用不同波形、频度和幅值的调幅波对正常工频电压进行调制，向 230 V、60 W 白炽灯供电，对观察者（>500 人）的视觉反应作抽样调查，用下式求出闪变觉察率 F(%)的统计值：

$$F=\frac{C+D}{A+B+C+D}\times 100\% \tag{6-3}$$

式中：A——没有觉察的人数；

B——略有觉察的人数；

C——有明显觉察的人数；

D——不能忍受的人数。

取 $F=50\%$ 作为瞬时闪变视感度(instantaneous flicker sensation level)s 的衡量单位，称为觉察单位(unit of perceptibility)。与 $s=1$ 觉察单位相应的不同频度的电压波动值 $d(\%)$ 如图 6-2 所示。图中画出 $s=1$ 觉察单位的正弦和矩形电压波动曲线，这是确定闪变值的实验依据。由图 6-2 可以看出，当 $r=1\ 056\ \text{min}^{-1}(f=8.8\ \text{Hz})$，为矩形调幅波时，电压波动值 $d_{\min}=0.199\%\approx0.20\%$；为正弦调幅波时 $d_{\min}=0.25\%$。两条曲线下凹部分对应闪变较为敏感的频率范围约为 6 Hz～12 Hz。

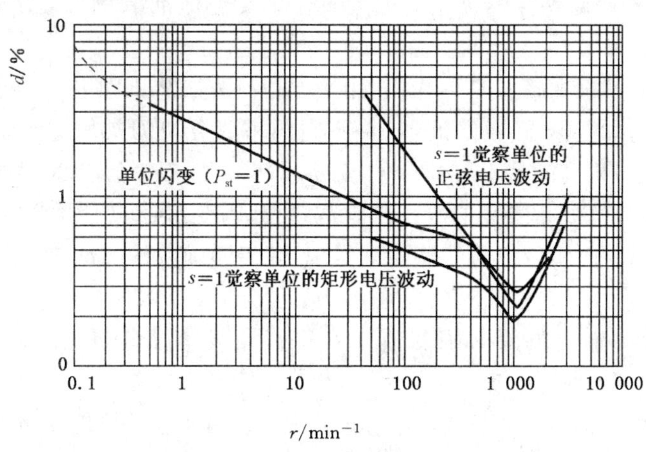

图 6-2　$s=1$ 觉察单位的电压波动与频度的关系曲线

由于人的视感有一定的记忆效应，对于闪变影响的评定必须取足够长的时间。本标准规定，对于短时间闪变值 P_{st} 求法为：取 10 min 内 $s(t)$，作出 $s(t)$ 的累积概率函数(CPF)曲线(见图 6-3)。CPF 曲线的纵坐标为超过相应横坐标 $s(t)$ 值的时间占测量时段(10 min)的百分数。P_{st} 值用下式计算：

$$P_{st}=\sqrt{0.031\ 4P_{0.1}+0.052\ 5P_1+0.065\ 7\ P_3+0.28P_{10}+0.08P_{50}} \qquad (6\text{-}4)$$

式中：$P_{0.1}$、P_1、P_3、P_{10} 和 P_{50} 分别为 CPF 曲线上等于 0.1%、1%、3%、10% 和 50% 时间的 $s(t)$ 值。

每项前面的常数为规定的加权系数，它们是根据典型的电弧炉工况 CPF 曲线推求出的(因为电弧炉引起的电压波动和闪变最为严重，IEC 制定的闪变标准主要针对电弧炉负荷)。因此短时间闪变值 P_{st} 是反映规定时段(10 min)内闪变强度的一个综合统计量。研究指出，对于采用 230 V、60 W 的白炽灯照明，当 $P_{st}<0.7$ 时，一般觉察不出闪变；当 $P_{st}>1.3$ 时，则闪变使人普遍感到不舒服，所以 IEC 推荐 $P_{st}=1$ 作为低压供电的闪变限值，称为单位闪变(unit flicker)。

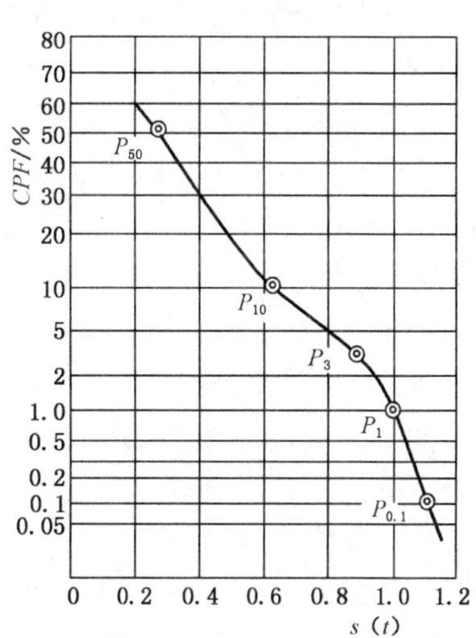

图 6-3　10 min CPF 曲线

长时间闪变值 P_{lt} 由测量时间段(规定为 2 h)内短时间闪变值 P_{st} 推算出：

$$P_{lt}=\sqrt[3]{\frac{1}{n}\sum_{j=1}^{n}(P_{stj})^3} \qquad (6\text{-}5)$$

式中：n 为 P_{lt} 测量时间段内所包含的 P_{st} 个数($n=12$)。

实际上 P_{st} 和 P_{lt} 一般均可以由闪变仪直接测量输出。

根据 IEC 标准关于闪变的定义，闪变可通过图 6-4 框图计算：

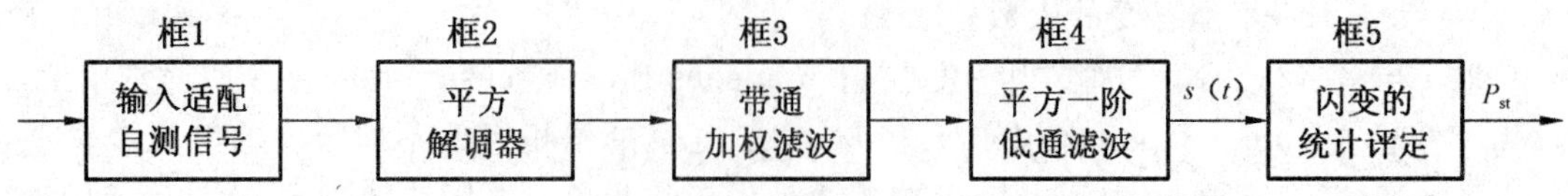

图 6-4　IEC 闪变仪原理框图

框 1 将输入的电压测量信号适配成适合仪器的电压数值，并发生标准调制波，用于自检。

框 2～4 为灯—眼—脑模拟环节。框 2 模拟灯的作用，用平方检测方法从工频电压中解调出反映电压波动的调幅波；框 3 为 35 Hz 低通滤波器，对不同频率成分按闪类敏感度加权。另外用截止频率为 0.05 Hz 的一阶高通滤波器抑制直流分量；框 4 模拟人脑神经对视觉反映和记忆效应：闪变信号的平方，模拟非线性的眼—脑觉察过程；闪变信号的平滑平均，模拟人脑的记忆效应，其积分功能由一阶 RC 低通滤波器来实现，其传递函数的时间常数为 300 ms。

框 5 为闪变统计分析，根据框 4 输出的瞬时闪变值 $s(t)$ 进行在线统计分析，输出闪变值。

对于冲击性负荷的剧烈程度、冲击幅值和频率等，通过电压波动和闪变这一电能质量指标都可以进行评估、计算和测量，这对于冲击性负荷的治理具有极大的意义。

6.3　原标准执行中的问题及修订的主要内容

《电能质量　电压波动和闪变》（GB 12326—2000）在执行过程中遇到的问题主要为：

① 闪变限值过严。限于通用的动态补偿技术（如 SVC）调节响应性能，其闪变改善率约为 50%，因此实际配电网中有些冲击性较大的电弧炉负荷在治理后能达标的不多。

② 电压波动的测量方法不明确，又加上 95%概率大值取值的规定，使得电压波动在测量、合格判断上缺乏可操作性（特别是对于快速不规则的电压波动）。

③ 标准包含内容较繁杂，不够简洁、明确。

由于现行国家标准重点参考的 IEC 61000-3-7 标准为第三类技术报告，即使在欧洲也不是强制执行的，本次在修订过程中着重参考了欧洲电能质量标准 EN 50106《公共配电系统供电电压特性》，同时适当参考国际电工委员会（IEC）电磁兼容（EMC）标准 IEC 61000-3-3、IEC 61000-3-5、IEC 61000-3-7 以及 IEC 61000-4-15 等的技术内容，对国标 GB 12326—2000 进行了部分的修订。

和 GB 12326—2000 相比，这次修订的主要内容有：

① 对闪变的限值进行了调整，以长时间闪变值 P_{lt} 作为闪变的限值，并以 110 kV 电压等级作为分界，较原闪变限值有一定程度的放宽。对单个波动负荷引起的闪变，根据实际情况仍分三级处理，但有一定简化，并对超标用户提出明确的治理要求。

② 对电压波动限值的判据进行了调整。对于电压变动频度较低或规则的周期性电压波动，仍采用现行限值作为其判据；对于随机性不规则的电压波动，规定了电压变动的最大值作为判据，并调整了原限值。这样增强了电压波动测量和判断是否合格的可操作性。

③ 对闪变的测量持续时间、取值方法进行了调整。电力系统公共连接点的闪变采用一个星期（168 h）测量，单个波动负荷引起的闪变采用一天（24 h）测量，都取最大值为合格判据。

④ 对闪变的估算方法进行了简化，删除了原标准中不常用的正弦波、三角波电压波动 $P_{st}=1$ 曲线分析法以及难于执行的仿真法和闪变时间分析法。

⑤ 简化了原标准附录 C 涉及的闪变分析实例和评估方法，用较简洁的方式给出了各种电弧炉闪变评估系数。

⑥ 电压波动和闪变的限值的适用范围扩展到超高压(EHV)系统，但不考虑 EHV 对下一电压等级的闪变传递。闪变的传递系数统一修改为推荐值 0.8。

⑦ 增加了闪变合格率的统计方法，以便于闪变状况的评估。

6.4 标准主要条文解释

① 在修订标准的"闪变限值"中，以长时间闪变值 P_{lt} 作为闪变的主要限值，参照 IEC 61000-3-7 的规定，将 110 kV 电压等级以上的高压系统长时间闪变值 P_{lt} 的限值定为 0.8，并可以用到超高压系统，将 110 kV 电压等级及其以下的中、低压系统长时间闪变值 P_{lt} 的限值定为 1。这样，电力系统公共连接点的闪变限值相较原国家标准的 P_{st} 就有所放宽。

标准内容如下：

电力系统公共连接点，在系统正常运行的较小方式下，以一周(168 h)为测量周期，所有长时间闪变值 P_{lt} 都应满足表 6-1 闪变限值的要求。

表 6-1 闪变限值

P_{lt}	
≤110 kV	>110 kV
1	0.8

欧洲电能质量标准中闪变测量采用的是 168 h(一周)的 95%概率大值，在修订标准中采用的是最大值，这是考虑到电能质量国家标准中限值的统一性和便于操作。在电力部门和波动负荷用户内部可以考虑采用闪变合格率的方法进行闪变状况评估。因此标准中加入了闪变合格率统计方法(见 GB/T 12326—2008 的附录 D)。

对单个波动负荷引起的闪变仍按原标准中的三级处理原则。在按供电协议容量和总供电容量的比例进行限值分配的基础上，对其闪变限值的计算方法进行了修改。第一级规定和原标准相同。第二级规定将闪变限值改为 P_{lt}，测量数据按 24 h 的最大值为合格判据。明确了波动负荷必须处于正常、连续工作状态且包含最大工作周期，要求去除背景闪变值。闪变限值的计算同原标准，但闪变传递系数参考 IEC 标准的推荐值，统一定为 0.8。第三级规定修改为在达不到第二级规定时，必须治理，治理后只要所在系统公共连接点达到电力系统闪变限值的要求，对该用户可以适当放宽限值。

这样在闪变的限值方面沿用原国家标准合格判据的原则，但在测量方法、数据统计和限值上有所调整，既区分了不同的测量对象，也实现了不同等级下闪变合格判据的宽、严结合，大大增强了标准的可操作性和实用性。

标准内容如下：

第一级规定。满足本级规定，可以不经闪变核算允许接入电网。

a) 对于 LV 和 MV 用户，第一级限值见表 6-2。

表 6-2 LV和MV用户第一级限值

$r/\min^{-1}$	$r<10$	$10\leqslant r\leqslant 200$	$200<r$
$k=(\Delta S/S_{sc})\max/\%$	0.4	0.2	0.1
注：表中 ΔS 为波动负荷视在功率的变动；S_{sc} 为PCC短路容量。			

b) 对于HV用户，满足 $(\Delta S/S_{sc})_{max}<0.1\%$。

c) 满足 $P_{lt}<0.25$ 的单个波动负荷用户。

d) 符合GB 17625.2和GB/Z 17625.3的低压用电设备。

第二级规定。波动负荷单独引起的长时间闪变值须小于该负荷用户的闪变限值。

每个用户按其协议用电容量 $S_i(S_i=P_i/\cos\varphi_i)$ 和总供电容量 S_t 之比，考虑上一级对下一级闪变传递的影响(下一级对上一级的传递一般忽略)等因素后确定该用户的闪变限值。单个用户闪变限值的计算方法如下：

首先求出接于PCC点的全部负荷产生闪变的总限值 G：

$$G=\sqrt[3]{L_P^3-T^3L_H^3} \tag{6-6}$$

式中：L_P 为PCC点对应电压等级的长时间闪变值 P_{lt} 限值；L_H 为上一电压等级的长时间闪变值 P_{lt} 限值；T 为上一电压等级对下一电压等级的闪变传递系数，推荐为0.8。不考虑超高压(EHV)系统对下一级电压系统的闪变传递。各电压等级的闪变限值见表6-1。

单个用户闪变限值 E_i 为：

$$E_i=G\sqrt[3]{\frac{S_i}{S_t}\cdot\frac{1}{F}} \tag{6-7}$$

式中：F 为波动负荷的同时系数，其典型值 $F=0.2\sim0.3$(但必须满足 $S_i/F\leqslant S_t$)，高压(HV)系统PCC总供电容量 S_{tHV} 确定方法见附录B。

第三级规定。不满足第二级规定的单个波动负荷用户，经过治理后仍超过其闪变限值，可根据PCC点实际闪变状况和电网的发展预测适当放宽限值，但PCC点的闪变值必须符合表6-1规定。

② 对电压波动限值的合格判据进行了调整，对于电压变动频度较低或规则的周期性电压波动，采用电压波动限值作为其合格判据。由于电压波动是周期性的，其测量就相当简单方便。对于随机性不规则的电压波动，由于其电压方均根曲线难于描述，电压波动的数据更难于统计，因此规定用闪变值作为其合格判据，同时规定了电压波动的最大限值。这样就不再按原标准中电压变动值 d 的95%值为合格判据，使电压波动测量和判断更具可操作性。

标准内容如下：

任何一个波动负荷用户在电力系统公共连接点产生的电压变动，其限值和电压变动频度、电压等级有关。对于电压变动频度较低(例如 $r\leqslant 1\ 000$ 次/h)或规则的周期性电压波动，可通过测量电压方均根值曲线 $U(t)$ 确定其电压变动频度和电压变动值。电压波动限值见表6-3。

表 6-3 电压波动限值

r/(次/h)	d/%	
	LV、MV	HV
$r \leqslant 1$	4	3
$1 < r \leqslant 10$	3*	2.5*
$10 < r \leqslant 100$	2	1.5
$100 < r \leqslant 1\,000$	1.25	1

注 1：很少的变动频度(每日少于 1 次)，电压变动限值 d 还可以放宽，但不在本标准中规定。

注 2：对于随机性不规则的电压波动，如电弧炉负荷引起的电压波动，表中标有"*"的值为其限值。

注 3：参照 GB/T 156—2007，本标准中系统标称电压 U_N 等级按以下划分：

低压(LV)　　$U_N \leqslant 1$ kV

中压(MV)　　1 kV $< U_N \leqslant 35$ kV

高压(HV)　　35 kV $< U_N \leqslant 220$ kV

对于 220 kV 以上超高压(EHV)系统的电压波动限值可参照高压(HV)系统执行。

③ 原标准中有关正弦波、三角波电压波动 $P_{st}=1$ 曲线分析法是引用 IEC 技术报告的内容，在实际执行过程中很少用到。正弦波主要在不规则的电压方均根曲线的傅里叶分解后用到；三角波的电压波动实际情况中很少出现且不易测量和确定，因此在标准的执行过程中意义不大。而矩形电压波动是实际系统中经常出现，且易于测量、统计。矩形电压波动闪变值 $P_{st}=1$ 曲线已成为标准检验方法。因此修订标准中予以保留且从曲线和表格两个方面进行描述。

闪变时间分析法虽对于闪变的评估有一定的作用，也是引用 IEC 技术报告的内容，但分析较复杂，其准确性不高，且一般只出现在技术报告中。在国家标准中对闪变的评估仍然建议采用闪变测量的方法。因此在修订标准中没有采用闪变时间的闪变评估方法，原标准中附录 C 一些实例的分析已删除，仅保留电弧炉的闪变估算方法，并为几种工业电弧炉类不规则波动负荷的闪变估算提供了不同的系数，使标准更加简洁、实用。

④ 修订标准相对于原标准在结构上进行了调整，使标准更加清晰。

6.5 电压波动和闪变的实用预测计算

6.5.1 电弧炉的闪变估算方法

电弧炉在运行过程中，特别是在熔化期，随机且大幅度波动的无功功率会引起供电母线严重电压波动和闪变。电弧炉在熔化期电极和炉料(或熔化后钢水)接触可以有开路和短路两种极端状态，当相继出现这两种状态时，其最大无功功率变动量 ΔQ_{max} 就等于短路容量 S_d。

电弧炉在 PCC 点引起的最大电压变动 d_{max} 可通过其最大无功功率变动量 ΔQ_{max} 计算获得。电弧炉在 PCC 点引起的闪变大小主要与 d_{max} 有关，也与电弧炉的类型、炉变参数、短网、冶炼的工艺、炉料的状况等有关。通过经验公式，由电弧炉的类型和其 d_{max} 可对其闪变值进行粗略地估算，经验公式如下：

$$d_{max} = \frac{S_d}{S_{sc}} \times 100\% \tag{6-8}$$

$$P_{lt} = K_{lt} \cdot d_{max} \tag{6-9}$$

式中：S_d——电弧炉最大短路容量，MVA；

S_{sc}——公共供电点(PCC)正常最小短路容量，MVA；

P_{lt}——长时间闪变值；

K_{lt}——电弧炉闪变系数：

交流电弧炉一般取 0.48；

直流电弧炉一般取 0.30；

精炼电弧炉一般取 0.20；

康斯丁(CONSTEEL)电弧炉一般取 0.25。

6.5.2　电动机起动引起的电压变动

1. 异步电动机起动引起电压变动的简化分析

电动机全电压起动时，需要从电源汲取的电流值为满负荷的 500%～800%，这一大电流流过系统阻抗时，将会引起电压突然下降，形成电压暂降，这种暂降持续的时间较长，当暂降严重时，可能导致电动机起动失败，也会使电网中的其他负荷不能正常工作。由于电网中存在大量的异步电机，且有些母线上的异步电机起动频繁，它们造成的暂降和闪变不容忽视。

异步电机起动过程中，电压的降低与电网参数密切相关。图 6-5 所示为异步电机起动过程中电压暂降分析的等值电路，图中 Z_S 为系统阻抗，Z_M 为起动时的电机阻抗。

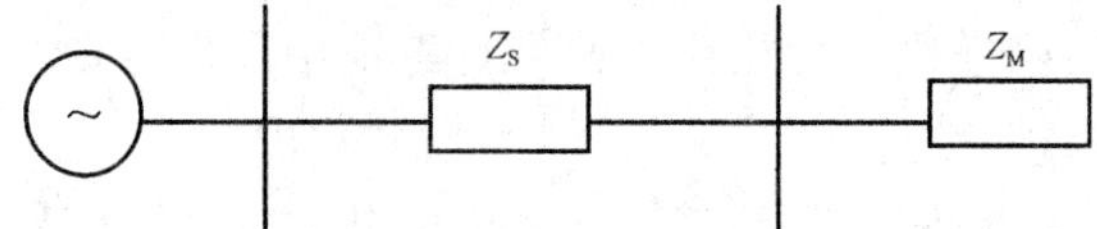

图 6-5　异步电机起动引起电压暂降分析的等值电路

假设系统电压标幺值为 1，同一母线(PCC)上其他负荷所承受的电压为：

$$\overset{*}{U}_d = \frac{Z_M}{Z_S + Z_M} \tag{6-10}$$

假设电机额定功率为 S_M，系统短路容量 S_{sc}，则系统阻抗为：

$$Z_S = \frac{U_n^2}{S_{sc}}$$

起动期间的电机阻抗为：

$$Z_M = \frac{U_n^2}{\beta S_M}$$

式中：β——起动电流与额定电流的比值。则式(6-10)可写为：

$$\overset{*}{U}_d = \frac{S_{sc}}{S_{sc} + \beta S_M} \tag{6-11}$$

上述表达式仅为近似关系，但可用于评估感应电机起动引起的电压暂降。

2. 按电源容量估计允许全压起动的电动机功率

从电源容量出发，允许全压起动的异步电机的最大功率如表 6-4 所示。工业上，除对小功率(例如小于 7.5 kW)的电动机允许直接起动以外，对于大功率的电动机一般只有在满足下列条件时，才可以直接起动。

表 6-4 按电源容量估算的允许全压起动电机最大功率

电动机连接处电源容量的类别	允许全压起动的电动机最大功率
配电网络在连接处的三相短路容量 S_{sc}/kVA	$(0.2\sim0.3)S_{sc}$
10(35)/3.15(6.3)kV 变压器的额定容量 S_T/kVA （假定变压器高压侧短路容量≥$50S_T$）	经常起动 $0.2S_T$ 不经常起动 $0.3S_T$
小型发电机功率 P_g/kW	$(0.12\sim0.15)P_s$

$$\frac{I_{st}}{I_n}\leqslant\frac{3}{4}+\frac{\text{供电变压器容量}}{4\times\text{电动机容量}} \tag{6-12}$$

式中：I_{st}——电动机起动电流；

I_n——电动机额定电流。

3. 按闪变条件，可以直接起动的低压电动机

表 6-5 和表 6-6 给出可自行接入电网的电动机参考条件。

表 6-5 可接入低压系统的电动机

电动机类型	容量/kVA	起动的间隔时间/min	电动机类型	容量/kVA	起动的间隔时间/min
单相 220 V	≤1	≥1	三相 380 V	≤3	≥1
单相 220 V	≤1.5	≥5	三相 380 V	≤6	≥5

表 6-6 接在配电变压器低压母线公共供电点的电动机

配电变压器容量/kVA	380 V 电动机	
	容量/kVA	起动的间隔时间/min
25	≤1	≥5
	≤2	≥20
	≤3	≥60
50	≤2	≥5
	≤4	≥20
	≤6	≥60
100	≤3	≥5
	≤6	≥20
	≤10	≥60
160	≤6	≥5
	≤12	≥20
	≤20	≥60
250	≤10	≥5
	≤20	≥20
	≤30	≥60

续表 6-6

配电变压器容量/kVA	380 V 电动机	
	容量/kVA	起动的间隔时间/min
400	≤12	≥5
	≤25	≥20
	≤40	≥60
630	≤20	≥5
	≤40	≥20
	≤60	≥60

6.6 电压波动和闪变的治理措施

目前,电压变动和闪变的治理措施,包括以下几类:

静止无功补偿器,简称SVC,TCR型的SVC是目前最为通用和技术最为成熟的动态无功补偿设备。它通过晶闸管控制的电抗器(TCR)发出平滑可调的感性无功功率,通过2、3、4、5、7等次滤波器组发出固定容性无功功率,总体上发出动态容性无功,补偿负荷的感性无功,实现无功补偿、提高功率因数、稳定电压、滤除谐波、抑制电压波动和闪变的作用。由于采用晶闸管的触发角进行动态无功调节,SVC的控制器最快动态响应时间可达到10 ms。

静止无功发生器,简称STATCOM,是较为先进的动态无功补偿装置,它通过可关断半导体器件(GTO、IGBT或IGCT)控制发出平滑可调的容性和感性无功功率,进行动态无功补偿,实现提高功率因数、滤除谐波、抑制电压波动和闪变的作用。由于采用可关断半导体器件进行动态无功调节,SVG的最快动态响应时间可达5 ms。该技术在国内目前对大容量装置尚处于工业样机试用阶段。

磁控式电抗器,简称MCR,是较为简单廉价的电压调节装置,它通过直流分量调节铁芯电抗器的饱和度以改变电抗器电抗值,配合滤波器组进行动态无功补偿,以稳定电压。该技术由于采用磁饱和特性进行动态无功调节,其动态响应时间最长,一般要达到60 ms以上。

其他电压波动和闪变的治理措施还包括自饱和电抗器(SR),有源电力滤波器(APF)等。

国家标准《电能质量 电压波动和闪变》的修订对于电能质量中电压波动和闪变的测量、治理和评估具有十分重要的作用。

第 7 章 电能质量 公用电网谐波 (GB/T 14549—1993)

7.1 概述

随着现代工业的高速发展，电力系统的非线性负荷日益增多，如各种换流设备、变频装置、电弧炉、电气化铁道等非线性负荷遍及全系统；而电视机、节能灯等家用电器的使用越来越广泛。这些非线性负荷产生的谐波电流注入到电网，使公用电网的电压波形产生畸变，严重地污染了电网的环境，威胁着电网中的各种电气设备的安全经济运行。

为了控制谐波“污染”，原国家质量技术监督局于 1993 年颁布了国标《电能质量 公用电网谐波》(GB/T 14549—1993)。该标准对于公用电网各电压级(380 V～220 kV)谐波电压限值和对用户的谐波电流指标分配作出了规定；标准中还包括测量仪器和测量方法以及相关计算的一些规定。多年来，电力企业以此为依据，实现对电网谐波的控制和管理，取得了不少成绩。但执行中也发现标准存在一些缺点和不足。此外，对某些标准条文的理解不一致，导致实际执行中出现偏差。所有这些，给电网谐波的合理控制和国民经济造成不应有的损失。特别应指出，该标准一直未得到铁道部门认可，在电铁供电中未能执行。因此对该标准的修订迫在眉睫。

经国家标准化管理委员会批准，该标准的修订已正式列入 2007～2008 年度国标制修订计划(项目编号:20062742—469)。此标准由全国电压电流等级和频率标准化技术委员会主持修订，参加修订工作组的有铁道部、国家电网公司、南方电网公司、中国电力科学研究院、铁道科学研究院、中冶京诚工程技术有限公司、清华大学、西安交大、西南交大、华北电力大学、西安领步电能质量研究所等单位相关专家，修订工作于 2007 年 6 月 26 日正式启动。

由于修订涉及大量调研和分析、测试工作，工作量超过预期，未能按期完成。经上级领导部门同意，延期到 2009 年完成。

本章将分别作如下扼要论述：

① 谐波的基本概念及其危害。

② 现行国家标准的说明。

③ 现行国家标准中存在的主要问题。

④ 国外谐波标准的调研结果：

a. 国外谐波电压标准介绍；

b. 国外谐波电流限值标准介绍；

c. 国外谐波测量标准的新进展；

d. 国外电气化铁道谐波规定的一些参考。

⑤ 电气化铁道谐波的特点。

⑥ 铁道部门对谐波标准修订建议。

⑦ 减少谐波危害的技术措施。

7.2　谐波的基本概念及其危害

7.2.1　基本概念

非线性负荷从电网吸收非正弦电流，引起电网电压畸变（波形中含有谐波），因此通称为谐波源。谐波对各种电气设备，对继电保护、自动装置、计算机、测量和计量仪器以及通信系统均有不利的影响。目前，国际上公认谐波"污染"是电网的公害，必须采取措施加以限制。

在电网中通常遇到周期性或准周期性的电气量。对于非正弦周期电压和电流的瞬时值，可用三角级数表示，即

$$u(t) = U_0 + \sum_{h=1}^{\infty} \sqrt{2} U_h \sin(h\omega_1 t + \alpha_h) \tag{7-1}$$

$$i(t) = I_0 + \sum_{h=1}^{\infty} \sqrt{2} I_h \sin(h\omega_1 t + \beta_h) \tag{7-2}$$

式中：h——谐波次数，$h=1, 2, 3 \cdots$（$h=1$ 为基波）；

U_0、U_h、I_0、I_h——直流和 h 次谐波分量电压、电流有效值；

ω_1——基波角频率，电网中 $\omega_1 = 2\pi f = 100\pi$（弧度/s）；

α_h、β_h——h 次谐波分量的初相角。

为了表示畸变波形偏离正弦波形的程度，最常用的特征量有谐波含量、总畸变率和谐波含有率。

谐波含量就是各次谐波的平方和开方。谐波电压含量为

$$U_H = \sqrt{\sum_{h=2}^{\infty} U_h^2} \tag{7-3}$$

谐波电压总畸变率为

$$THD_U = \frac{U_H}{U_1} \times 100\% \tag{7-4}$$

第 h 次谐波电压含有率为

$$HRU_h = \frac{U_h}{U_1} \times 100\% \tag{7-5}$$

同理可以写出谐波电流的相应表达式 I_H、THD_I、HRI_h。

由于非线性负荷的快速增长以及广泛存在，目前在电能质量多种指标中，受干扰性负荷影响，谐波是最为普遍的。

谐波的危害可以概括为以下几个方面：

7.2.2　对电力设备的影响

谐波对并联电容器组影响最为显著。据统计，大约有 70%的谐波故障是与电容器组有关。研究指出，对矿物油浸绝缘的电容器，在电压总畸变率为 5%条件下运行二年，介损系数约提高一倍。

在谐波作用下，电力电缆的损坏也显著增多。前苏联曾经对比了两条同时敷设在相似环境温度下的电缆，其中一条在基本正弦电压下运行，另一条电压总畸变率为 6%～8.5%。经过 2.5 年运行，后者的泄漏电流平均增加 36%，比前者经过 3.5 年运行还大 43%。

由于高次谐波旋转磁场产生的涡流，使旋转电机的铁损增加、使同步电机的阻尼线圈过热，或使感应电机定子和转子产生附加损耗。另外，高次谐波电流还会引起振动力矩，使电

机转速发生周期性的变化。在畸变电压作用下，电机和变压器的绝缘寿命将缩短。国内外经验表明，当谐波电压总畸变达10%～20%，可以导致电动机在短期内损坏。

馈供给整流负荷的普通电力变压器，其容量应作相应的降低。降低值和变压器的杂损比(即附加损耗与基本损耗之比)有关，如表7-1所示。

表7-1　馈供整流负荷时变压器容量降低　　单位：%

整流器脉动数＼杂损比	0.5	1.0	1.5
6	33	40	45
12	20	24	28

普通变压器在严重的谐波负荷下往往会产生局部过热，并有噪声增大等现象。

7.2.3　对继电保护和自动装置的影响

在谐波和负序共同作用下，电力系统中以负序滤过器为起动元件的许多保护及自动装置会发生误动作。有的保护闭锁装置因频繁误动作不得不解除运行。电力系统的故障录波器也会误动走纸，影响对实际故障的记录。

7.2.4　对通信的干扰

谐波通过电磁感应干扰通信。通常200 Hz～5 000 Hz的谐波引起通信噪声，而1 000 Hz以上的谐波导致电话回路信号的误动。谐波干扰的强度取决于谐波电压、电流、频率的大小以及输电线和通信线的距离、并架长度等。

7.2.5　对电度计量及常用仪表指示的影响

研究证明，感应式电度表对高次谐波有负的频率误差，而电子式电度表的频响特性一般较好。但由于谐波功率在谐波源负荷(如整流器)中和基波功率流向相反，因此对这类用户电度计量将偏小；反之，对于一般线性负荷，电度计量大体上等于基波和谐波电度之和，故谐波电度增加了这些用户的电费支出。有关在谐波条件下正确计量的问题，国内外均已做了大量研究，但尚无合理的解决办法。

在电网正常条件下，谐波含量不太大(电压总畸变一般不大于5%)时，各型常用仪表的指示，大致可以与仪表的精确等级相符，但在严重畸变(电流畸变率有时很大)时误差将变大(一般针对平均值响应的仪表，随着高频成分增加，对同一有效值的指示会明显下降)。旧式电磁系仪表频率特性最差；电动系仪表频率特性较好；而数字式测量仪表的指示一般具有精度高、频带宽、不受波形影响等优点。

7.2.6　对电网损耗的影响

谐波在电力系统和用户电气设备上要造成附加损耗。谐波功率本身可以说完全是损耗，从而增大了网损。研究指出，若谐波电压和电流都控制在一般标准范围时，则可估出非线性用户注入电网的谐波功率和其用电负荷之比是在0.1%这个数量级，这和某些实测数据相符。但若谐波过大或发生谐振，则损耗将大大增加。若一个总负荷5 000 MW的大电网，馈供各类非线性负荷共1 000 MW，后者注入电网的谐波功率平均为0.2%，则总的谐波损耗平均为2 MW，年损失电量达1 752万kWh。因此谐波对网损的影响不能忽视。

7.2.7　谐振

电力系统中广泛使用补偿功率因数的电容器,同时设备和线路存在分布电容,它们与系统的感性部分(例如线路、变压器的电抗)组合,在一定的频率下,可能存在串联或并联的谐振条件。当系统中该次频率的谐波足够大时,就会造成危险的谐波过电压或过电流。

通常把谐波源看成为恒定电流源。最常见的谐波谐振是在接有谐波源的母线上,因为母线上除谐波源外还有并联电容器、电缆、供电变压器及电动机等负载,而且这些设备处于经常变动中,容易构成谐振条件。最简单的情况是当直接接于母线上电容器的容量为 Q_C,而母线的短路容量为 S_K 时,则产生并联谐振的谐波次数 h_0 可由式(7-6)近似决定:

$$h_0=\sqrt{\frac{S_K}{Q_C}} \tag{7-6}$$

例如,当 $Q_C=0.1S_K$ 时,则可能发生接近于3次谐波的谐振。此时电容器和电网均将流过很大的3次谐波电流。该次谐波叠加在基波上就产生很高过电压,可能导致设备损坏。

电网中也可能存在某次谐波的串联谐振回路,例如从电源看,用户的供电变压器和其二次侧的补偿电容器(再加上与其并联的负荷)是串联关系。若此回路对某次谐波呈现很低的阻抗(即串联谐振),则将从电源吸收大量的该次谐波电流,同样会造成该回路设备(例如变压器、断路器、线路、电容器等)的谐波过负荷。

电网的有功负荷(等效电阻)对谐波谐振有一定的阻尼作用。实测表明,在轻负荷(阻尼小)时往往容易发生谐振现象。

7.2.8　对用电设备的影响

1. 电视机

电压波形中含有较大谐波时可能会使电视机的图像畸变,画面及亮度发生变化,甚至使电视机图像"翻滚"。

2. 照明灯

带镇流器的日光灯及水银灯,为了改善功率因数,往往装有电容器,它们与镇流器和供电线路的电感组合有一自然振荡频率,如某次谐波的频率正好与此相近,就会因谐振而过热,甚至造成损坏;普通的白炽灯,在频率为5 Hz～20 Hz的谐波(次谐波)作用下会产生闪烁,引起人眼视感不适(称为"闪变")。

3. 计算机

计算机的电源中谐波电压含量过大会导致计算错误或程序出格。为此一些厂家规定了计算机及数据处理系统可以接受的谐波电压限值。关于计算机房的电源条件,国内已有专门的标准,其中对谐波电压含量分不同等级作了规定。

4. 变流装置

变流装置本身是谐波源,除了根据整流脉动数产生特征谐波及小量非特征谐波外,在整流换相过程中暂短时间(几个 μs)内将交流供电网络相间短路,这就造成电压波形的陷波畸变(换相缺口)。陷波畸变可能影响交流装置的同步或以电压过零进行控制的装置正常工作。

5. 低压中性线过负荷

在三相四线制低压配电系统向大量单相负荷供电时,由于某些负荷(例如家用电器、计算机等)产生很大的3次谐波电流(零序性),三相回路中3次谐波加在中性线,可能使中性线电流达1.7～2倍相电流,而中性线导线一般和相导线的截面积相同,故造成中性线严重过负荷。

7.2.9　互感器的误差

电压和电流互感器是测量高电压和大电流的传感设备,其谐波频率特性直接影响测量结果。

电流互感器的误差决定于励磁电流与损耗(铁损),频率越高,励磁电流越小。一般认为,电流互感器可以用于5 000 Hz以下电流测量而不会引起显著的附加误差。

对于110 kV及以下电压等级,一般用电磁感应式电压互感器,这种互感器误差主要由一、二次侧的漏阻抗以及一、二次侧间的电容和二次侧负荷所引起。大体上,1 000 Hz以下的电压测量能保持变比相对误差(相对于基波时变比)在5%以内。

在110 kV以上系统中,出于经济上的考虑,多采用电容式电压互感器(TVC)。TVC由一个电容分压器和一个电磁式电压互感器组成。TVC在基波频率下有较准确的变比关系。由于分压电容和电磁式电压互感器在某些频率下会产生谐振,故TVC一般不能用于谐波测量。

7.3　现行国家标准的说明及存在的主要问题

7.3.1　电网各级电压的谐波限值

各级电压的谐波限值是谐波标准的基础,是判断公用电网谐波是否合格的依据。国标中的规定见表7-2。

表7-2　我国公用电网谐波电压(相电压)限值

电网标称电压/kV	电压总谐波畸变率/%	各次谐波电压含有率/%		电网标称电压/kV	电压总谐波畸变率/%	各次谐波电压含有率/%	
		奇 次	偶 次			奇 次	偶 次
0.38	5.0	4.0	2.0	35	3.0	2.4	1.2
6	4.0	3.2	1.6	66	3.0	2.4	1.2
10	4.0	3.2	1.6	110	2.0	1.6	0.8

注:220 kV可参照110 kV执行。

7.3.2　不同谐波源的叠加计算

电网谐波电压和电流往往由多个谐波源产生,因而不同谐波源的相量叠加计算是谐波标准制定的重要基础。两个谐波源的同次谐波电流I_{h1}和I_{h2}在一条线路上叠加,当相位角θ_h已知时,按下式计算:

$$I_h = \sqrt{I_{h1}^2 + I_{h2}^2 + 2I_{h1}I_{h2}\cos\theta_h} \tag{7-7}$$

但实际电网中,同次谐波电流相位关系受多种因素影响具有一定的随机性,因此国标中给出相位角θ_h不确定时,进行合成计算的公式:

$$I_h = \sqrt{I_{h1}^2 + I_{h2}^2 + K_h I_{h1} I_{h2}} \tag{7-8}$$

式中：K_h 系数按表 7-3 选取。

表 7-3　系数 K_h 值

h	3	5	7	11	13	9，>13 奇次，偶次
K_h	1.62	1.28	0.72	0.18	0.08	0

两个谐波源在同一节点上引起的同次谐波电压的叠加计算与式(7-7)或式(7-8)类同。

7.3.3　低压电网电压总谐波畸变率

低压电网电压总谐波畸变率是确定中压和高压电网电压总谐波畸变率的基础，国标中定为 5%，主要根据对交流感应电动机的发热、电容器的过电压和过电流的能力、电子计算机、固态继电保护及远动装置对电源电压要求，并参考了国外谐波标准一般的规定。

7.3.4　6 kV～220 kV 各级电网电压总谐波畸变率

采用典型的供电系统，考虑了上级电网谐波电压对下级的传递（传递系数取 0.8），利用式(7-8)的简化式（取 $K_h=1$）进行计算分析。当低压电网总谐波畸变率为 5%时，随电压等级的提高，各级电压总谐波畸变率逐渐减小。计算结果为：6 kV 和 10 kV 约为 4%；35 kV 和 66 kV 约为 3%；110 kV 为 1.5%～1.8%。考虑到电网的实际谐波状况，将 110 kV 的标准定为 2%，其余各级标准就取上列计算近似值。至于各次谐波电压含有率的限值，标准中大体上分为奇次谐波和偶次谐波两大类，后者为前者的二分之一，而奇次谐波的含有率限值均取 80%总畸变率。必须指出，标准中谐波电压仍以相电压中含量为准。实际测量表明，相电压谐波含量往往大于线电压谐波含量。在中性点绝缘的系统（6 kV～35 kV）中，由于电压互感器特性或中性点接地状况影响，相电压和线电压谐波含量相差可能很大，通过测试对比，不难找出原因。

7.3.5　用户注入电网的谐波电流允许值

分配给用户的谐波电流允许值应保证各级电网公共连接点处谐波电压在限值之内。影响各级电网谐波电压的主要因素有：

① 本级谐波源负荷产生的谐波；

② 上级电网谐波电压对本级的传递（即渗透）；

③ 各谐波源同次谐波的相量合成。

一般忽略下级电网谐波电压对上级的传递，这是因为按短路容量比较，可以近似认为上级电网的谐波阻抗远小于下级电网的谐波阻抗。

在国标中，根据典型网络研究，给出了各级电压 U_N 的基准短路容量 S_k（MVA），如表 7-4 所示。由 S_k 可以求出电网基波等值电抗 x_s，假定 h 次谐波电抗为 hx_s 则由下式求出一个公共连接点的总谐波电流允许值 I_h（在标准表 2 中给出前 25 次的 I_h 值）：

$$I_h=\frac{10S_k HRU_h}{\sqrt{3}U_N h} \tag{7-9}$$

式中：HRU_h——由本级负荷产生的第 h 次谐波电压含有率（%），根据上列①～③条件，（在某些假设条件下）计算得到。

表 7-4 各级电网基准短路容量

电网标称电压/kV	0.38	6	10	35	66	110	220
基准短路容量/MVA	10	100	100	250	500	750	2 000

根据按用户用电容量分配谐波指标的原则，某个用户的谐波电流允许值由下式确定：

$$I_{hi} = I_h (S_i / S_t)^{1/\alpha} \tag{7-10}$$

式中：S_i——第 i 个用户的用电协议容量；

S_t——公共连接点的供电设备(或线路)容量；

α——相位系数，按表 7-5 取值。

表 7-5 相位系数值

h	3	5	7	11	13	9，>13 奇次，偶次
α	1.1	1.2	1.4	1.8	1.9	2

不难证明，表 7-5 中 α 值和表 7-3 中 K_h 值基本上是对应的。

当公共连接点正常最小短路容量 S'_k 不同于基准短路容量 S_k 时，式(7-10)中 I_h 值应按下式换算为 I'_h

$$I'_h = I_h \times \frac{S'_k}{S_k} \tag{7-11}$$

应注意，式(7-10)中的供电设备容量 S_t 应和 S'_k 的供电方式相对应，对于供电变电站，不能一概取变电站(或发电厂)内全部变压器容量之和。

7.3.6 测量方法、数据处理及测试仪器

由于谐波源的多样性和多变性，测量方法必须根据被测对象有所区别。考虑到谐波的波动性，原则上取 95%时间内不超过概率值。为了实际应用方便，在标准中规定按实测值大小排队，取 95%大值。对波动谐波源，规定实测值不少于 30 个，这是使测值平均数的分布接近于正态分布所需的最低样本数。考虑到某些谐波源较稳定的特点，标准中又规定可以选取五个接近的实测值，取算术平均值。

为了区别暂态现象和谐波，根据国际大电网会议(CIGRE)36-05 工作组建议，每次测量结果应为 3 s 内被测值的平均值，由于目前广泛使用数字式谐波分析仪，故国标中按离散采样给出推荐式：

$$U_h = \sqrt{\frac{1}{m}\sum_{k=1}^{m}(U_{hk})^2} \tag{7-12}$$

式中：U_{hk}——3 s 内第 k 次测得 h 次谐波电压含有率；

m——3 s 内取均匀间隔的测量次数，$m \geqslant 6$。

实际上 U_{hk} 通常取一个工频周波采样的分析结果，至于一个周波的采样点数，应根据待分析的谐波次数(h)按采样定理确定。

关于对测量仪器的准确度、电源条件等要求，主要应根据国际电工委员会标准《供电系统及所连设备谐波、谐间波的测量和测量仪器导则》(IEC 61000-4-7，即国标 GB/T 17626.7)的规定。

必须指出，由于采用离散傅立叶(DFT)方法，取一个工频周波采样分析结果，只能得出

工频整数倍(即2,3……)的谐波。实际电网中还存在间谐波(即非整数次谐波),这种谐波广泛存在于波动负荷(特别是电弧类负荷)和变频调速设备中。为了分析间谐波,也为了避免间谐波对单周波采样分析结果的影响,IEC 61000-4-7:2002 中规定测量采样取 0.2 s 长窗口(注意,一个工频周波为 0.02 s)。现行谐波国标中,对此未作规定。

由于6 kV～110 kV电磁式电压互感器一般只能用于1 000 Hz以下频率测量,同时考虑到电网中一般低次谐波为主,故标准中规定"测量的谐波次数一般为第2到第19次",以便于执行。

7.3.7 现行国家标准中存在的主要问题

1. 关于电网各级电压的谐波限值

各级电压的谐波限值是制定谐波标准的基础,谐波电压的确定要兼顾电网安全、经济运行,非线性负荷的发展以及治理措施的技术经济评估等。除了国内电网调研和总结运行经验外,在相当程度上,谐波电压限值的确定应参照国际上或先进国家的现行标准。据悉,一些发达国家2000年前后修订的谐波电压限值和过去均有相当大的变化,这方面还需要进行大量的调研工作。此外应注意,现标准仅适用于"公用电网"(220 kV及以下),随着超高压(220 kV以上)交直流输电的发展,有必要将标准适用范围向上拓展。

2. 用户谐波指标的分配

国标中采用谐波电流分配原则,但规定的分配计算公式中一些量的取值含糊,造成执行上随意性较大。例如标准中没有明确供电容量的取法,实际执行中有人主张按供电变电站全部变压器安装容量取,有学者主张按正常小方式下容量取,有时两者算得的电流指标差别很大,直接影响合格判据和技术措施的费用。此外,按标准中规定算法,有些情况下得到的限值过严,实际上不可行。

3. 谐波阻抗的处理

国标中采用短路容量换算出来的基波电抗的 h 倍作为 h 次谐波电抗,这种做法在低压系统是可以的,但高压系统不能随便这样用。由于谐波阻抗关系到谐波电流值,因此阻抗值处理不恰当直接影响到电网谐波电压的合理控制。

4. 谐波测量问题

国标中对于变化负荷谐波测量的规定,没有涉及测量取样窗口的选择,因此有原理性缺陷。国内的仪器大多数FFT分析窗宽取工频1个周期,只能测出整数次谐波。对于许多波动性非线性负荷,这种仪器实际上不能测得正确的结果。此外,谐波的测量也需要有明确规范的方法,现标准中的规定和IEC推荐的方法有相当的区别,在标准修订时应注意。

5. 对用户限值的分级处理

现行国标中只提出谐波电流作为限制用户的唯一准则,在实际执行中很不方便。IEC标准文件中推荐用3级处理原则值得借鉴。3级处理就是第1级针对大量小用户,规定不需经谐波核算,直接入网的条件;第2级针对一般用户,需经谐波核算后确定入网条件;第3级针对特殊用户或特殊电网条件确定入网条件。在国标中纳入分级处理原则显然有利于电网谐波的控制和管理。

7.4 国外谐波标准的调研结果

谐波国标的修订工作中对现行国外相关标准调研是必不可少的。本节汇总的内容主要涉及国际电工委员会(IEC)、美国 IEEE 以及英国、俄罗斯等国的谐波标准，选择其中和本次修订直接相关的内容。

7.4.1　国外谐波电压标准介绍

7.4.1.1　IEC 谐波电压标准

国际电工委员会(IEC)是国际电气标准权威机构，为了统一各国电气标准和规范，陆续制定了电磁兼容(EMC)61000 系列标准，其中相当部分已被采用为国标或国标指导性技术文件。IEC 61000 系列标准文件性质上分国际标准和第一、二、三类技术文件。

至今已出版的和谐波电压关系密切的标准文件有：

1. IEC 61000-2-2《公用低压供电系统中低频传导干扰和信号的兼容性标准》(国际标准)

该标准中规定了低压(LV)电网中单次谐波电压兼容值(见表 7-6)。

表 7-6　LV 和 MV 系统中谐波电压兼容值

奇次谐波(非 3 的倍数)		奇次谐波(3 的倍数)		偶次谐波	
谐波次数 h	谐波电压/%	谐波次数 h	谐波电压/%	谐波次数 h	谐波电压/%
5	6	3	5	2	2
7	5	9	1.5	4	1
11	3.5	15	0.3	6	0.5
13	3	21	0.2	8	0.5
17	2	>21	0.2	10	0.5
19	1.5			12	0.2
23	1.5			>12	0.2
25	1.5				
>25	0.2+1.3·(25/h)				
注：总谐波畸变 THD 为 8%。THD 是指各次谐波含量平方和开方，以基波分量为基值的百分数。					

2. IEC 61000-2-4《电磁兼容　环境　工厂低频传导骚扰的兼容水平》(国际标准)

该标准适用于低压和中压(MV)工业设备，标准中将电磁环境分为 3 类：第 1 类指对供电质量要求较高的场合(例如实验室，某些自动化和保护装置，某些计算机等)，其兼容值严于公用电网的标准。第 2 类适用于一般工业环境下电网的公共连接点(PCC)和系统或装置内部的连接点(IPC)，其兼容值等同于公用电网的标准(见表 7-5)；第 3 类只适用特殊工业环境下系统或装置内部的连接点，其兼容值高于公用电网的标准。例如在下列场合可以考虑用该类兼容值：

① 大部分负荷由变流器供电；

② 有电焊机时；

③ 频繁起动的大型电动机；

④ 快速变化的负荷(例如电弧炉、轧机)等。

各类电磁环境下电压总谐波畸变的兼容值如表 7-7 所示。第 2 类各单次谐波电压限参见表 7-6 中 *THD* 值即如表 7-6 所示，第 1、3 类的大致随 *THD* 值做相应变化（限于篇幅从略）。

表 7-7　谐波电压兼容值

电磁环境	第 1 类	第 2 类	第 3 类
总谐波畸变率（*THD*）	5%	8%	10%

3. IEC 61000-3-6《中压和高压电力系统中畸变负荷发射限值的评估》（第三类技术报告）

该标准文件和国标《电能质量　公用电网谐波》（GB/T 14549—1993）关系比较密切，下面稍作详细介绍（GB/Z 17625.4 等同于该标准文件）。

（1）系统电压等级

该文件对系统电压 U_n 等级划分作了如下规定：

① 低压（LV）：　　$U_n \leqslant 1$ kV

② 中压（MV）：　　1 kV$<U_n\leqslant$35 kV

③ 高压（HV）：　　35 kV$<U_n\leqslant$230 kV

④ 超高压（EHV）：　$U_n>$230 kV

（2）谐波电压兼容值

同表 7-6 列出的 LV 和 MV 系统中谐波电压兼容值。

此外，文件中提出了“规划水平”或“规划值”概念。“规划值”等于或低于兼容值，由电力企业根据电网结构和其他条件来确定，作为企业内部质量目标值。表 7-8 为谐波电压规划值的例子。

表 7-8　MV、HV 和 EHV 系统中谐波电压规划值

奇次谐波（非 3 倍数）			奇次谐波（3 的倍数）			偶次谐波		
次数 *h*	电压/%		次数 *h*	电压/%		次数 *h*	电压/%	
	MV	HV-EHV		MV	HV-EHV		MV	HV-EHV
5	5	2	3	4	2	2	1.6	1.5
7	4	2	9	1.2	1	4	1	1
11	3	1.5	15	0.3	0.3	6	0.5	0.5
13	2.5	1.5	21	0.2	0.2	8	0.4	0.4
17	1.6	1	>21	0.2	0.2	10	0.4	0.4
19	1.2	1				12	0.2	0.2
23	1.2	0.7				>12	0.2	0.2
25	1.2	0.7						
>25	$0.2+\frac{25}{h}$	$0.2+\frac{12.5}{h}$						

注：1. 规划值和电能质量标准中限值基本上等同。
2. 每天 95%概率大值（3s 时段各次谐波分量的有效值）不宜超过规划值。
3. 每星期各次谐波有效值 10 min 的最大值不宜超过规划值。
4. 每星期各次谐波 3 s 有效值的最大值不宜超过规划值的 1.5～2 倍。

7.4.1.2 美国 IEEE 谐波标准

1. 美国 IEEE Std. 519-1992 对公用电网谐波电压允许值的规定

如表 7-9 所示。

表 7-9 谐波电压畸变限值(标称电压的百分数)

PCC 母线电压 V_n/kV	单次谐波电压畸变/%	电压总畸变 $THD\ V_n$/%
$V_n \leqslant 69$	3.0	5.0
$69 < V_n \leqslant 161$	1.5	2.5
$V_n > 161$	1.0	1.5
注:对于高压直流输电端,*THD* 可以达 2.0%。		

表 7-9 中总谐波畸变的定义和常规的定义略有不同。此表中 *THD* 值是系统标称电压的百分数,而不是用测量时的基波电压的百分数。这里所用的定义使电压畸变评估的基值不变(不是随系统电压高低而变)。

表 7-9 中的限值为正常最小方式下持续时间大于 1 h 的系统设计值。对于较短持续时间异常情况,限值可以放宽到 1.5 倍。

美国于 1981 年颁布的标准为《静止电力变流器的谐波控制和无功补偿 IEEE 导则》(ANSI/IEEE Std 519-1981)。该标准中规定的电力系统谐波电压总畸变如表 7-10 所示。

表 7-10 谐波电压总畸变(美国 1981 年标准)

电压等级	谐波电压总畸变 $THD\ V_n$/%	
	一般电力系统	专用系统
低压 460 V	5	10
中压 2.4~69 kV	5	8
高压 115 kV 及以上	1.5	1.5
注:专用系统是指仅供变流器或不受谐波电压影响负荷的系统。		

对比表 7-9 和表 7-10,可以看出 1992 年标准中将 69 kV 及以下算为一级,和 1981 年标准相比,*THD* 值维持不变(5%),但增加了 69 kV~161 kV 电压级 *THD* 为 2.5%的规定。该级涵盖了 1981 年标准中 115 kV 级,也就是 1992 年标准放宽了 115 kV 级 *THD* 限值。

2. 低压系统的波形畸变限值

美国 1981 年和 1992 年标准,对低压系统的电压畸变分两类处理:一类为谐波 *THD* 值;一类为线电压波形缺口(Notch)的深度和面积。波形缺口是整流器在换相过程中造成瞬间相间短路引起的。缺口深度 d 和系统阻抗有关,其持续时间 t 则和换相时间相等。标准限值见表 7-11。

表 7-11 低压系统畸变限值

畸变类别	特殊应用	一般系统	专用系统
THD_u	3%	5%	10%
缺口深度 d	10%	20%	50%
缺口面积 A_N(μs·V)	16 400	22 800	36 500
注:1. 特殊应用指医院、机场等场合使用。 2. $A_N = t \cdot d$(μs·V),表中 d 值以标称电压为基值。			

7.4.1.3　英国 G5/4 工程导则

本导则是英国电气协会(EA)于 2001 年 2 月正式颁布的，称为《英国谐波电压畸变和非线性设备接入输电系统和配电网的规划值》。

G5/4 的主要内容有：① 谐波畸变的系统规划值，其电压范围包括从 400 V 至 400 kV 各个电压等级；② 非线性设备接入电网的三级评估程序及相应的限值；③ 非连续谐波畸变的限值；④ 规划水平可能被超过场合的处理原则。

本导则明确指出，“规划水平”是非线性设备接入电网时用的，此值以 IEC 关于谐波电磁兼容值为依据。规划水平不超过相应的兼容值。而对于 35 kV 及以下的系统，电磁兼容值是国际标准；35 kV 以上系统，兼容值只适用于英国。本导则附录 A 中明确阐述了规划水平和兼容值的关系，并给出了各个电压等级谐波电压兼容值。谐波电压总畸变(THD_u)的兼容值如表 7-12 所示。

表 7-12　谐波电压兼容值(THD_u)

系统电压/kV	0.4	36.5 及以下	66 和 132	275 和 400
THD_u/%	8	8	5	3.5

本导则中所指的“非连续谐波畸变”包括：短时冲击性的谐波、次谐波和间谐波、电压波形缺口(notch)。

可见本导则对各种谐波现象均有规定。不仅适用于供配电系统，也适用于输电系统。

不同电压等级的谐波电压规划水平(摘要)如表 7-13 所示。

表 7-13　谐波电压规划水平(摘录)

系统电压	奇次谐波(非 3 倍数)		奇次谐波(3 的倍数)		偶次谐波		THD_u/%
	h	HR/%	h	HR/%	h	HR/%	
400 V	5	4.0	3	4.0	2	1.6	5
	7	4.0	9	1.2	4	1.0	
	11	3.0	15	0.3	6	0.5	
6.6、11 和 20 kV	5	3.0	3	3.0	2	1.5	4
	7	3.0	9	1.2	4	1.0	
	11	2.0	15	0.3	6	0.5	
大于 20 kV 小于 145 kV	5	2.0	3	2.0	2	1.0	3
	7	2.0	9	1.0	4	0.8	
	11	1.5	15	0.3	6	0.5	
275 kV，400 kV	5	2.0	3	1.5	2	1.0	3
	7	1.5	9	0.5	4	0.8	
	11	1.0	15	0.3	6	0.5	

注：表中 HR 是指谐波含有率。

英国于1976年颁布的工程导则G5/3("英国供电系统中谐波的限值")曾在世界上产生很大影响,我国曾专门组团赴英考察学习。英国由G5/3到G5/4历经25年,这两个标准的对比对我国谐波标准的修订很有参考价值。G5/3关于供电系统谐波电压限值规定列于表7-14。

表7-14 供电系统谐波电压允许值(G5/3规定)

系统电压/kV	THD_u/%	HR/%		系统电压/kV	THD_u/%	HR/%	
		奇次	偶次			奇次	偶次
0.415	5	4	2	33,66	3	2	1
6.6,11	4	3	1.75	132	1.5	1	0.5

对比表7-13和表7-14,可以看出:

① G5/4关于单次谐波电压含有率的规定比G5/3要细得多,这种细化规定源于IEC 61000-3-6;

② G5/4对于66 kV及以下谐波电压总畸变(THD_u)的规定大体上和G5/3一样;66 kV以上谐波电压允许值(规划值)规定大大放宽了(例如132 kV THD_u 由1.5%变为3%);

③ G5/4还包括了275 kV,400 kV输电系统的谐波电压规划值,这为发电厂、直流换流站接网条件在谐波方面作了基本规定。

G5/4中还考虑了下列几种限值:

① 短时谐波畸变的冲击。这种冲击一般由晶闸管驱动的电动机起动过程引起,这种冲击持续时间一般小于3 s,可以执行IEC 61000-2-2和IEC 61000-2-12标准中对暂时(极短时)谐波电压畸变的兼容性水平。

② 次谐波和间谐波的畸变。按表7-15标准执行。

表7-15 次谐波和间谐波电压限值

频率/Hz	<80	80	90	>90和<500
电压含有率/%	0.2	0.2	0.5	0.5

③ 电压波形缺口。在整流器换相期间,电源两相被短路,从而产生电压缺口。造成电压缺口的设备只有当PCC现存的谐波畸变小于相应的规划值时才能接网。同时要求缺口深度不超过标称基波电压峰值的15%,换相缺口始末点振荡冲击的峰值不超过10%。

7.4.1.4 俄罗斯谐波电压标准

俄罗斯1997年颁布的《公用供电系统中电能质量限值》(ГОСТ 13109-1997)中规定的各级电网谐波电压总畸变如表7-16所示。

表7-16 电网电压波形正弦畸变(1997年) 单位:%

各电压等级(kV)正常允许值				各电压等级(kV)最大允许值			
0.38	6~20	35	110~220	0.38	6~20	35	110~330
8.0	5.0	4.0	2.0	12.0	8.0	6.0	3.0
注:正常允许值是指测量时段(推荐为7天)95%概率大值,最大允许值是指测量时段不许超过的值。							

本标准是ГОСТ 13109-1987的修订版,1987年标准的相应规定示于表7-17。

表7-17 电网电压波形正弦畸变(1987年) 单位:%

各电压等级(kV)正常允许值				各电压等级(kV)最大允许值			
≤1	6~20	35	≥110	≤1	6~20	35	≥110
5.0	4.0	3.0	2.0	10	8	6	4

对比表7-16和表7-17,可以看出有以下区别:

① 1997年标准比1987年标准在中、低压限值上有明显放宽,特别是低压,直接用了IEC电磁兼容值,而没有留余度。

② 无论哪个版本,除了规定正常允许值外,还规定了最大允许值,但最大允许值比正常值放宽程度不同,1987年版本是2倍,而1997年版本则变为1.5倍。

③ 对单次谐波电压允许值的规定,1987年版本只按奇次和偶次区分(奇次谐波允许值是偶次的1倍),而1997年版本则按IEC电磁兼容标准对不同类别和不同次数谐波电压做了详细规定(本文从略)。例如,低压的各次谐波规定完全同IEC表7-6规定。

7.4.1.5 小结

随着电网中非线性负荷大量增加,谐波一直是电能质量中最常见的问题,谐波标准也必须与时俱进。通过对IEC相关标准的介绍以及对比了美国IEEE、英国和俄罗斯新老标准在谐波电压限值上的变化,可以得出如下结论:

① IEC 61000文件是国际电磁兼容标准文件,其中涉及谐波的相关规定和技术文件是制定各国谐波标准的基础,在正确认识电磁兼容标准和电能质量标准关系基础上,结合国情才能制定出较合理的标准。

② 从电网负荷结构来看,非线性负荷的比重越来越大,电网谐波水平在不断增长。为了负荷发展需要,同时在保证电网安全可靠运行的基础上发挥电网耐受谐波的能力,新标准中适当增加谐波限值是较普遍的做法。

③ 由于直流输电的发展,对于超高压输电系统谐波的规定也已纳入公用电网谐波标准中,这是值得关注的。

④ 由于谐波的波动性,标准中普遍采用95%时间内概率大值作为衡量指标,但剩余5%时间要不要规定限值是一个重要问题,因为谐波引发的异常或事故往往出在超标期间。IEC 61000-3-6文件和美国、俄罗斯标准中既规定了正常允许值,又规定了最大允许值是值得借鉴的。

⑤ 间谐波和电压波形缺口是两种较特殊的波形畸变,谐波标准中如包括这两种畸变的规定,将使标准更为完善,同时也便于执行。

7.4.2 国外谐波电流限值标准介绍

7.4.2.1 IEC用户谐波限制的规定

在电网中用户谐波电流的限制涉及诸多因素,如:谐波电压限值,不同电压等级谐波的渗透关系,同次谐波的合成,用户相对大小(即协议用电容量占供电容量的比例,以及用户相对电网容量的比例),用电同时率的考虑,系统等值谐波阻抗,有的还涉及背景谐波水平等。

IEC 对用户的谐波限制涉及两方面的规定：对低压单台（或一套）用电设备的谐波限制和对接入电网的用户谐波限制。

1. 低压设备的谐波电流限制

这里“低压”(LV)是指 $U_N \leqslant 1$ kV。

IEC 61000-3-2《谐波电流发射的限值(设备每相输入电流≤16 A)》标准适用于接到公用低压配电系统中每相输入电流≤16 A 的电气和电子设备。按谐波电流限值而言，设备分为四类：A 类，平衡的三相设备和除下述几类设备外的所有其他设备；B 类，便携式工具；C 类，照明设备；D 类，规定功率 $P \leqslant 600$ W 的下列设备：

① 个人计算机及其显示器；

② 电视接收机。

限于篇幅，有关限值从略。

对于更大的低压设备的谐波，在 IEC 61000-3-4《对额定电流大于 16 A 的设备在低压供电系统中产生的谐波电流发射的限制》中作了一些规定或建议。

该标准技术文件指出：额定电流大于 16 A 的低压设备(一台设备或一套装置)接入电网，通常需要供电部门与用户达成协议。应根据设备的谐波水平和供电系统情况确定接入电网的条件。为了便于谐波评估，推荐按三级程序进行。

第 1 级：简化连接。凡设备额定电流 I_n 满足 16 A $< I_n \leqslant 75$ A，且连接点短路比 R_{sce} 不小于 33，只要符合(不大于)表 7-18 的规定，就可以接网。

表 7-18 第 1 级简化连接设备的谐波电流值($S_{equ} \leqslant S_{sc}/33$)

谐波次数 h	允许的谐波电流 $I_h/I_1/\%$	谐波次数 h	允许的谐波电流 $I_h/I_1/\%$
3	21.6	13	2
5	0.7	(略去 15～29 规定)	
7	7.2	31	0.7
9	3.8	≥33	≤0.6
11	3.1	偶次	≤8/h 或≤0.6
注：表中 I_1 为基波电流额定值；I_h 为 h 次谐波电流(有效值)。			

短路比的定义为：

$$R_{sce} = S_{sc}/S_{equ} \tag{7-13}$$

式中：S_{sc}——PCC 处短路容量(取正常最小值)；

S_{equ}——设备容量。

注意，式(7-13)中 S_{equ} 对于单相设备用 $3S_{equ}$；相间设备用 $2S_{equ}$。对于 $R_{sce} < 33$，考虑到电压波动和闪变要求，以及限制换流器缺口的深度，一般不予考虑。否则需供电部门同意。

第 2 级：根据电网和设备参数的连接。凡设备 16 A $< I_n \leqslant 75$ A，I_h 虽大于表 7-18 限值，若 R_{sce} 大于 33，可以按表 7-19 规定进行限制。

表 7-19　第 2 级连接设备的谐波电流值（$S_{equ}<S_{sc}/33$）

R_{sce} 最小值	谐波电流畸变率/%		各次谐波电流值 I_h/I_1/%					
	THD	$PWHD$	I_3	I_5	I_7	I_9	I_{11}	I_{13}
66	25	25	23	11	8	6	5	4
120	29	29	25	12	10	7	6	5
175	33	33	29	14	11	8	7	6
250	39	39	34	18	12	10	8	7
350	46	46	40	24	15	12	9	8
450	51	51	40	30	20	14	12	10
600	57	57	40	30	20	14	12	10
注 1：相关的偶次谐波分量不能超过$\frac{16}{h}$%。 注 2：允许相邻的 R_{sce} 各值之间采用线性插值。 注 3：对于不平衡三相设备，这些值适合于每一相。								

表 7-19 中：

$$THD=\sqrt{\sum_{h=2}^{40}\left(\frac{I_h}{I_1}\right)^2} \tag{7-14}$$

$$PWHD=\sqrt{\sum_{h=2}^{40}h\left(\frac{I_h}{I_1}\right)^2} \tag{7-15}$$

$PWHD$ 为部分加权谐波畸变率(partial weight harmonic distortion)，采用此值是为了充分降低其结果中的较高次谐波电流的影响，且不需要对各单次谐波规定限值。

第 3 级：对于不满足第 1、2 级的设备，或 $I_n>75$ A 的设备，可以按表 7-20 限制。

表 7-20　第 3 级平衡的三相设备的谐波电流值

R_{sce} 最小值	谐波电流畸变率/%		各次谐波电流值 I_h/I_1/%			
	THD	$PWHD$	I_5	I_7	I_{11}	I_{13}
66	16	25	14	11	10	8
120	18	29	16	12	11	8
175	25	33	20	14	12	8
250	35	39	30	18	13	8
350	48	46	40	25	15	10
450	58	51	50	35	20	15
600	70	57	60	40	25	18
注：同表 7-19 注 1，注 2。						

应注意，本级除按表 7-20 限制外，供电部门可以根据用户协议的有功功率以及本部门的要求实施入网连接。

表 7-18～表 7-20 适用于稳态或准稳态的谐波。对于 2～10 次偶次谐波电流，3～19 次奇次谐波电流，在任意 2.5 min(150 s)观测周期的 10%(15 s)的最大持续时间内的各次谐波，允许为表 7-18～表 7-20 限值的 1.5 倍；同样，对于持续时间不大于 10 s 的谐波电流不超过相应等级限值的 1.5 倍。凡低于输入基波电流 0.6%的单次谐波电流可不考虑。

低压电气设备由于量大、面广、发展迅速，对低压电网谐波的影响是很显著的。这些谐波源主要由设备制造标准加以限制。同时对较大设备(用户)接网也作了规定，因此 IEC 特制定上述两标准，其中 IEC 61000-3-2 2001 年版本已于 2003 年等同转化为国标 GB 17625.1。IEC 61000-3-4 1998 年版本已于 2003 年等同转化为国标指导文件 GB/Z 17625.6。

2. 接入中、高压电网的用户谐波限制

IEC 61000-3-6《中压和高压电力系统中畸变负荷发射限值的评估》是 IEC 第三类技术报告，汇总了电网谐波研究的许多成果，可供制定标准使用。此文件已等同为国家标准化指导性技术文件 GB/Z 17625.4。下面对其相关内容做介绍。

(1) 谐波合成的算式

由于电网中任何一点(或线路)的同次谐波电压(或电流)是各谐波源作用的相量合成，该标准中推荐了两个合成算式：

第 1 个算式

$$U_h = U_{h0} + \sum_j K_{hj} U_{hj} \tag{7-16}$$

式中：U_{h0}——电网的背景 h 次谐波电压；

U_{hj}——第 j 个谐波源所引起的谐波电压；

K_{hj}——h 次谐波的差异因数。

K_{hj} 取决于：① 设备的类型；② 谐波次数；③ 在公共连接点(PCC)设备的额定容量 S_{rj} 和短路容量 S_{sc} 之比。表 7-21 列出一般情况和带容性滤波的不可控整流器的 K_{hj} 值。

第 2 个算式

$$U_h = (\sum_i U_{hi}^{\alpha})^{1/\alpha} \tag{7-17}$$

式中 α 指数主要取决于两个因素：① 实际值不超过计算值的概率；② 单个谐波电压大小和相角的随机变化程度。α 一般取值列于表 7-22(按不超过 95%的概率值取)。

表 7-21 差异因数 K_{hj} 值

S_{rj}/S_{sc}	一般情况							带容性滤波的不可控整流器						
	3	5	7	11	13	17	19	3	5	7	11	13	17	19
≤0.001	0.3	0.1	0.1	0.1	0.1			1.0	0.9	0.6	0.3	0.2	0.1	0.1
0.002	0.4	0.3	0.2	0.1	0.1	0.1		1.0	0.9	0.6	0.4	0.3	0.2	0.2
0.005	0.6	0.5	0.3	0.2	0.2	0.1	0.1	1.0	0.9	0.7	0.5	0.4	0.3	0.3
0.010	0.7	0.7	0.5	0.4	0.4	0.3	0.1	1.0	1.0	0.8	0.7	0.6	0.4	0.4
0.020	0.9	0.8	0.7	0.6	0.6	0.5	0.5	1.0	1.0	0.9	0.8	0.8	0.6	0.6
≥0.050	1.0	1.0	1.0	1.0	1.0	1.0	1.0	1.0	1.0	1.0	1.0	1.0	1.0	1.0

表 7-22 谐波的合成指数 α 值

α	谐波次数
1	$h<5$
1.4	$5\leqslant h\leqslant 10$
2	$h>10$
注：当已知各次谐波大体上同相时(即相角差小于 90°)，则对 5 次及以上的谐波 $\alpha=1$。	

(2) 中压系统畸变负荷的发射限值

这里“中压”(MV)是指 $1\ \text{kV}<U_N\leqslant 35\ \text{kV}$。分三级处理：第 1 级是以用户协议容量(功率)$S_i$ 和公共连接点的短路容量 S_{sc}之比来判断，当 $S_i/S_{sc}\leqslant 0.1\%$时即允许接入电网。标准中引进“加权畸变功率”(weighted distorting power)S_{DW}概念，实际上是将用户内部设备按其谐波特性，利用下式对功率作加权合成：

$$S_{DW}=\sum_j S_{Dj}W_j \tag{7-18}$$

式中：S_{Dj}——畸变设备 j 的功率；

W_j——加权系数。

W_j 对于不同类型谐波源取不同值(标准中列表给出，此处从略)，若负荷谐波特性未知，则可取 $W_j=2.5$。若 $S_{DW}/S_{sc}<0.1\%$则允许接网。此外，还可以根据电网特点，规定用户的谐波电流含有率(以对应协议容量的基波电流有效值为基准)作为第 1 级限制条件。表 7-23 是这种限值的例子。

表 7-23 第 1 级中关于用户总负荷的相对谐波电流限值(和电网类型有关)

谐波次数 h	5	7	11	13	$\sqrt{\sum i_h^2}$
允许的谐波电流 $i_h=I_h/I_j(\%)$	5～6	3～4	1.5～3	1～2.5	6～8
注：I_h 是用户引起的 h 次谐波总电流；I_j 是对应于用户协议功率(基波)的有效值电流。					

第 2 级限制值以谐波电压规划水平为准，按容量对用户的谐波值进行分配，根据所用的合成公式不同，也有两种可供选择的办法：

第 1 种基于式(7-16)，首先由低压(LV)谐波规划水平 L_{hLV}求出中压允许的用户总谐波量 G_{hMV}，即

$$G_{hMV}=K_{hMV}\cdot L_{hLV} \tag{7-19}$$

式中：K_{hMV}——中压电网组成系数，约 0.4～0.7(可取 0.5 计算)。

第 i 个用户分配的谐波电压为

$$U_{hi}\leqslant G_{kMV}\frac{S_i}{S_t} \tag{7-20}$$

式中：S_i——用户的协议容量；

S_t——总的供电容量。

由

$$I_{hi}=\frac{U_{hi}}{Z_h K_{hi}} \tag{7-21}$$

即可求出 h 次允许谐波电流(Z_h 为系统 h 次谐波阻抗，在以下(4)中说明)。

第 2 种基于式(7-17)，首先求出中压用户可分配的总谐波量 $G'_{h\text{MV}}$：

$$G'_{h\text{MV}} = [L^{\alpha}_{h\text{MV}} - (T_{h\text{HM}} L_{h\text{HV}})^{\alpha}]^{1/\alpha} \tag{7-22}$$

式中：$L_{h\text{MV}}$——中压系统 h 次谐波规划水平；

$T_{h\text{HM}}$——上级(HV)系统对中压(MV)系统 h 次谐波传递系数；

$L_{h\text{HV}}$——高压系统 h 次谐波规划水平。

$T_{h\text{HM}}$ 值可能小于 1，如有谐振放大，则可能大于 1(典型值 1～3)，一般可取为 1 作计算。

第 i 个用户分配的谐波电压为

$$U'_{hi} \leqslant G'_{h\text{MV}} \sqrt[\alpha]{\frac{S_i}{S_t}} \tag{7-23}$$

第 3 级为接受高于 1，2 级发射水平的用户，此时根据电网和负荷特点作专门分析研究，在确保电网谐波不超过规划水平的前提下可以特许这样的用户接网。

(3) 高压系统畸变负荷的发射限值

这里“高压”(HV)是指 35 kV$<U_\text{N}\leqslant$230 kV；“超高压”(EHV)是指 $U_\text{N}>$230 kV。

也分三级处理。第 1 级是用负荷的允许畸变容量($S_{\text{D}i}$)和公共连接点的短路容量 S_{sc} 之比来决定，例如

$$S_{\text{D}i}/S_{\text{sc}} \leqslant (0.1 \sim 0.4)\%(\text{HV}) \tag{7-24}$$

或

$$S_{\text{D}i}/S_{\text{sc}} \leqslant (0.1 \sim 0.2)\%(\text{EHV}) \tag{7-25}$$

可以作为第 1 级限值。

第 2 级限值也以规划水平为准。按容量确定对用户的谐波限值。

$$U_{hi} \leqslant L_{h\text{HV}} \sqrt[\alpha]{\frac{S_i}{S_t}} \tag{7-26}$$

式中：$L_{h\text{HV}}$——在高压或超高压系统中 h 次谐波的规划水平。

在高压或超高压系统中 S_t 的确定较为困难。建议将用户的连接母线[见图 7-1(a)]全部输入的最大容量(或考虑将来的发展在内)作为 S_t，即

$$S_t = \sum S_{\text{in}} = \sum S_{\text{out}}$$

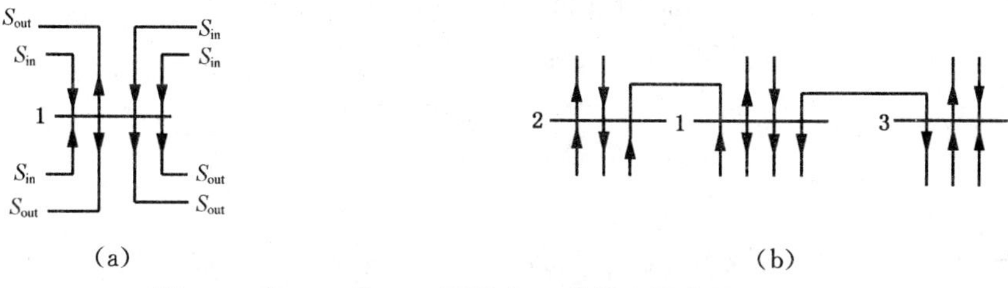

(a)　　　　(b)

图 7-1　在 HV 或 EHV 系统中 S_t 的确定示意图

如母线上有直流输电线(HVDC)或静止无功补偿装置(SVC)，则 S_t 按下式计算

$$S_t = \sum S_{\text{out}} + \sum S_{\text{HVDC}} + \sum S_{\text{SVC}} \tag{7-27}$$

若邻近母线有较大谐波源，则应计及影响。例如图 7-1(b)中如考虑母线 1，而附近母线为 2、3、…，则先按式(7-27)求出 S_{t1}、S_{t2}、S_{t3}、…，计算时 1、2、3 母线之间的功率潮流不考虑。母线 j 对 i 间 h 次谐波的影响系数用 K_{hj-i} 表示(K_{hj-i} 为母线 j 上加标幺值为 1 的 h 次谐波电压在母线 i 上产生的同次谐波电压值)，则式(7-27)可以改写为

$$S_t = S_{t1} + K_{h2-1}S_{t2} + K_{h3-1}S_{t3} + \cdots \tag{7-28}$$

如进一步计及高压负荷的同时率 F_{HV}，则式(7-26)可用下式替代

$$U_{hi} \leqslant L_{hHV}\sqrt[\alpha]{\frac{S_i}{S_t F_{HV}}} \tag{7-29}$$

F_{HV}取决于负荷和系统的特点，典型值为 0.4～1。

对于高于 1,2 级发射水平的用户(第 3 级)，也是应作专门分析研究后决定的，处理原则和中压相同。

(4) 关于系统谐波阻抗

在式(7-20)、式(7-23)、式(7-26)和式(7-29)中，将谐波电压换算为相应的谐波电流时必须已知谐波阻抗。本标准文件中对 Z_h 做了专门论述。按国标 GB/T 14549，我们习惯于用下式求 Z_h：

$$Z_h = hZ_1 \tag{7-30}$$

式中：Z_1 是由短路容量换算出来的系统等值基波阻抗(或电抗)。

实际上式(7-30)一般只适用于低压(LV)系统。对于中压(MV)系统满足下列条件时也可以用：① $X_{Tr}/X_{HV}>10$ 时；②$X_{Tr}/X_{HV}>4$ 且高压网中不存谐振(在所研究的频率范围内)(注：X_{Tr}为 MV 母线供电变压器漏抗；X_{HV}为高压系统等值基波电抗)。

在中压电网，还可以用"阻抗包络线法"简化处理谐波阻抗，其评估的接线和阻抗曲线见图 7-2，图 7-3。

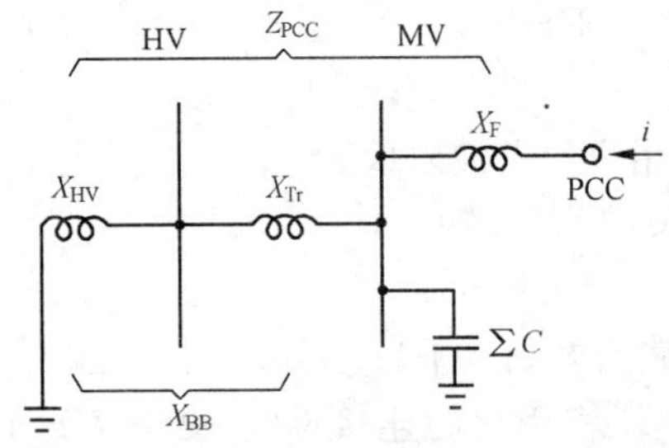

图 7-2　用于评估"阻抗包络线"的网络接线图

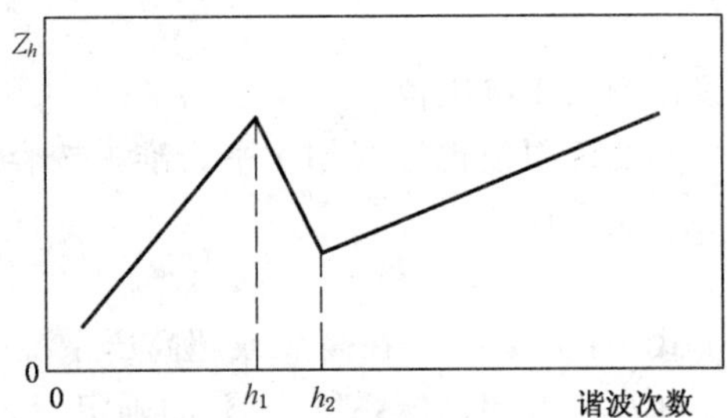

图 7-3　中压网络的"阻抗包络线"

图 7-2 中 $\sum C$ 表示无功补偿(滤波)电容以及电缆和线路的电容。图 7-3 的阻抗包络线是对 PCC 点而言的，可以用下式表示：

$$\left.\begin{aligned} Z_h &= khX_{1BB} + hX_{1F}, \text{当 } h < h_1 \\ Z_h &= hX_{1PCC}, \qquad\qquad \text{当 } h > h_2 \\ h_2 &= 1.5h_1 \end{aligned}\right\} \tag{7-31}$$

式中：h_1 是 $\sum C$ 和 X_{BB}并联谐振频次；k 是谐振放大倍数($k=2$～5)；下标中"1"代表基波分量。

实际上由于 $\sum C$ 的分散性，电网运行方式和负荷状况的多变性，谐波点可能有多个，且在不断变化的。因此谐波阻抗最好用网络分析计算来确定(其计算准确度受制于系统资料的完备和计算模型正确性)，特别是高压(HV)系统中，不推荐用"阻抗包络线"来简化处理谐波阻抗。

在有的情况下，为了快速评估网络谐波阻抗，用"最不利情况下的阻抗曲线"，这种曲线在英国谐波标准中使用。

需指出，在确定用户谐波电流允许值时，和控制谐波电压规划值一样，有以下原则：

① 每天 95%概率大值(3 s 时段各次谐波分量有效值)不宜超过限值；

② 每星期各次谐波有效值 10 min 的最大值不宜超过限值；

③ 每星期各次谐波 3 s 有效值的最大值不宜超过 1.5～2 倍限值；

④ 短时猝发谐波(<3 s)也应加以限制，限值正在研究中。

7.4.2.2 美国 IEEE 标准相关规定

该标准规定了 PCC 处谐波电流畸变的限值。表 7-24 中归纳了在 PCC 处用户负荷和系统短路容量之比与谐波限值的关系。

表 7-24 谐波电流畸变限值($I_h/I_L\times100\%$)

120 V≤V_n≤69 kV						
I_{SC}/I_L	h<11	11≤h<17	17≤h<23	23≤h<35	35≤h	TDD
<20*	4.0	2.0	1.5	0.6	0.3	5.0
20～50	7.0	3.5	2.5	1.0	0.5	8.0
50～100	10.0	4.5	4.0	1.5	0.7	12.0
100～1 000	12.0	5.5	5.0	2.0	1.0	15.0
>1 000	15.0	7.0	6.0	2.5	1.4	20.0
69 kV<V_n≤161 kV						
<20*	2.0	1.0	0.75	0.3	0.15	2.5
20～50	3.5	1.75	1.25	0.5	0.25	4.0
50～100	5.0	2.25	2.0	0.75	0.35	6.0
100～1 000	6.0	2.75	2.5	1.0	0.5	7.5
>1 000	7.5	3.5	3.0	1.25	0.7	10.0
V_n>161 kV						
<50	2.0	1.0	0.75	0.3	0.15	2.5
≥50	3.0	1.50	1.15	0.45	0.22	3.75

* 所有发电设备的使用，均按该行电流畸变值，不考虑实际短路电流比 I_{SC}/I_L(本表来源于 IEEE Std.519:1992 标准中表 10.3、10.4、10.5)。

表 7-24 中各量以及对限值补充说明如下：

① I_h 为单次谐波分量大小(A)：指持续时间 1 h 以上的设计值，对于更短时间，限值可以超过 50%。

② I_{SC}为 PCC 处短路电流。

③ I_L 为 PCC 处工频最大需量负荷电流，可以用过去 12 个月每月最大需量电流的平均值，也可以估算。

④ 表列限值用于奇次谐波，偶次谐波分量限值为 25%表列限值；若用户难以接受所列的偶次限值，则可以协商，适当放宽限值 25%。当使用滤波器导致某偶次谐波谐振放大，只要电压畸变不过大，可以按谐振电压畸变确定谐波电流限值。另外，若偶次谐波电压很低，则相应的谐波电流限值也可以协商放宽。

⑤ 不允许在PCC处电流畸变分量中有直流成分。

⑥ 总需量畸变(TDD)以最大需量负荷电流为基值,即

$$TDD = \frac{\sqrt{\sum_{2} I_h^2}}{I_L} \times 100\% \tag{7-32}$$

⑦ 如果产生谐波的负荷为大于q脉动($q>6$)的电力变流器,表7-23中所列的限值要乘上一个因子$\sqrt{q/6}$。此时假定非特征谐波小于表中规定限值的25%。经验证明,在某些较高脉波系统中,要满足25%限值可能有困难,则可以商榷放松25%限值。

计算PCC处短路电流时,应该用该处正常系统条件下最小短路容量,因为在此条件下谐波对系统影响最为严重。

本标准评估用户谐波分两级进行:

① 第1级:简化评估。

和IEC 61000-3-6规定一样,只要用户加权畸变功率$S_{DW}/S_{SC}<0.1\%$,则自动接受入网。式中S_{DW}计算同式(7-18),加权系数W_j也一样。此级评估还可以用于负荷总设备:a. 若主要非线性负荷的$W_j \geqslant 2$,但所占的比例不到5%;b. 若主要非线性负荷的$W_j=0.5 \sim 1$,但所占的比例不到10%,则都可以自动接受入网。

应注意,若用户有(或即将有)力率补偿电容器,则无论非线性负荷所占比例如何,均需做详细的谐波评估。

② 第2级:详细评估。

就是按前述表7-24要求进行。若需要限制谐波(例如加无源滤波器)则要避免系统和设备之间谐波相互作用引起的问题。

在有些场合,若降低谐波注入水平代价过高,而谐波电流过大又没有引起电压畸变超标,电力部门可以允许有条件地接受超标用户入网。若将来系统谐波水平增大,则要修改超标指标,仍可要求这类用户限制谐波。

需指出,表7-24中所列的限值是对稳定谐波而言的。IEEE 519-1992介绍用概率分布图表征谐波水平变化,并取95%概率大值作为衡量指标。对于短时谐波(一天不超过1 h),可以超限50%,也可以用幅值/持续时间的限值对短时谐波水平做限制。表7-25就是一个例子。

表7-25 短时谐波畸变限值(基于24小时测量)

谐波允许限值(单次或 TDD)	单次谐波冲击最长持续时间	总的谐波冲击持续时间
3×(表7-23限值)	1 s～5 s	15 s～60 s
2×(表7-23限值)	5 s～10 min	60 s～40 min
1.5×(表7-23限值)	10 min～30 min	40 min～120 min
1×(表7-23限值)	30 min	120 min以上

注:1. 对持续时间不到1 s的短时谐波未做规定,有时这种冲击很重要;
2. 应根据谐波变化特点和对设备影响(例如发热作用与时间常数有关)确定规定条件下的限值。

7.4.2.3 英国 G5/4 导则相关规定

G5/4 对非线性设备接入电网采用三级评估程序。这样做既简化了大量低压设备接网的判断，又结合现场实测背景谐波水平，保证接网后连接点的谐波电压水平控制在规划值之内。

1. 第 1 级评估

本级是针对大量低压 230/400 V 非线性设备。如这些设备(额定电流不超过 16 A)谐波电流符合 IEC 相关标准或者本标准中给出的最大设备容量或谐波电流限值，则可以直接入网。谐波电流允许值可以根据接入点短路容量和基准短路容量(10 MVA)之比线性换算。对单相换流器和交流调节器。如容量不超过 5 kVA，相应的三相设备，如小于表 7-26 容量，则可以接网。

表 7-26 允许接网的换流器和 AC 调节器容量(第 1 级)

电网电压 (公共连接点)	三相换流器/kVA		三相 AC 调节器/kVA
	6 脉动	12 脉动	6 脉动晶闸管
400 V	12	50	14

导则中指出，若背景电压畸变水平已接近于规划值(超过 75%规划值)，或者总负荷(或设备)的谐波电流不符合上述第 1 级限值，则应作第 2 级评估，以决定是否采取谐波抑制措施。

2. 第 2 级评估

本级可用于：① 不满足第 1 级评估的低压设备；② 33 kV 以下接到公共连接点(PCC)的高压用户。

对于低压连接，适用于第 2 级评估的内容就是进行电压预测计算，如计算结果谐波电压超过规划值，则应采取抑制措施。

对于 33 kV 以下高压连接，含三相换流器和调节器设备容量总和小于表 7-27 中容量，则不必作进一步评估，可以接网。

表 7-27 换流器和 AC 调节器最大总计容量(第 2 级)

电网电压 (公共连接点)	三相换流器/kVA		三相 AC 调节器/kVA
	6 脉动	12 脉动	6 脉动晶闸管
6.6,11,20 和 22 kV	130	250	150

如设备容量大于表 7-27 规定，或背景电压畸变大于规划值的 75%，则应作电压预测计算，包括：① 评估新的非线性设备引起的畸变；② 计算叠加到背景畸变后谐波电压是否超过标准。

①的计算，关键是谐波阻抗的计算。英国研究指出，对于典型的供电系统，“最不利情况下的阻抗曲线”的 h 次谐波阻抗和基波阻抗 Z_1 关系为

$$Z_h = khZ_1 \qquad (7\text{-}33)$$

式中 k 见表 7-28。

表 7-28 式(7-33)中的 k 值

连接点电压 \ 谐波次数	$h\leqslant7$	$h\leqslant8$	$h>7$	$h>8$
400 V	1		0.5	
6.6,11,20 和 22 kV		2		1

对于每次谐波电流 I_h,可以用下式求相应的谐波电压(%)

$$V_{hc}=I_h\cdot Z_h(\sqrt{3}/V_s)\cdot 100\%$$

或

$$V_{hc}=\frac{\sqrt{3}V_s\cdot khI_h}{10S_{sc}}(\%) \tag{7-34}$$

式中:I_h——负荷的谐波电流,A;

V_s——连接点(PCC)系统标称电压,kV;

S_{sc}——PCC 短路容量,MVA。

不同标称电压等级的 S_{sc} 典型值如表 7-29 所示。

表 7-29 不同标称电压等级的 S_{sc} 典型值

电网电压/kV	0.4	6.6	11	20	22
短路容量/MVA	10	60	100	182	200

②的计算关键是合成的相角取值。G5/4 规定对于 5 次及以下的每次谐波,所有 3 的倍数次谐波(如 3,9,…次)以及所有实测最大的背景谐波 V_{hm},均按算术和求出合成的谐波电压,即

$$V_{hp}=V_{hm}+V_{hc} \tag{7-35}$$

对于其他各次谐波,考虑分散性,就按 90°相角差叠加,即

$$V_{hp}=\sqrt{V_{hm}^2+V_{hc}^2} \tag{7-36}$$

则

$$THD_u=\sqrt{\sum_{h=2}^{50}V_{hp}^2} \tag{7-37}$$

若背景谐波水平小于单次谐波规划值的 75%,且非线性设备谐波电流满足表 7-30 的限值,则用户设备可以接网,无需详细评估。

表 7-30 每个用户最大允许谐波电流值(第 2 级)

谐波次数 h		2	3	4	5	6	7	8	9	10	11	12
谐波电流/A	6.6,11,20 kV	4.9	6.6	1.6	3.9	0.6	7.4	0.9	1.8	1.4	6.3	0.2
	22 kV	3.3	4.4	1.3	2.6	0.6	5.0	0.9	1.5	1.4	4.7	0.2
谐波次数 h		13	14	15	16	17	18	19	20	21	22	23
谐波电流/A	6.6,11,20 kV	5.3	0.5	0.3	0.4	3.3	0.2	2.2	0.3	0.1	0.3	1.8
	22 kV	4.0	0.5	0.3	0.4	2.0	0.3	1.8	0.3	0.1	0.3	1.1

注:1. 原表包括 2~50 次各次谐波电流值,本表仅摘取 23 次以下的值;

2. 除了 3 次和 5 次谐波外,19 次及以下任何两次谐波电流可以超过限值的 10%或 0.5 A(取较大者);

3. 19 次以上任何四次谐波电流可以超过限值的 10%或 0.1 A(取较大者)。

应注意，表 7-30 限值是基于表 7-29 中 S_{sc}典型值求出的，因此可以根据连接点的 S_{sc}实际值作换算，求出用户实际允许的谐波电流值。

若背景谐波水平超过规划值的 75%，经预测计算，用户设备投入后 THD_u 和 5 次谐波电压不大于规划值，则也允许接网。

可以看出第 2 级谐波电流指标分配不涉及用户的协议用电容量大小，使用较方便；这种分配在一定程度上照顾了谐波源用户，但存在明显的缺点是“先用占优”，即在同一连接点上，先接的用户能充分占有此指标，后接的用户还可能受制于 75%规划值。此外，对谐波源用户不论大小，均占同样的指标，也显得不甚合理。但注意到 G5/4 中已将这种做法限制在 33 kV 电压以下的高压用户，并对限值已做调整，因此这种做法合理性还值得对其做进一步的分析研究。

3. 第 3 级评估

本级用于 33 kV 及以上系统的非线性设备接网。由用户提供设备的特性，由电力公司用专门程序作系统分析确定。而分析用的公共连接点(PCC)谐波阻抗或用户系统的模型应提供给用户，以便核实。第 3 级限值只考核 THD_u 及各次谐波电压含有率。需要计及50 次及以下各次谐波，同时应测量背景谐波，预测新设备接网后谐波状况。对于不平衡谐波，应采用最高畸变相的谐波和限值作比较。对于主要的特征谐波，应取计算值和背景测量值算术和，其他谐波则按相位差 90°合成。需要对不同的典型运行方式做计算，以对 PCC 及附近相关点的谐波做出评估。特别应判断就近接到低压系统的设备是否存在谐波谐振等。

G5/4 指出，对于波动的非线性负荷的谐波评估应当计及其特殊的时间——持续特性(time-duration characteristic)，对于 AC 牵引供电，英国 P24 文件规定应采用 1 min 平均最大值。若涉及一个以上牵引供电点，则应考虑换相效应。

若某个用户接网后可能使谐波电压超过规划值，则用户和电力公司应签订“有条件接网协议”，协议中应明确抑制措施，否则电力公司可以拒绝用户接网。对于一些特殊情况(例如某个用户远离其他用户，尽管超标，但其谐波对其他用户干扰不大)，电力公司可以用相应的电压兼容水平取代规划值，用第 2 级对新用户作评估，但应确保没有其他负荷接到谐波电压高于规划值的电网部分，否则应采取抑制措施。

7.4.2.4 小结

对用户谐波电流的限制是控制电网谐波水平的关键。本节介绍了 IEC、美国 IEEE 和英国 G5/4 的相关规定，扼要总结如下：

① 由于非线性负荷遍及整个电网，大小不一，性能各异，控制谐波污染需要制造厂、用户和电力部门共同努力。对于大量非线性电气设备，在设计、制造上就应按相关标准要求，限制谐波发生量；接入电网的用户应由电力部门按三级管理原则处理谐波问题。

② 第 1 级主要是针对大量的小用户，用简易判据确定入网条件。大体上有以下几种方法：

a. 按设备总功率(一般用加权畸变功率)占短路容量百分比(例如 0.1%)为判据。

b. 规定某些类型设备不需谐波评估的功率(容量)限值。

c. 规定总负荷中谐波电流含量或谐波源设备(需分类)所占的比重。其中 c 不限定用户的大小。

③ 第 2 级是需要经谐波电流核算来确定接入电网条件。大体上有以下几种方法：

a. 根据谐波电压限值(规划值)、上下级谐波渗透关系、同次谐波合成关系、用户相对大小(占供电容量或短路容量比例)、用电同时率以及系统等值谐波阻抗等。在以上条件基础上确定用户谐波电流限值。这是 IEC 61000-3-6 推荐的方法。

b. 根据用户最大需量负荷电流和 PCC 处正常最小短路电流的比值，查规定限值表，确定各次谐波电流允许值。这是 IEEE Std 519-1992 中规定的方法。

c. 对 33 kV 以下的高压用户，不分大小，规定每个用户谐波电流限值(可以根据 PCC 处短路容量作线性换算，背景谐波电压应小于 75%)；对 33 kV 及以上用户由电力公司的专门程序作分析后确定，此时只按谐波电压含有率和 THD_u 作为判据。这是 G5/4 中规定的基本方法。

④ 第 3 级是针对不满足第 1、2 级条件而接网的用户处理原则，大体上有如下几点：

a. 经分析，在确保电网谐波电压不超过规划值的前提下，可以特许接网。

b. 若用户接网后谐波电压会超过规划值，则供用双方应签订“有条件接网协议”，要明确抑制谐波的措施，也可以对该用户用电压兼容水平替代规划值，但应保证其他用户在规划值以内。

c. 将来电网谐波水平增大可能超标时，这类用户仍应采取必要的措施。

⑤ 执行电流限值时留有一定灵活性，表现在：

a. 对于短暂的谐波电流往往放宽些，这在 IEC 文件、IEEE Std. 519 和英国 G5/4 规定中均有体现。

b. 限值少量超标，也可以允许，这在 G5/4(见表 7-29)规定最为明显。

7.4.3 国外谐波测量标准的新进展

7.4.3.1 电能质量测量仪器的一般规定

谐波测量属于电能质量测量的范畴。IEC 61000-4-30：2003 对电能质量测量仪器有如下一般规定和论述。

1. 测量性能的分级

对于测量的每个参数，两级测量性能的定义如下。

(1) A 级性能

这级性能用来进行需要精确测量的地方。例如合同的仲裁、校验是否符合标准、解决争议等。对任何一个参数的测量都用两个符合 A 级标准的不同仪器来进行，结果应该相符合，并且相差处于规定的范围之内。

为了确保能够得到相符合的结果，A 级性能仪器对每个参数需要足够的带宽和采样率，以保证充分的精确度。

(2) B 级性能

这级性能可以用来进行调查统计、排除故障以及其他的不需要较高精确度的应用场合。

使用者应该根据每个具体应用场合来选择测量性能的级别。

注 1：对于不同的参数，测量仪器可以具有不同的性能级别。

注 2：仪器制造商应该说明没有明确给出的和可能降低仪器性能的影响因素(参数)。

2. 测量机制

要测量的电气量可能是可以直接获取(比如一般在低压系统中)，也可能是要通过测量传感器进行。

全部的测量过程如图 7-4 所示。

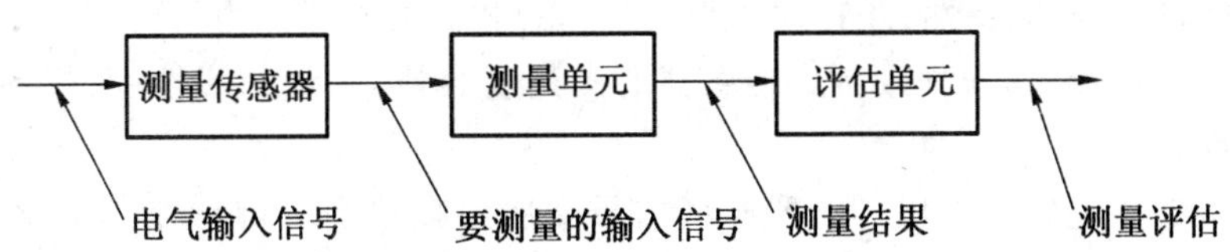

图 7-4　测量环节

一个“仪器”通常包括全部的测量环节(见图 7-4)。

3. 需要测量的电气量

测量可以在单相或者多相供电系统中进行。根据测量的实际内容，可能需要测量导线和中性线之间(线对中性线)或者导线和导线之间(相间)或者中性线和地之间的电压。本标准并不是强加选择要测量的电气量值。另外，除了电压不平衡要测量多相以外，这个文件中所规定的测量方法都是每个测量通道上独立的结果。

电流测量可以在每个供电系统的导线上进行，包括中性线导线和保护地线。

注：尽量做到同时测量电流和电压以及联合测量在一根导线中的电流和这根导线与参考导线(例如地线或者中性导线)之间的电压。

4. 测量的综合时间间隔

(1) 对于 A 级性能

参数(供电电压、谐波、间谐波和不平衡)大小的测量，基本的测量时间间隔应该为 10 个周期(对于 50Hz 的电力系统)。

测量的时间间隔综合为 3 个不同的时间间隔：

① 3 s 间隔(150 个周期)；

② 10 min 间隔；

③ 2 h 间隔。

(2) 对于 B 级性能

制造商应该标明综合时间间隔的方法、数量和持续时间。

5. 测量的综合算法

对输入值平方的算术平均取平方根后，进行综合。

注：对于闪变测量，综合算法是不同的(见 IEC 61000-4-15)。

6. 时钟误差

(1) 对于 A 级性能

时钟误差对于 50 Hz 不能超过±20 ms。该性能对于保证两台 A 级仪器在连接至相同信号时产生相同的 10 min 综合结果是必要的；当限值被超过时，记载日期和时间也是有用的。

(2) 对于B级性能

制造商应该确定10 min间隔的方法。

7. 关于传感器

除了测低压系统电压之外,其余的电压和所有电流的测量均需通过传感器。传感器的使用涉及两个重要问题:

① 将所需的信号无畸变或完整地送给仪器,并充分利用仪器的满刻度;

② 频率和相位响应特性:此特性对于暂(瞬态)和谐波测量尤为重要。

为了保证正确测量,应仔细考虑传感器的满刻度容量、测量的线性度、频率和相位响应以及负载特性。

一般变压器型电磁式电压传感器典型的最高适用频率是1 kHz(但实际使用中有时限制远低于1 kHz,有时则高达几kHz)。

简单的电容式分压器的频率和相位响应可以适用于数百kHz以上,但许多应用场合,加入了谐振回路(即构成电容式电压互感器),则只能用于工频的测量。

电阻式分压器的频率和相位响应可以适用于数百kHz,但会引起其他问题,例如测量仪器的容性负载会影响分压器的频率和相位响应。

电流互感器是线绕式电磁装置,其频率响应随其精度、型式、匝数比、铁心材料和截面,以及二次回路负载等而变。通常电流互感器的转折频率为1 kHz至几kHz,相位响应精度的降低和其接近。

注:正在开发较高转折频率和线性度较好的新型电流传感器(光电和霍尔效应传感器),需仔细研究绝缘配合、噪声问题、满刻度容量以及安全条件。

7.4.3.2 谐波测量仪器的通用要求

IEC 61000-4-7:2002有如下规定。

1. 被测信号特性

仪器应考虑以下几种测量:① 谐波发射测量;② 间谐波发射测量;③ 超过谐波频率范围(2.5 kHz),直至9 kHz的测量。

严格地讲,谐波测量只有在稳态信号下进行,波动信号不能用其谐波准确地表示出来,但是为了得到相互可以比较的结果,只得采用这种简化的方法。

2. 测量仪器的准确度等级

适合应用的需求,容许使用简单、低价的仪表,所以规定了两种准确度等级(即A和B级),如表7-31所示。

表7-31 谐波电流、电压和功率测量准确度要求

等级	被测量	条 件	最大允许误差
A	电压	$U_m \geq 1\% U_{nom}$	$\pm 5\% U_m$
		$U_m < 1\% U_{nom}$	$\pm 0.05\% U_{nom}$
	电流	$I_m \geq 3\% I_{nom}$	$\pm 5\% I_m$
		$I_m < 3\% I_{nom}$	$\pm 0.15\% I_{nom}$
	功率	$P_m \geq 150$ W	$\pm 1\% P_{nom}$
		$P_m < 150$ W	± 1.5 W

续表 7-31

等级	被测量	条　件	最大允许误差
B	电压	$U_m \geqslant 3\% U_{nom}$	$\pm 5\% U_m$
		$U_m < 3\% U_{nom}$	$\pm 0.15\% U_{nom}$
	电流	$I_m \geqslant 10\% I_{nom}$	$\pm 5\% I_m$
		$I_m < 10\% I_{nom}$	$\pm 0.5\% I_{nom}$
U_{nom} 和 I_{nom} 分别为测量仪器的标称电压和电流； U_m 和 I_m 为被测量值。			
注 1：A 级和 B 级仪器的使用场合见本文 7.4.3.1。 注 2：A 级仪器推荐用于发射测量，B 级用于一般监测；但如发射低于限值的 90%，则也可以用 B 级仪器测量。 注 3：对于 A 级仪器，单个通道之间的移相角应小于 $n\times1°$（n 为谐波次数）。			

3. 谐波测量仪器的通用结构

如图 7-5 所示，主机包括：

① 具有抗混叠滤波器的输入回路；

② 包括有采样和保持单元的模/数转换器；

③ 同步装置及窗口形状单元(如需要)；

④ 计算傅里叶系数 a_m 和 b_m 的 DFT 处理器(“输出 1”)。

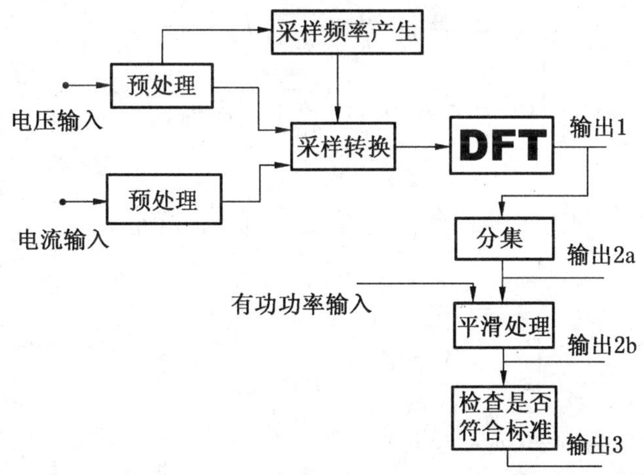

图 7-5 谐波测量仪器的通用结构

图 7-5 输出 1 提供电压或电流各次频率分量的 DFT 系数计算值；输出 2a 是按各次谐波集(或子集)输出 1 综合的结果；输出 2b 是按 IEC 61000-3-2 要求，将时窗内所评估的有功功率(不包括直流)作平滑处理；输出 3 则对测量结果作评判。

7.4.3.3 几个新概念

考虑到谐波的波动性，新标准 IEC 61000-4-7:2002 规定谐波测量仪一个分析周期采样时窗宽 T_W 为工频(f_1)N 个周期(对于 50 Hz 系统，规定 $N=10$)，则 $f_W=1/T_W=1/10T_1=10^3/200=5$(Hz)，也就是 DFT 结果谱线的间隔为 5 Hz，即频谱的分辨率为 5 Hz，因而能测出 5 的整数倍所有谐波成分，如图 7-6 所示。这样时变函数 $f(t)$ 的傅里叶级数采用以下形式：

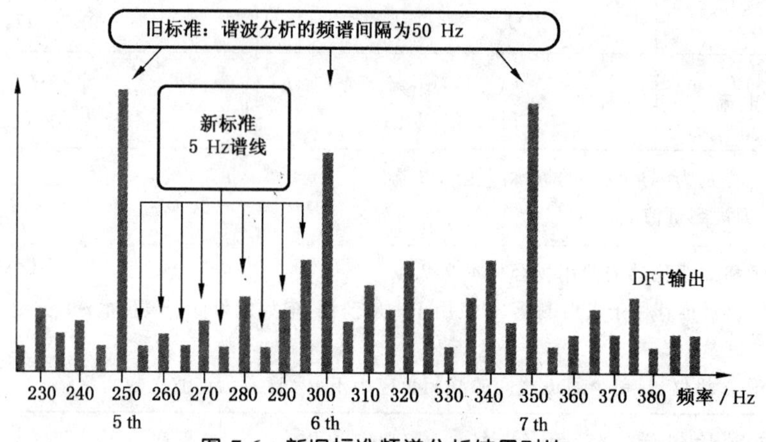

图 7-6　新旧标准频谱分析结果对比

$$f(t)=c_0+\sum_{m=1}^{\infty}c_m\sin\left(\frac{m}{N}\omega_1 t+\varphi_m\right) \tag{7-38}$$

而且

$$\begin{cases} c_m=|\,b_m+\mathrm{j}a_m\,|=\sqrt{a_m^2+b_m^2} \\ \varphi_m=\arctan\left(\dfrac{a_m}{b_m}\right) \quad 若\ b_m>0 \\ \varphi_m=\pi+\arctan\left(\dfrac{a_m}{b_m}\right) \quad 若\ b_m<0 \end{cases} \tag{7-39}$$

以及

$$\begin{cases} b_m=\dfrac{2}{T_{\mathrm{W}}}\displaystyle\int_0^{T_{\mathrm{W}}}f(t)\times\sin\left(\frac{m}{N}\omega_1 t\right)\mathrm{d}t \\ a_m=\dfrac{2}{T_{\mathrm{W}}}\displaystyle\int_0^{T_{\mathrm{W}}}f(t)\times\cos\left(\frac{m}{N}\omega_1 t\right)\mathrm{d}t \\ c_0=\dfrac{1}{T_{\mathrm{W}}}\displaystyle\int_0^{T_{\mathrm{W}}}f(t)\mathrm{d}t \end{cases} \tag{7-40}$$

式中：ω_1——基波角频率($\omega_1=2\pi f_1$)；

T_{W}——时窗宽度($T_{\mathrm{W}}=NT_1$；$T_1=1/f_1$)，T_{W} 是时变函数进行傅里叶变换的时段；

c_m——频率为 $f_m=\dfrac{m}{N}f_1$ 成分的幅值；

N——T_{W} 内基波周期数；

c_0——直流分量；

m——相对于基础频率($f_{\mathrm{W}}=1/T_{\mathrm{W}}$)的次数(即频谱线次数)。

严格地讲，傅里叶分解式只适于稳态的信号(周期信号)。通常用数字化的 DFT 进行计算，窗宽 T_{W} 决定了频率分辨率，即 $f_{\mathrm{W}}=1/T_{\mathrm{W}}$(即频谱线的频率间隔)，$f_{\mathrm{W}}$ 为分析结果的基

础频率。因为电网工频是固定的，故窗宽 T_W 必须是系统电压工频周期(T_1)的整数倍(N)，即 $T_W=NT_1$，当 T_W 内采样数为 M 时，则采样率 $f_s=M/T_W$。

在进行 DFT 之前，时窗 T_W 内采样值常和一个窗函数相乘进行加权，以减少频谱泄漏。对于周期信号和同步采样，最好用单位矩形窗函数。DFT 处理后产生正交的傅里叶系数 a_m 和 b_m，其相应的频率为 $f_m=m/T_W$，$m=0,1,2,\cdots$ 由于一般所谓的 n 次谐波是相对于工频而言的，则不难推出 $n=m/N$。

需指出，经常提及的快速傅里叶变换(FFT)不过是 DFT 的缩短计算时间的专门算法，它要求时窗内采样数 M 是 2 的整数次方，即 $M=2^i$，例如 $i\geqslant 10$。

为了更真实地反映谐波状况，IEC 61000-4-7:2002 标准中引入如下新概念。

1. 谐波集(harmanic group)的有效值 G_{gn}

一个谐波和其相邻(一个时窗内)的若干(取前后 5 个分量)频谱分量有效值平方和开方的值，对于 n 次谐波集，表达式如下：

$$G_{gn}^2=\frac{C_{k-5}^2}{2}+\sum_{i=-4}^{4}C_{k+i}^2+\frac{C_{k+5}^2}{2} \tag{7-41}$$

式中：C_{k+i}是 DFT 第 k 个输出组($k+i$)频谱分量的有效值。

因为 n 是对基波(50 Hz)而言的谐波次数，而 k 是对基础频率(5 Hz)而言的次数，故 $n=k/10$。G_{gn}的频谱的范围如图 7-7 所示。

2. 谐波集的总畸变率 $THDG$

$$THDG=\sqrt{\sum_{n=2}^{H}\left[\frac{G_{gn}}{G_{g1}}\right]^2} \tag{7-42}$$

式中：G_{g1}——与谐波集相关的基波有效值；

H——所规定的最高谐波次数。

3. 谐波子集(harmonic subgroup)的有效值 $G_{sg,n}$

一个谐波和其相邻的两个频谱分量有效值平方和开方的值。对于 n 次谐波子集，表达式如下：

$$G_{sg,n}^2=\sum_{i=-1}^{1}C_{k+i}^2 \tag{7-43}$$

$G_{sg,n}$的频谱范围如图 7-8 所示。

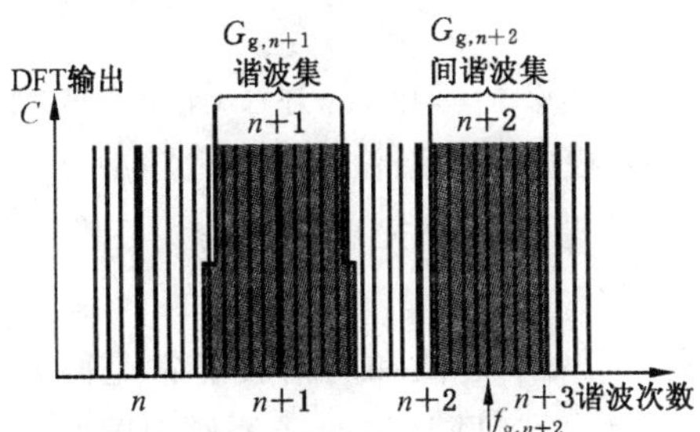

图 7-7 谐波和间谐波集的频谱范围

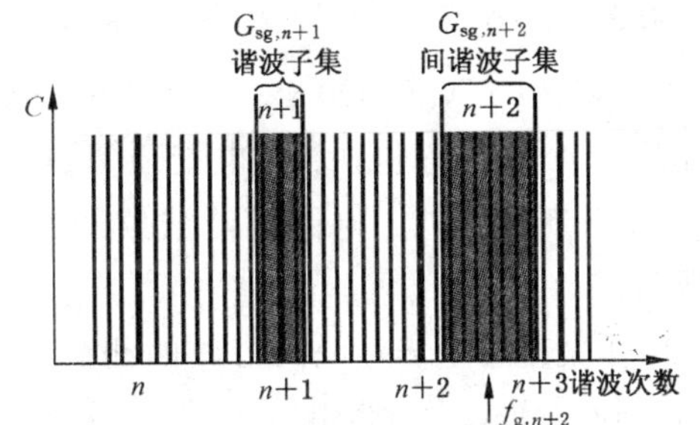

图 7-8 谐波和间谐波子集的频谱范围

4. 谐波子集的总畸变率 *THDS*

$$THDS = \sqrt{\sum_{n=2}^{H}\left(\frac{G_{sg,n}}{G_{sg,1}}\right)^2} \tag{7-44}$$

式中：$G_{sg,1}$——与谐波子集相关的基波有效值。

5. 部分加权谐波畸变率 *PWHD*

$$PWHD = \sqrt{\sum_{n=H_{min}}^{H_{max}} n\left(\frac{G_n}{G_1}\right)^2} \tag{7-45}$$

PWHD 值是对 H_{min} 至 H_{max} 间整数次谐波含有率，平方后用谐波次数 n 加权然后相加再开方求得，此概念引入是为多个较高次谐波分量综合定出一个单一限值提供可能性。若式中 G_n 用 $G_{g,n}$ 或 $G_{sg,n}$ 取代，则变为部分加权谐波集或部分加权谐波子集畸变率。式中 H_{min} 和 H_{max} 由相应限值标准(IEC 61000-3-系列)规定。*PWHD* 在本标准中规定是因为 IEC 61000-3-4 和 IEC 61000-3-2 修改文件中用到这个值(这两个标准均已等同为国标)。

考虑到现有根据 IEC 61000-4-7:1991 的测量仪器需继续使用一段时间(直至本标准下次修改)，要求用这样仪器实施的测量标上“根据 IEC 61000-4-7:1991 仪器测量”。

7.4.3.4 电网中谐波监测的规定

IEC 61000-3-6 指出，为了把实际的谐波水平与规划水平进行比较，测量的最小周期建议为一个星期。具体规定如下：

① 每天最大的 95% 概率的 $U_{h,vs}$ 值(在“非常短”的 3 s 时段各次谐波分量的有效值)不宜超过规划水平；

② 每星期最大的 $U_{h,sh}$ 值(在“短的”10 min 时段，各次谐波的有效值)不宜超过规划水平；

③ 每星期最大的 $U_{h,vs}$ 值不宜超过 1.5～2 倍的规划水平。

为了把用户的总负荷谐波电流发射与发射限值相比较，IEC 61000-3-6 中对谐波电流的测量做了同样的规定，此处不再重复。但该文指出，短时间猝发谐波(持续时间＜3 s)也应加以限制，例如，关于电网信号系统，这个问题正在研究中。

关于谐波测量次数，IEC 61000-3-6 认为一般最高到 40 次。但 IEC 61000-3-6 规定为 50 次，而且在附录(资料性)中对超过谐波最高频率，直至 9 kHz 的测量做了描述，并对采用谐波集(或子集)方法做了理论解释和实例说明。

7.4.3.5 小结

本节以 IEC 61000-4-30:2003 和 IEC 61000-4-7:2002 为基础，综述了国外谐波测量标准的新进展，内容包括：① 电能质量测量仪器的一般规定；② 谐波测量仪器的通用要求；③ 几个新概念；④ 电网中谐波监测的规定。相信这些内容对完成国标修订工作会有所帮助。

本文基本上未涉及间谐波的测量问题。实际上电网中谐波和间谐波经常是同时存在的，同时对设备产生影响。故谐波测量的新发展一个核心问题是将两者的作用同时体现出来，并加以综合。事实上，有时仅凭单纯的谐波测量结果，难以说明工程中问题(例如间谐波谐振引起跳闸)。因此在修订现行国标测量内容时应兼顾间谐波的测量。

7.4.4 国外电气化铁道谐波规定的一些参考

英国铁道部在1980年颁发的《英国25 kV交流电气化铁道设计》中规定:"在向电气化铁道供电的132 kV电压等级的PCC正常谐波限值标准,单次谐波电压畸变率最大值不大于1.0%,总谐波电压畸变率不大于3.0%。"而英国电气委员会,在1976年通过的G5/3工程建议书《英国供电系统中谐波的限值》中规定:"132 kV电压等级的总谐波畸变率为1.5%。"

为了协调电力、铁道两个部门之间的不同规定,英国电气委员会和英国铁道部经研究讨论后,于1984年的P.24工程建议书《向英国交流电气化铁道供电》干扰限值一节中指出:"表中所列出的电力系统谐波干扰限值(注:与G5/3规定的相同),反应了英国的现状;但对向铁路供电的PCC而言,这些限值的适用性,应该再予评定。至于总谐波限值水平,132 kV级规定为1.5%是约束性的。"在《英国电力行业谐波限值报告》(ACE73)中指出:"在某些情况下,只要较低电压级的谐波电压水平不超过其限值,则132 kV级谐波电压允许再提高一些。"可见,P.24工程建议书承认电气化铁道谐波具有一定的特殊性,其限值规定可以比一般的电力系统的限值更高一些。

美国运输部于1982年在其委托一家公司编制的《美国10 000英里电气化铁道牵引供电设计》中,简明地叙述了如下内容:

"目前尚无最大允许谐波电压畸变率限值的标准。最近,美国经过对若干个向电气化铁道供电的公用电网的综合研究,决定采用下列谐波限值准则:

总谐波电压畸变率限值为3.0%;

单次谐波电压畸变率限值为1.0%;

这些限值的确定是基于其他国家已经采用的,是普遍认可的允许最大值。"

7.5 电气化铁道谐波的特点

在国内,电力部门对电气化铁道电能质量的关注重点是谐波、负序和电压偏差。其中谐波问题尤为复杂。由于电气化铁道牵引负荷具有单相不对称特性,且波动剧烈,其产生的谐波有别于其他电力用户产生的谐波。

电气化铁路是少数直接接入高压电力系统的大宗用户之一,它产生的大量谐波(主要是3、5、7次)直接注入高压电力系统。牵引负载与一般电力系统负荷最大的区别在于其随机波动性和不对称性,因此其产生的谐波也与一般电力系统负荷产生的谐波有所差别。电铁谐波具有以下特点:

① 特征谐波不同及其含有率随谐波次数增大快速衰减。电铁谐波的特征谐波是各次奇次谐波,其中3次谐波含有率最大,约22%,随着谐波次数的增大,其含有率快速衰减,至15次谐波几乎降到1%。而一般电力谐波的特征谐波是5、7、11、13、17、19等次,其中5次谐波含有率最大,约19%,随着谐波次数的增大,其含有率衰减比较缓慢,到17次谐波还达3.5%(注:这里列举的电铁谐波数据,反映仍在广泛使用的交-直型机车状况)。

② 谐波初相角广泛分布。电铁各次谐波的初相角,几乎都可在复平面的0～360°之间随机分布。而一般电力谐波的初相角在复平面上分布范围与谐波次数有关:3、5、7次在0～90°,11～13次的在0～270°,大于13次的在0～360°。

③ 谐波幅值随机剧烈波动。电铁馈线谐波随时间的变化具有幅值随机剧烈波动性和在一定条件下的日周期性，这可用根据测量数据和分析所绘制出的谐波概率分布曲线来表示：纵坐标为从小到大排列的馈线谐波电流，横坐标为从0%～100%的一昼夜出现相应馈线谐波电流的概率和。从谐波概率分布曲线的绘制可知，电铁谐波电流峰值的持续时间不会超过半分钟；概率和为95%所对应的谐波电流每次出现的平均持续时间约为3 min，其与日馈线谐波电流方均概值之比值，复线约为1.5，单线约为2.5；日无电概率，复线约为10%，单线则可达50%左右；同时，由于电铁谐波有三相不对称性，电铁谐波与同等评价谐波水平的一般电力谐波相比，对电力设备的发热影响小得多。

④ 谐波从110 kV或220 kV电压级注入电网。牵引变电所的重、轻馈线谐波电流，经牵引变压器的合成和变换，从110 kV或220 kV电压级的PCC注入公用电网，并在该点产生一个总谐波电压畸变率，然后向更高电压等级的电源方向和中低电压级的配电支路方向传输。从110 kV到低电压的谐波传输系数，在不发生谐振的情况下，约为0.7～0.8。所以，电铁谐波对众多的中低电压级电气设备的影响是间接的，其影响度是逐级减小的。而绝大多数的电力谐波，都是从10 kV或0.38 kV电压级注入公共连接点的，直接对中、低电压级电气设备产生影响。

所以，要制定好我国的谐波限值标准，由于国情不同，不能照搬国外标准，必须针对我国电力管理模式和电气化铁道运行模式进行研究，提出适合我国国情的方案，并能逐步与国际标准接轨，这是当前我国制定谐波限制标准的一个基本要求。

限制电力系统谐波水平主要通过限制用户的谐波发射水平来实现，而限制用户谐波发射水平的依据是国家标准。因此制定有关谐波的国家标准需要进行全面研究和论证，包括国外相关谐波标准、谐波叠加规律、总谐波畸变率及各次谐波含有率、用户注入电力系统的谐波电流允许值、谐波测量方法及数据处理、电力系统背景谐波水平等方面。

7.6 铁道部门对谐波标准的修订建议

通过国内外谐波标准情况的分析，在制修订国家标准时需考虑以下几个方面：

① 世界各国在谐波和负序标准方面存在一定的差别。包括国际电工委员会(IEC)在内的国际组织为了统一各国电气标准和规范，已经出台了一系列有关电磁兼容(EMC)标准，作为各国制定标准的技术性指导文件，这也从客观上推动了标准的国际化，有利于国际交流和合作，同时也有利于电气产品的制造和安全使用。

② 虽然目前世界各国的标准存在差异性，但各国都积极适应标准的国际化，认真关注并探索本国标准和IEC标准及欧洲标准等国际标准协调一致的可能性和具体办法，结合本国的国情和实践经验对国标作相当的修改和补充。

③ 谐波的存在是接入三相电力系统的电气化铁路固有的技术问题。国际上对这些技术问题的研究成果与对策也不尽相同，但大都承认电气化铁路牵引负荷具有一定的特殊性，为了协调电力、铁道两个部门之间的不同规定，需要结合各国电力系统和电气化铁路的实际情况，通过协商、讨论和共同研究的方式确定合适的谐波和负序限值。

④ 国务院颁布的《国家中长期科学和技术发展规划纲要(2006～2020)》中明确把交通

运输业列为国家发展的重点产业，并批准了《中长期铁路网规划》，针对牵引负荷在电力系统中引起的谐波和负序问题，在制定相关规定和国标时不能照抄照搬国外标准，需要结合我国国情和电气化铁路未来的发展需要，根据实测数据，深入研究标准的适用性，从而真正落实科学发展观和构建社会主义和谐社会的要求，最终实现国家电网与电气化铁路的和谐与双赢。

根据电力部门与铁路部门于1998年电铁谐波专家组工作会议达成的共识，认为应通过测试后，再制定电铁谐波电压限制标准。为此，铁道部在此期间进行了大量的测试工作，测试结果如下：

按照GB/T 14549—1993的谐波电压谐波电流的双重考核标准，很少有牵引变电所的谐波符合要求，特别是按照谐波电流标准执行，几乎所有变电所都不合格。牵引变电所进线处谐波电压合格率按GB/T 14549来衡量：1 min的合格率为30%，10 min的合格率为44%，30 min的合格率为48%，1 h的合格率为52%；测试结果显示同时在谐波电压不满足GB/T 14549—1993的牵引变电所，电压偏差也不满足GB/T 12325—1993中供电电压正负偏差绝值之和不超过10%的要求，反应出我国电网短路容量不满足牵引负荷要求的现状。

铁道部门根据以上测试结果，提出如下建议：

① 考虑到目前我国的电网现状，在目前的电网情况下，对电气化铁路不能使用谐波电流作为考核指标。因为铁路为适应国民经济的发展，牵引负荷不断加大，谐波电流分量也在不断加大，以目前的电力系统的短路容量为基础进行考核，就会出现谐波电流超标的现象，根据这次大范围的测量结果，电力系统容量不足是一个主要的原因。所以，在目前的电网情况下，对电气化铁路不能使用谐波电流作为考核指标。如果这样做，是对电气化铁路这一保障国民经济命脉的主要电力用户是不公平的。应采取发展的手段来解决电气化铁路的谐波问题，这发展中包括电网的发展和电气化铁路交直交等技术的发展，根据铁道部安排，交直机车已停止生产，但交直机车退出铁路，毕竟还有一个过程。

② 建议国标中限制供电网和谐波电流分为三级。第一级限制，对小容量换流器和交流调压器的容量限制。第二级限制，规定谐波源用户产生和注入电网连接点的谐波电流允许值。第三级限制，需要根据电网中已存在的谐波电压，新用户注入的谐波电流以及电网的谐波阻抗进行分析计算，经计算后，只有在电网任何一点的电网畸变率均不超过规定的最大允许值时，才允许谐波用户接入电网，这里包含采取必要的技术措施来限制可能的超标。

③ 按照与国际标准逐步接轨的原则并考虑国家电网的现状及电铁发展的现实要求，建议对电铁的谐波电压畸变水平评估采用三级评估法，当牵引变电所采用110 kV电压等级电源进线时，对电铁谐波在PCC点总谐波电压畸变率限值采用不大于3.0%。牵引变电所当采用220 kV以及上电压等级时，对电铁谐波在PCC点总谐波电压畸变率限值可参照使用。

7.7 减少谐波危害的技术措施

减小谐波危害应优先对谐波源本身或在其附近采取适当的技术措施。主要措施见表7-32。

表7-32 减小谐波危害的技术措施

序号	名 称	内 容	评 价
1	增加换流装置的相数或脉动数	改造换流装置或利用相互间有一定移相角的换流变压器实现	可有效地减小谐波量；换流装置容量应等分；使装置复杂化，投资增加
2	加装交流滤波装置	在谐波源附近装若干单调谐波及高通滤波支路，以吸收谐波电流	可有效地减小谐波量；应同时考虑功率因数补偿和电压调整效应；装置运行维护简单，但需专门设计
3	改变谐波源的配置或工作方式	具有谐波互补性的装置应集中，否则应适当分散或交替使用，适当限制谐波量大的工作方式	可以减小谐波的影响；对装置的配置和工作方式有一定的要求，规划设计阶段考虑
4	加装静止无功补偿器(或称动态无功补偿器)	有TCR、MCR和TSC(或TSF)等类型，采用TCR、MCR或TSF静补器时，其容性部分设计成滤波器	可有效地减小波动谐波源的谐波量；有抑制电压波动、闪变、三相不平衡和补偿功率因数的功能，具有综合的技术经济效益；一次投资较大，需专门设计
5	增加系统承受谐波能力	将谐波源由较大容量的供电点或由高一级电压的电网供电	可以减小谐波的影响；在规划和设计阶段考虑
6	避免电容器对谐波的放大	改变电容器的串联电抗器，或将电容器组的某些支路改为滤波器，或限定电容器组的投入容量(组数)	可以有效地减小电容器对谐波的放大并保证电容器组的安全运行；需专门设计
7	提高设备抗谐波干扰能力，改善谐波保护性能	采用K型变压器；改进布线；加粗导线；改进设备性能，对谐波敏感设备采用灵敏的谐波保护装置；降低接地电阻；采用独立回线；改进避雷器(阻容吸收装置)参数和配置等	适用于谐波引起的过载发热，特别是对暂态过程中的谐波较敏感的设备；需专门研究
8	采用有源滤波器等新型抑制谐波的措施	研制和逐步推广应用	性能好，体积小，目前还只用于低压小容量谐波源的补偿上，造价较高
9	谐波源设备的更新换代	采用谐波发生量小的新设备取代老设备。例如将目前AC-DC(交直)机车，用AC-DC-AC(交直交)机车代替，将大大减小电铁谐波干扰	可以从源头上解决谐波干扰问题。一般投资较大，往往涉及产业发展方向
注：TCR——晶闸管控制电抗器；MCR——磁控电抗器；TSC(或TSF)——晶闸管投切电容器(或滤波器)。			

第 8 章 电能质量　公用电网间谐波 (GB/T 24337—2009)

《电能质量　公用电网间谐波》国家标准已由全国电压电流等级和频率标准化技术委员会完成了报批稿，已上报到国家标准审查部门，在本章撰写时还处于审批阶段。本章主要依据标准报批搞的内容及标准起草过程的一些主要技术问题进行解释，以期更好的理解标准，便于正确执行。

8.1　概述

随着谐波问题研究的逐步深入，间谐波的相关危害逐步被人们所认识，特别是间谐波与闪变的关系、间谐波对电力传输线载波通讯信号的影响等，因此，需要制定间谐波国家标准，以保障公用电网电能质量。

公用电网间谐波国家标准属于新制定。列入国家标准化管理委员会 2007 年下达的国家标准制修订计划，项目编号为 20075038-T-469。主要起草单位为西安领步电能质量研究所和中国电力科学研究院。

鉴于间谐波的危害在国际上还处于进一步研究阶段，因此，标准起初的主导思想在于给出公用电网的间谐波电压限值，以期引起供用电双方对间谐波问题的重视；在起草过程中考虑到标准的实际可操作性，仅给出限值分配及其合成原则，便于实际应用中对间谐波源进行考核和限制。迄今这些原则均没有可直接参考的依据，因此在标准的执行过程中对规定的相关内容应进一步验证，以便不断修正、完善。

8.2　间谐波及其危害

众所周知，离散傅立叶变换(DFT)是频谱分析的常用方法。对于工频 50 Hz 电力系统而言，电压电流实时波形通过 DFT 分析后得到一系列频谱分量，通常将这些频谱分量中工频整数倍的频谱分量定义为谐波(harmonics)，工频非整数倍的分量称为间谐波(interharmonics)。有时候也将低于工频的间谐波称为次谐波(sub-harmonics)，次谐波可看成直流与工频之间的间谐波。

一般说来，间谐波具有谐波引起的所有危害，其危害主要表现在下述方面：

① 产生闪变(照明灯光闪烁)；

② 导致显示屏闪烁；

③ 造成滤波器谐振、过负荷；

④ 引起通讯干扰(主要是电力载波通讯)；

⑤ 引起电动机、发电机附加力矩；

⑥ 引起过零点监测误差(导致控制系统失灵)；

⑦ 引起感应线圈噪声；

⑧ 影响脉动控制接收器正常工作。

常见的间谐波干扰源主要有下述几类：

① 变流装置。目前，大量变流装置应用在电力系统，其产生的特征谐波频谱如下：

$$f=(p_1m\pm1)f_1\pm p_2nf_0 \tag{8-1}$$

式中：p_1——整流环节脉动数；

p_2——逆变环节脉动数；

f_1——交流输入工频频率；

f_0——变流器输出频率；

m、n——非负整数(不同时为 0)。

考虑到负荷三相的不对称性及触发角的误差，变流器运行过程中还将产生下述非特征谐波频谱：

$$f=(p_1m\pm1)f_1\pm 2nf_0 \tag{8-2}$$

② 交流电弧炉。交流电弧炉不仅属于典型的谐波污染源、闪变发生源，同时，也是典型的间谐波发生源。一般来说，交流电弧炉电流的频谱属于连续频谱。实际上，一般冲击性负荷均产生间谐波。

③ 通断控制的电气设备。各种对设备工作电压进行通断控制、电压调整的电气设备工作过程中将产生间谐波。例如电烤箱、熔炉、火化炉、点焊机、通断控制的调压器等。

④ 感应电动机。感应电动机的定子和转子中的线槽会由于铁心饱和而产生不规则的磁化电流，从而在配电网中产生间谐波。在电机正常转速下，其干扰频率在 500 Hz～2 000 Hz 范围内。

8.3　相关国际(国外)间谐波标准介绍

间谐波国家标准制定过程中参考了下述国际、国外(地区组织)的相关标准：

① IEC 61000-2-2 公用低压供电系统低频传导骚扰与信号传输兼容水平；

② IEC 61000-3-6 连接到中压、高压、超高压电力系统的畸变负荷的谐波发射限值评估；

③ IEC 61000-4-7 供电系统及所连设备谐波、间谐波测量及其测量仪器通用导则；

④ IEC 61000-4-30 电能质量测量方法；

⑤ IEEE 间谐波工作组文件(draft1/draft2)；

⑥ G5/4 英国输配电系统非线性设备的连接和谐波电压规划水平；

⑦ EN 50160 供电系统电压特征。

其相关内容分述如下。

8.3.1　IEC 61000-2-2

该标准的第一版为 1990 年版本，最新为 2002 年版本。

第一版本规定 DC～2 kHz 的各间谐波含有率限值为 0.2%；但新版本对间谐波电压的限制主要基于基波附近的各次频谱，着重于这些频谱分量对基波的调制而产生闪变危害。

在此标准中定义了拍频(beat frequency)的概念，即两个不同频率正弦波电压合成时，其频率之差的绝对值(例如公用电网中调幅波频率就是拍频)，同时给出了短时间闪变值 $P_{st}=1$ 条件下间谐波电压含有率与拍频的关系曲线，如图 8-1 所示。

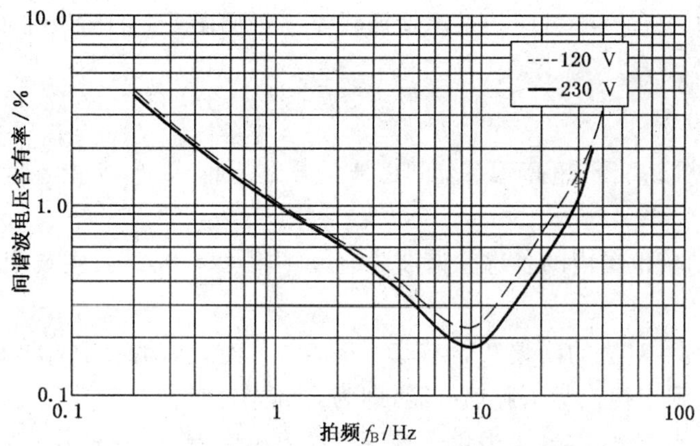

图 8-1 间谐波电压含有率与拍频关系曲线

该标准同时以资料性附录的形式给出了 $P_{st}=1$ 条件下间谐波电压含有率与间谐波次数(间谐波频率)关系如表 8-1 所示。

表 8-1 $P_{st}=1$ 条件下间谐波电压含有率与间谐波次数(间谐波频率)关系

间谐波次数 ih	系统频率 50 Hz,标称电压 230 V	
	间谐波频率 f_{ih}/Hz	间谐波电压含有率/%
$0.2<ih<0.6$	$10<f_{ih}\leqslant 30$	0.51
$0.60<ih<0.64$	$30<f_{ih}\leqslant 32$	0.43
$0.64<ih<0.68$	$32<f_{ih}\leqslant 34$	0.35
$0.68<ih<0.72$	$34<f_{ih}\leqslant 36$	0.28
$0.72<ih<0.76$	$36<f_{ih}\leqslant 38$	0.23
$0.76<ih<0.84$	$38<f_{ih}\leqslant 42$	0.18
$0.84<ih<0.88$	$42<f_{ih}\leqslant 44$	0.18
$0.88<ih<0.92$	$44<f_{ih}\leqslant 46$	0.24
$0.92<ih<0.96$	$46<f_{ih}\leqslant 48$	0.36
$0.96<ih<1.04$	$48<f_{ih}\leqslant 52$	0.64
$1.04<ih<1.08$	$52<f_{ih}\leqslant 54$	0.36
$1.08<ih<1.12$	$54<f_{ih}\leqslant 56$	0.24
$1.12<ih<1.16$	$56<f_{ih}\leqslant 58$	0.18
$1.16<ih<1.24$	$58<f_{ih}\leqslant 62$	0.18
$1.24<ih<1.28$	$62<f_{ih}\leqslant 64$	0.23
$1.28<ih<1.32$	$64<f_{ih}\leqslant 66$	0.28
$1.32<ih<1.36$	$66<f_{ih}\leqslant 68$	0.35
$1.36<ih<1.40$	$68<f_{ih}\leqslant 70$	0.43
$1.4<ih<1.8$	$70<f_{ih}\leqslant 90$	0.51

应注意:表8-1中含有率对应的是间谐波频率 f_{ih},而图8-1的横坐标是拍频 f_B,两者关系为 $f_{ih}=50\pm f_B$(Hz)。

8.3.2 IEC 61000-3-6

该标准给出中压、高压、超高压系统间谐波的规划限值水平,其主要考虑到间谐波的下述危害:

① 基波频率两倍范围内的各次间谐波含有率不得大于0.2%,主要限制其对照明的闪变效应。

② 当与控制信号对应的间谐波含有率大于0.3%时,脉动控制(ripple control)接收机的正确动作将会受到干扰。所谓脉动控制,即为音频电力负荷控制,其定义为:利用高、低压配电线传输音频控制信号,实现电力负荷控制的技术,信号频率一般为167 Hz~1 600 Hz。

③ 2.5 kHz范围内的各次间谐波含有率不得大于0.5%,否则将会干扰电视机、使感应电机震动或噪音增大,低频继电器误动作。

④ 频率在2.5 kHz~5 kHz范围内的各次间谐波含有率不得超过0.3%,否则将引起无线电接收机或其他音频装置中可听到的噪音。

8.3.3 IEEE间谐波工作组文件

该工作组几个草稿文件中给出如下建议:

1. 建议1

① 20 Hz~90 Hz范围内的间谐波限值依据IEC 61000-2-2:2002思想,主要关心其闪变效应。

② 90 Hz~3 kHz的各次间谐波依据其系统电压等级,含有率可限制在1%、2%、3%范围内。其目的在于保护低频电力线载波(low frequency power line carrier),这些信号的频率一般在3次谐波与5次谐波之间,含有率在1%~5%范围内。

③ 应用在系统的无源滤波器往往对某次间谐波发生放大,因此从滤波器设计者的角度希望将间谐波水平降低到一个较低的程度。

2. 建议2

① 在140 Hz范围内的间谐波限值取0.2%。

② 140 Hz到某一频率之间(例如800 Hz)的间谐波限制在1%范围内,其目的在于保护低频电力线载波,同时避免发生并联谐振现象。

③ 对于更高频率的间谐波,将其限值规定为对应谐波限值的某一水平(例如20%),其目的在于保护高频载波信号,同时避免滤波器并联谐振。

8.3.4 英国G5/4

英国G5/4给出的次谐波和间谐波的限值水平如表8-2所示。

表8-2 次谐波和间谐波电压限值

频率/Hz	<80	80	90	>90和<500
电压含有率/%	0.2	0.2	0.5	0.5

8.3.5 欧洲EN50160

EN50160并未用“电能质量”的术语,而是应用“电压特性”(voltage-characteristics)的概念。该标准给出了系统正常运行方式下中、低压供电系统公共连接点的电压特性。但尚未给出间谐波限值水平。

标准中指出，间谐波的主要危害是闪变效应及对脉动控制系统的干扰。

8.3.6 电网信号电压

上文提到的脉动控制系统及电力线载波，这些在电力输配电系统传输的信号本身就是一种间谐波，在电磁兼容领域中其名词为电网信号电压(mains signaling voltage)。下面根据 IEC 61000-2-1 对此相关内容做一介绍，便于读者进一步理解间谐波限值的规定。

电力输配电系统在传输电力的同时，也附带的传输相关控制、通讯、数据信号，例如负控(load control)、遥测信号(remote reading of meters)等。

信号电压广泛存在于系统的高、中、低等各级电网。根据其频率范围或信号可分为下述 4 类：

① 脉动控制系统。脉动控制系统(Ripple control systems)即音频电力负荷控制系统也称作低频电力线载波系统(low-frequency power-line carrier systems)。其信号为正弦波，频率介于 110 Hz～2 000 Hz，大多工作在 110 Hz～500 Hz。

② 中频电力载波系统。中频电力线载波系统(Medium-frequency power-line carrier systems)信号同样为正弦信号，其频率介于 3 kHz～20 kHz，大多工作在 6 kHz～8 kHz 之间。此类系统一般为电力系统内部专用。目前还处于开发阶段，没有统一规范。

③ 无线电频率电力载波系统。无线电频率电力线载波系统(Radio-frequency power-line-carrier systems)应用正弦波信号，频率介于 20 kHz～150 kHz(有些国家达到 500 kHz)。

④ 电网标志系统(Mains-mark systems)。此系统主信号电压为非正弦波。

8.4 间谐波监测仿真分析

本节就间谐波的监测进行仿真分析，便于帮助大家对标准内容的进一步理解。

1991 版本的 IEC 61000-4-7 将谐波分为三种不同的类型，即准稳态谐波、波动谐波、快速变化的谐波，并提出了不同类型谐波测试时的窗口要求；但是 2002 版本的 IEC 61000-4-7 中已经不存在这些内容，而且明确规定基于 DFT 分析的采样窗宽度为 10 个工频周波(对于 50 Hz 系统)，在同步状态下窗口形状为矩形窗。看来，作为电磁兼容指标，谐波、间谐波测量采样窗取值也是在发展变化的，由于我们未介入这些标准的起草，因而不清楚这些变化过程的主要原因及其依据是什么。但是可以仿真分析不同采样窗的测试结果差别，以加深理解。

对于波形函数：$X(t)=1\times(1+0.125\times\cos(2\times\pi\times10\times t))\times\cos(2\times\pi\times50\times t)$分别取 1、2、4、8、10、16、32 个周波，应用 DFT 进行谐波分析。

上述函数的实际波形、频谱图见图 8-2，其理论值如表 8-3 所示，取不同采样窗宽度进行频谱分析，其结果见表 8-4 所示。

表 8-3 函数 $X(t)$频谱理论值

频谱/Hz	50	40	60
峰值	1	0.062 5	0.062 5

表 8-4　不同采样窗口的分析结果

频谱/Hz \ 周期	1 周波	2 周波	4 周波	8 周波	10 周波	16 周波	32 周波
50	1.094 3	1.029 9	0.976 76	0.992 99	1	1.005 9	1.001 9
25	—	0.031	—	—	—	—	—
75	—	0.050	—	—	—	—	—
37.5	—	—	0.055 846	—	—	—	—
62.5	—	—	0.058 103	—	—	—	—
37.5	—	—	—	0.049 216	—	—	—
43.75	—	—	—	0.028 047	—	—	—
56.25	—	—	—	0.023 987	—	—	—
62.5	—	—	—	0.053 665	—	—	—
40	—	—	—	—	0.062 5	—	—
60	—	—	—	—	0.062 5	—	—
40.625	—	—	—	—	—	0.059 324	—
59.375	—	—	—	—	—	0.058 85	—
39.063	—	—	—	—	—	—	0.032 066
40.625	—	—	—	—	—	—	0.046 68
59.375	—	—	—	—	—	—	0.045 6
60.938	—	—	—	—	—	—	0.033 166

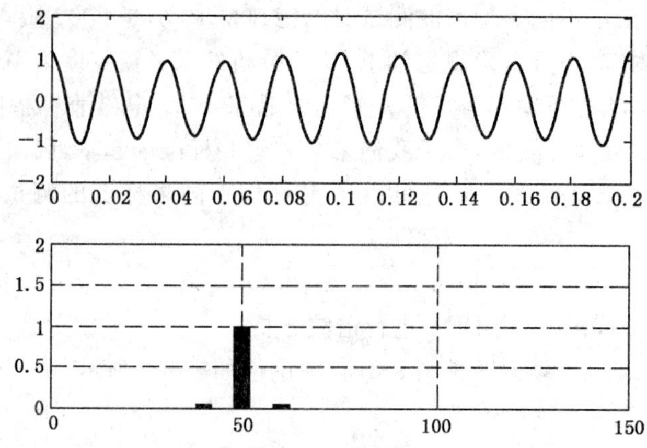

图 8-2　函数 $X(t)$实际波形及频谱图

可见：

① 在采用 DFT 对含有间谐波的波形进行分析时，随着采样窗口的不同，谐波的能量将

会不同程度的向两侧频段发散。

② 通过进一步的分析可以证明，波动幅度越大，能量发散越厉害；波动频度越大，能量发散也越厉害。

③ 要精确测试间谐波频谱含量，间谐波的频率与 DFT 变换的最小分辨频率的比值只有等于整数时才有可能。除此之外，均发生谐波的能量发散。例如表 8-4 中，当窗口为 10 周波（DFT 变换的分辨率为 5 Hz），能精确测出 40 Hz、60 Hz 间谐波成分。

实际上，要做到精确测量波动性谐波频谱，必须事先知道调制波的频谱，但是在现实生活中，各类波动负荷的用电特性千变万化，要做到这点是不可能的，只有两个办法可选：其一加大分析窗口宽度，提高分辨率。但太大的窗口不仅大大增加监测设备的成本，而且指数倍地提高数据的容量，不利于实际操作，况且获取的大多数据是没有实际意义的；其二选择一合理采样窗口宽度，采取其他技术措施加以弥补。

基于上述分析，实际的谐波、间谐波测量中采样窗口的选择一般应依据其测试的目的确定，可考虑采取下述具体策略：

① 电力系统公共连接点不存在连续的、大范围的电压波动现象时，其谐波特性主要表现为整数倍工频的谐波，因此，谐波电压的测试可以基于 1、2、4 工频周波窗口的 FFT 算法。

② 对于波动负荷的谐波电压测试，考虑到谐波能量的发散性及其存在的间谐波，应采用基于 4、8、10 周波采样窗口的 DFT 算法。对其测试数值应该进行能量泄漏评估，以期降低监测评估的数据，同时获取有价值的间谐波电压数据。

8.5 标准主要内容解释

8.5.1 范围

由于没有可参考的间谐波电流指标，同时基于目前对间谐波电压危害的认识，本标准仅规定了公用电网间谐波电压的允许限值，并规定了测量取值方法。

考虑到 220 kV 直供非线性负荷的逐步增加，本标准的适用范围规定为交流额定频率为 50 Hz，标称电压 220 kV 及以下的公用电网。

8.5.2 术语和定义

除了拍频的概念之外，结合谐波标准，本节所给出的其他术语定义均好理解。因此这里主要再进一步解释拍频的基本概念。

标准给出拍频（beat frequency）的定义为：两个不同频率正弦波电压合成时，其频率（例如公用电网中间谐波频率和基波频率）之差的绝对值。IEC 61000-2-2 给出的定义为：The beat frequency is the difference between the frequencies of the two coincident voltages, i. e. between the interharmonic and fundamental frequencies。其定义之所以增加了“的绝对值”几个字，是为了避免出现负值的拍频，例如 45 Hz、55 Hz 与 50 Hz 的信号产生的拍频都是 5 Hz，如果有“−5 Hz”的数值，则与图 8-1 无法对应，也与表 8-1 下面的公式 $f_{ih}=50\pm f_B$(Hz)无法对应。

实际上，拍频是简谐振动的专业术语。图 8-3 为 50 Hz 正弦波与 40 Hz 正弦波形成的“节拍”示意图。应该说，超过 100 Hz 的间谐波与基波形成的波形已经对闪变没有大的贡献了。

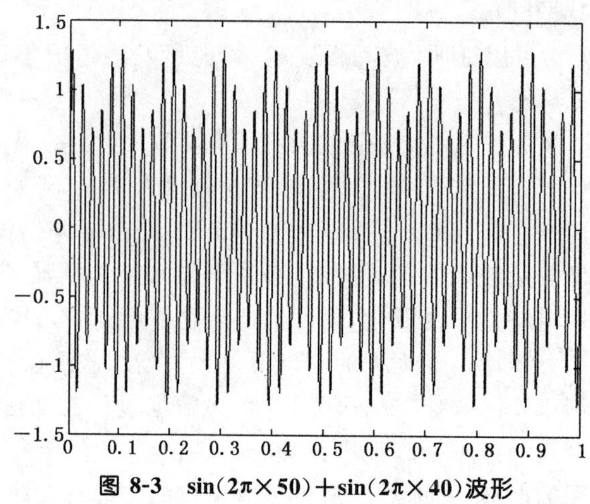

图 8-3　sin(2π×50)+sin(2π×40)波形

8.5.3　限值

8.5.3.1　限值的取舍原则

间谐波限值的取舍原则主要从其直接危害角度出发。频率小于 100 Hz 的间谐波限值主要从抑制闪变的角度出发;频率在 100 Hz～800 Hz 之间的间谐波限值主要从无源滤波装置(并联电容器)的安全运行出发,同时保护低频电力载波信号的正确传输。800 Hz 以上间谐波限值尚处于研究阶段。

8.5.3.2　电压等级的划分及其限值

从参考的标准看,IEC、IEEE、G5/4 间谐波限值均未按不同电压等级进行划分。初稿征求意见中有人提出应考虑谐波的传递问题,宜按电压等级进行划分。但间谐波较特殊,没有必要细分等级,因此按照低压(1 000 V 及以下)、高压(1 000 V 以上)进行了限值划分。考虑到传递,取高压限值是低压限值的 80%。

标准最终给出的间谐波电压含有率的限值如表 8-5 所示。

表 8-5　间谐波电压含有率限值 单位:%

频率/Hz 限值 电压等级	<100	100～800
1 000 V 及以下	0.2	0.5
1 000 V 以上	0.16	0.4
注:频率 800 Hz 以上的间谐波电压限值还处于研究中。		

8.5.3.3　关于间谐波限值的分配

目前的参考文献均只给出公共连接点各次间谐波电压含有率的限值,未涉及此限值的分配,而且目前未找到间谐波限值对用户分配的相关参考文献。为了使该标准具有可操作性,考虑到间谐波的一个主要危害之一是产生闪变,考虑到短时闪变与电压波动的正比关系,参照电压波动和闪变国标 GB/T 12326 推荐的闪变的三次方合成原则,本标准对间谐波的合成采取了三次方的合成原则。标准规定:同一节点上,多个间谐波源同次间谐波电压按下式合成:

$$U_{ih} = \sqrt[3]{U_{ih1}{}^{3} + U_{ih2}{}^{3} + \cdots + U_{ihk}{}^{3}} \tag{8-3}$$

式中：U_{ih1}——第 1 个间谐波源的第 ih 次间谐波电压；

U_{ih2}——第 2 个间谐波源的第 ih 次间谐波电压；

U_{ihk}——第 k 个间谐波源的第 ih 次间谐波电压；

U_{ih}——k 个间谐波源共同产生的第 ih 次间谐波。

当然，纯粹从间谐波的闪变效应来讲，公式(8-3)是有一定依据的，但是考虑到间谐波的其他危害，则值得进一步商榷，例如电压波动产生闪变，那么是否电压波动的合成也遵循公式(8-3)，这些都是应该在后续实践中进一步探讨。

标准在确定了间谐波的合成规律之后，考虑将表 8-5 公共连接点的间谐波电压分配给该点所连接的各个用户。有学者提出间谐波的相关性较差（也就是说相互之间关联性不强），而间谐波源不多，可以考虑 PCC 点按两个相同的源分配间谐波限值，分配计算依据公式(8-3)。按此方案，若设定限值为 A，同一母线上有两个谐波源按三次方合成，设每个分配的指标为 x，则：$\sqrt[3]{2x^3}=A$，即单一用户最终限值指标为：$x=\frac{A}{\sqrt[3]{2}}=\frac{A}{1.26}$。当然这一限值分配原则合理性也值得进一步在实践中总结。

表 8-6 单一用户间谐波电压含有率限值 单位：%

电压等级 \ 限值 \ 频率/Hz	<100	100～800
1 000 V 及以下	0.16	0.4
1 000 V 以上	0.13	0.32

最后标准给出的单一用户 PCC 点间谐波限值水平如表 8-6 所示。

8.5.4 测量取值和测量条件

标准明确指出：本标准基于 DFT 算法规范间谐波的测量，但不排除更先进的间谐波测量方法；间谐波测量的频率分辨率为 5 Hz，测量采样窗口宽度为 10 个工频周期。这些内容，均采纳了 2002 版本IEC 61000-4-7 的相关规定。

8.5.4.1 基本测量数据取值

间谐波的基本测量数据参考 IEC 61000-4-7 的规定，取 3 s 内 m 次测量数值的方均根值作为第 ih 次间谐波电压的一个测量结果。计算公式如下：

$$U_{ih}=\sqrt{\frac{1}{m}\sum_{k=1}^{m}u_{ihk}^{2}} \quad (6\leqslant m\leqslant 15) \tag{8-4}$$

式中：m——3 s 内均匀间隔的测量次数，$m=15$ 为无缝采样；

u_{ihk}——第 k 次测量得到的 ih 次间谐波电压值；

U_{ih}——第 ih 次间谐波的一个测量结果。

需要指出的是，IEC 61000-4-7 标准中规定 $m=15$，公式(8-4)之所以取 $6\leqslant m\leqslant 15$ 是考虑到与三相不平衡度等标准中相关公式的一致性，并兼顾国内现状。

公式(8-4)的取值方法主要基于下述考虑：

① 谐波、间谐波的热效应；

② 为了区别暂态现象和谐波、间谐波（暂态现象中电压、电流也包含丰富的谐波成分，但是其频谱不是与电网的基波相关的，因此，不认为是谐波现象，例如短路瞬间的电压、电流等）。

8.5.4.2 间谐波测量的电气环境要求

首先分析我国电能质量限值标准体系中关于各指标测量条件的相关规定。

1. 谐波限值标准 GB/T 14549 中规定的相关测量条件

要求谐波电压(或电流)测量应选择在:

① 电网正常供电时可能出现的最小运行方式下,且谐波源工作周期中产生的谐波量最大的时间段内进行;

② 当测量点附近安装有电容器时,应在电容器组的各种运行方式下进行测量。

2. 三相不平衡标准 GB/T 15543 中相关测量内容

该标准 6.1 规定的测量条件为:测量应在电力系统正常运行的较小方式下,不平衡负荷处于正常、连续工作状态下进行,并保证不平衡负荷的最大工作周期包含在内。

3. 闪变限值标准中相关测量内容

GB/T 12326 规定:电力系统正常运行的较小方式下,波动负荷处于正常、连续工作状态,以一天(24 h)为测量周期,并保证波动负荷的最大工作周期包含在内。

值得一提的是 IEC 电磁兼容标准中没有明确上述要求。笔者认为,这一规定的目的在于明确要求获取这一指标的正常最严重情况。

基于上述分析,本标准关于间谐波的测量条件规定:间谐波的评估测量要求在系统正常运行的最小方式下,间谐波发生最大的情况下测量。

8.5.4.3 间谐波测量数据的综合取值方法

标准指出:"间谐波的测量可以在 3 s 测量结果的基础上,综合出 3 min、10 min 或 2 h 的测量值。综合方法为取所选时间间隔内(例如 3 min)所有 3 s 测量结果的平方算术和平均取平方根,例如 3 min 的测量值为:

$$\underset{(3\ \mathrm{min})}{U_{ih}} = \sqrt{\frac{1}{60}\sum_{k=1(3\ \mathrm{s})}^{60} u_{ih,k}^{2}} \tag{8-5}$$

式中:60——3 min 内包含 3 s 的测量次数。

当系统条件不符合要求时(大于正常最小方式),可按短路容量折算结果(即将测试结果乘以实际短路容量和最小短路容量之比)"。

这样规定的理由是:

① 公式(8-5)是依据 IEC 61000-4-30 文件中规定的测量综合公式,而该文件是国际标准,故在国标中采用;

② 当短路容量不满足正常运行的最小运行方式时,应该按短路容量对间谐波电压含有率的测量结果进行折算,以免发生运行方式变化造成超标情况。

8.5.5 测量精度

测量精度与 IEC 61000-4-7 规定一致。

8.5.6 谐波测量的集合概念

标准附录 B 介绍了谐波、间谐波测量的集合概念。

该概念是 IEC 61000-4-7:2002 引入的,主要从能量守恒的角度出发,其定义利于分析某频段的谐波能量水平。目前,我们所说的谐波电压总畸变率、谐波或间谐波含有率限值均

未明确适用于谐波集合的定义。

尽管如此,作为标准的资料性附录将谐波集合的概念介绍给大家,便于实际中有选择的应用。

8.5.6.1 谐波检测的集合概念

算例 1:存在一次波动的 5 次谐波电流

设 $T=0.02\ \text{s}$,$t_1=4.25\ T$,$t_2=10\ T$,$0\sim t_1$ 时间 5 次谐波电流有效值 3.536 A,$t_1\sim t_2$ 时间为 0.707 1 A。其实际波形如图 8-4 上图所示。对此波形取 10 个工频周波进行 FFT 分析。

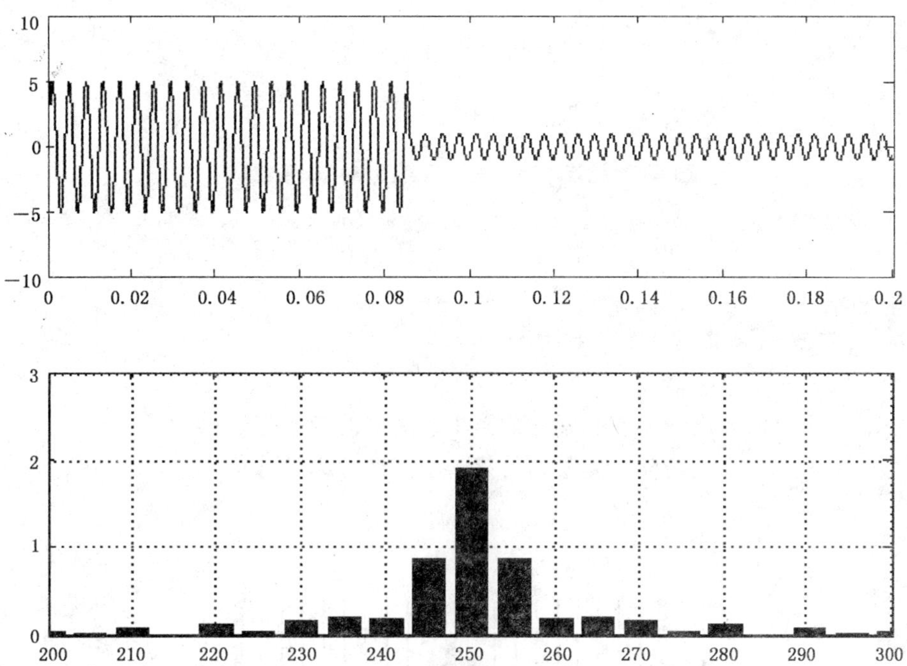

图 8-4 算例 1 实时波形及其对应 FFT 的频谱图

取 10 个工频周波进行 FFT 分析的结果如下:

5 次谐波电流仅为 1.911 6 A;实际上,根据有效值算法,其实际有效值应该为 2.367 8 A,误差为:19.3%。

可见一个纯 5 次谐波,当具有波动特性时,通过 FFT 变换后其能量向两侧频段进行了渗漏。

通过下述定义公式,对渗漏的谐波能量进行收集:

n 次谐波集:

$$G_{g,n}=\sqrt{\frac{C_{k-5}^2}{2}+\sum_{i=-4}^{4}C_{k+i}^2+\frac{C_{k+5}^2}{2}} \tag{8-6}$$

$G_{g,n}$——n 次谐波集方均根值;

C_k——第 n 次谐波;

$C_{k+1,2,3,4,5}$——紧邻第 n 次谐波右侧连续的第 1、2、3、4、5 个间谐波频谱分量;

$C_{k-1,2,3,4,5}$——紧邻第 n 次谐波左侧连续的第 1、2、3、4、5 个间谐波频谱分量。

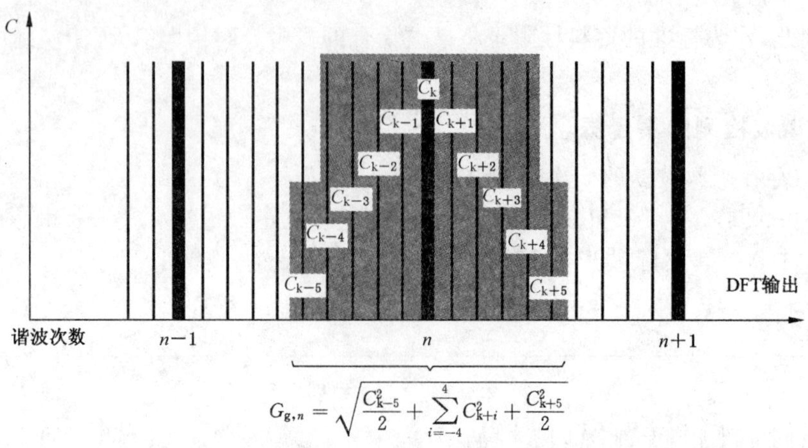

图 8-5 谐波集方均根值示意图(50 Hz 系统)

n 次谐波子集:

$$G_{sg,n}=\sqrt{\sum_{i=-1}^{1}C_{k+i}^2} \tag{8-7}$$

式中:$G_{sg,n}$——n 次谐波子集方均根值;

C_k——第 n 次谐波;

C_{k+1}——第 n 次谐波右侧紧邻的第 1 个间谐波频谱分量;

C_{k-1}——第 n 次谐波左侧紧邻的第 1 个间谐波频谱分量。

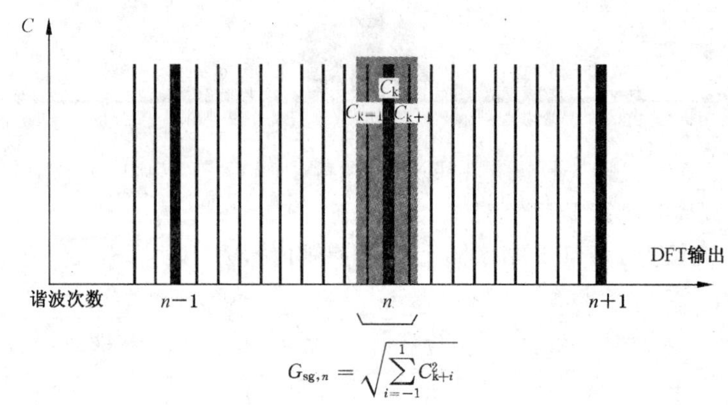

图 8-6 谐波子集方均根值示意图(50 Hz 系统)

将上述定义应用于本算例,取 $n=5$,最后结果如表 8-7 所示。

表 8-7 算例 1 应用能量集合分析结果表

	FFT	子集	全集	实际值
结果	1.911 6	2.278	2.334	2.367 8
误差/%	19.3	3.8	1.43	0

可见，通过这样的能量收集，其获取的结果较接近实际值。

算例 2　三次波动的 5 次谐波电流

$T=0.02$ s，$t_1=0.85T$，$t_2=4.25T$，$t_3=6.25T$，$t_4=10T$；$0\sim t_1$ 时间 5 次谐波电流有效值 3.536 A，$t_1\sim t_2$ 时间为 0.707 1 A，$t_2\sim t_3$ 时间为 3.536 A，$t_3\sim t_4$ 时间为 0.707 1 A。其实际波形如下图 8-7 上图所示。对此波形取 10 个工频周波进行 FFT 分析。应用上述能量集合的概念进行分析，结果如表 8-8 所示。

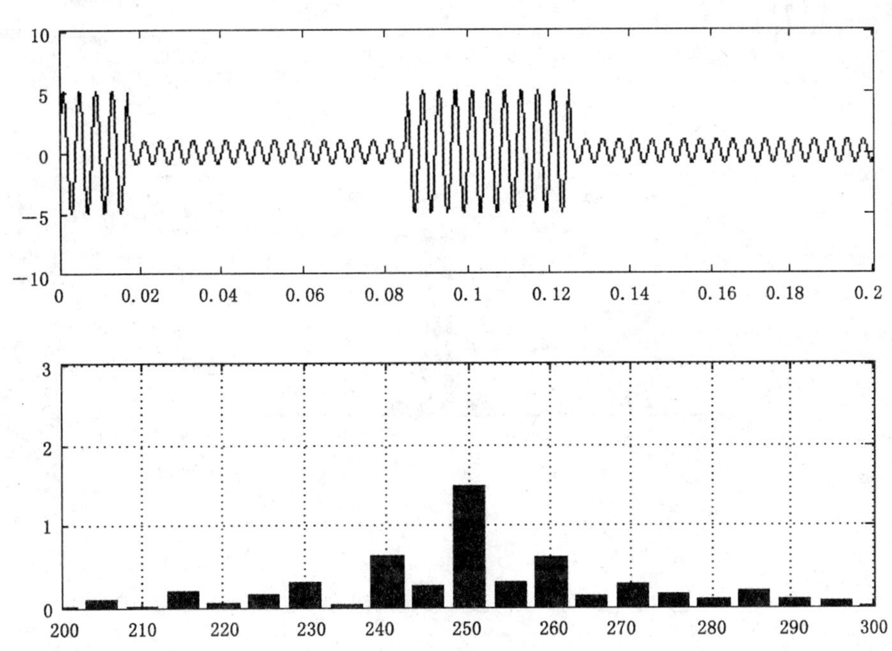

图 8-7　算例 2 实时波形及其对应 FFT 的频谱图

表 8-8　算例 2 应用能量集合分析结果表

	FFT	子集	全集	实际值
结果	1.506 3	1.568 8	1.888 9	1.978 5
误差/%	23.87	20.7	4.5	0

算例 3　波动一次、波动幅度小于算例 1 的 5 次谐波电压

$T=0.02$ s，$t_1=4.25T$，$t_2=10T$，$0\sim t_1$ 时间 5 次谐波电流有效值 13.225 V，$t_1\sim t_2$ 时间为 9.775 V。其实际波形如图 8-8 上图所示。对此波形取 10 个工频周波进行 FFT 分析。应用上述能量集合的概念进行分析，结果如下表 8-9 所示。

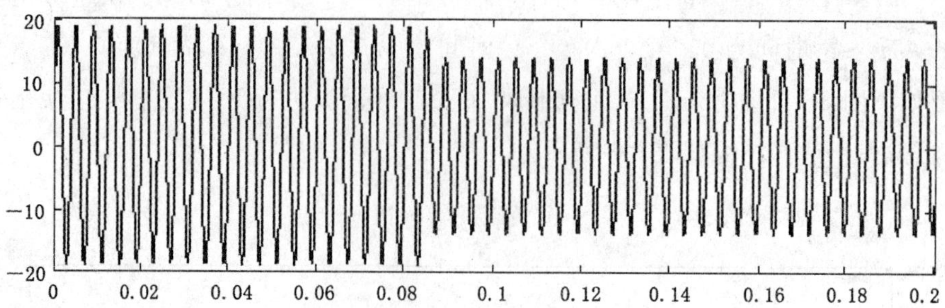

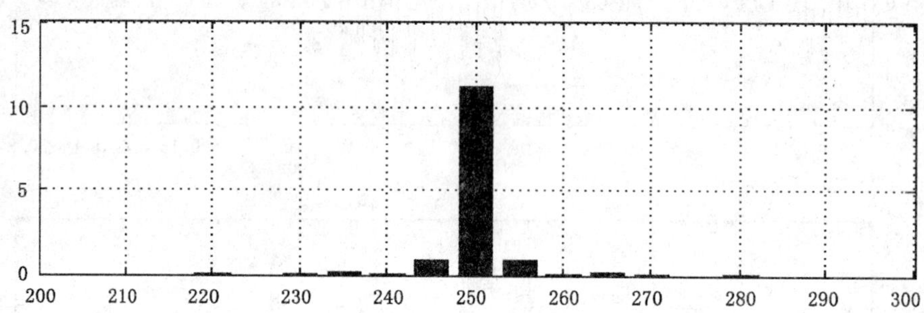

图 8-8 算例 3 实时波形及其对应 FFT 的频谱图

表 8-9 算例 3 应用能量集合分析结果表

	FFT	子集	全集	实际值
结果	11.244	11.345	11.362	11.37
误差/%	1.11	0.22	0.07	0

算例 4 波动一次、波动幅度很大的 3 次谐波

$T=0.02$ s, $t_1=5T$, $t_2=10T$, $0\sim t_1$ 时间 3 次谐波电流有效值 1 A, $t_1\sim t_2$ 时间为 0 A。其实际波形如图 8-9 上图所示。对此波形取 10 个工频周波进行 FFT 分析。应用上述能量集合的概念进行分析,结果如表 8-10 所示。

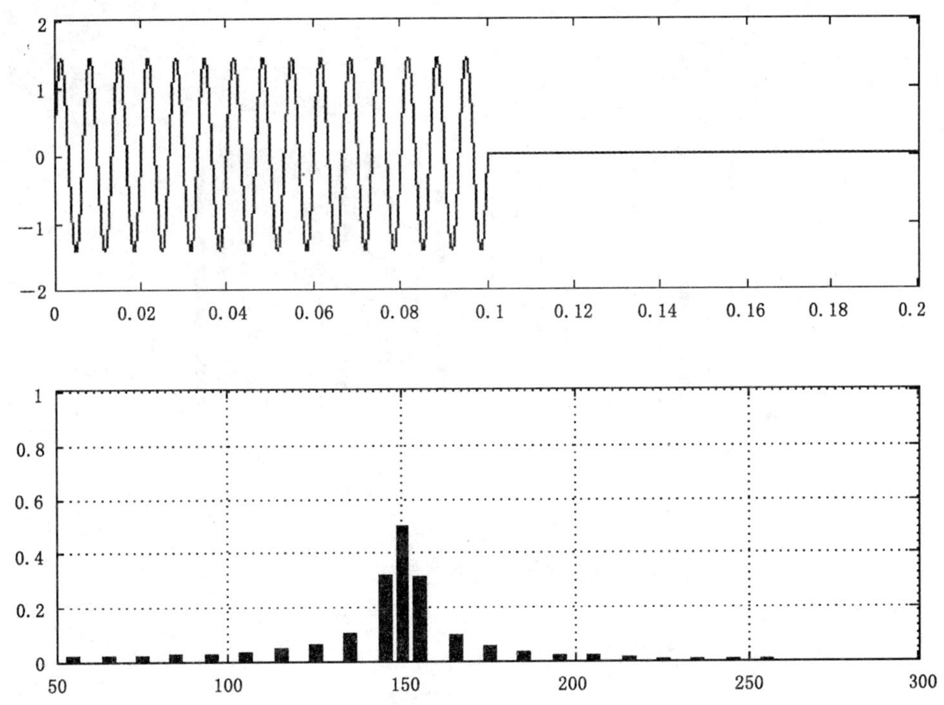

图 8-9 算例 4 实时波形及其对应 FFT 的频谱图

表 8-10 算例 4 应用能量集合分析结果表

	FFT	子集	全集	实际值
结果	0.5	0.672 9	0.692 6	0.707 1
误差/%	29.28	4.8	2.0	0

通过上述算例 1、2、3、4 分析可见：

① 在采用 FFT 分析波动性谐波时，该次谐波的能量将会不同程度的向两侧频段渗漏；

② 波动幅度越大，渗漏越厉害；

③ 波动频度越大，渗漏越厉害；

④ 对于电力系统公共连接点，一般不存在大幅度、高频度连续的波动现象，因此 FFT 变换的直接结果基本可以反映实际情况，也可通过子集法获取较精确的结果；

⑤ 对于波动性负荷用户，必须采取集合的形式对渗漏的能量进行收集，方可获取较精确的结果。

8.5.6.2 间谐波检测的集合概念

同样的，间谐波检测也可比拟谐波集合的概念进行分析。其定义如下：

间谐波集方均根值(r. m. s. value of an interharmonic group)：n 次间谐波集方均根值 $C_{ig,n}$ 由 n 次谐波与 $n+1$ 次谐波之间的间谐波分量以下述定义形成(见图 8-10)。

$$C_{ig,n}=\sqrt{\sum_{i=1}^{9}C_{k+i}^{2}} \tag{8-8}$$

式中：$G_{ig,n}$——n 次间谐波集方均根值；

$C_{k+1,2,3,4,5,6,7,8,9}$——第 n 次谐波频谱 C_k 与第 $n+1$ 次谐波频谱 C_{k+10} 之间连续的 9 个间谐波频谱分量。

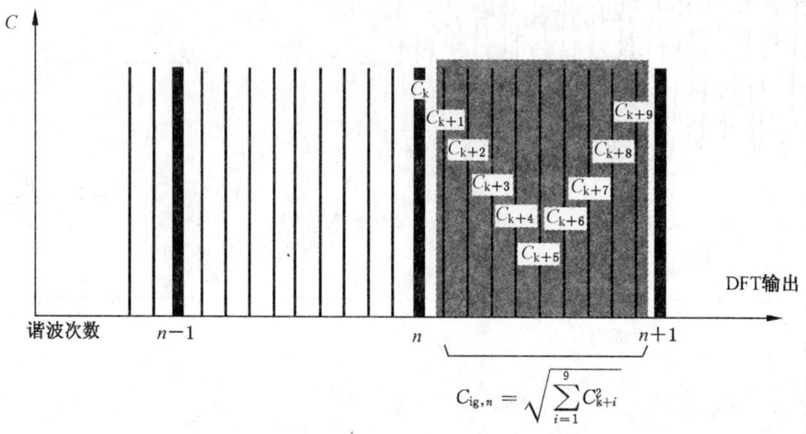

图 8-10　间谐波集方均根值示意图(50 Hz 系统)

间谐波子集方均根值(r. m. s. value of an interharmonic subgroup):n 次间谐波子集 $G_{isg,n}$ 由第 n 次谐波与 $n+1$ 次谐波之间的间谐波分量以下述定义形成(见图 8-11)。

$$C_{isg,n}=\sqrt{\sum_{i=2}^{8}C_{k+i}^2} \tag{8-9}$$

式中:$C_{isg,n}$——n 次间谐波子集方均根值;

$C_{k+2,3,4,5,6,7,8}$——第 n 次谐波频谱 C_k 与第 $n+1$ 次谐波频谱 C_{k+10} 之间不与其直接相邻的连续 7 个间谐波频谱分量。

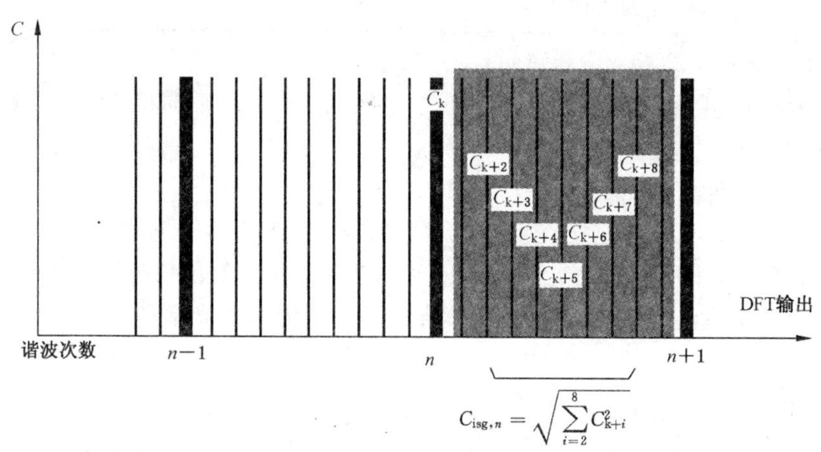

图 8-11　间谐波子集方均根值示意图(50 Hz 系统)

算例 1:$x=9.8\sqrt{2}\sin(2\pi\times 287t)+10\sqrt{2}\sin(2\pi\times 300t)+13.2\sqrt{2}\sin(2\pi\times 250t)$,其实际波形如图 8-12 所示。对此波形取 10 个工频周波进行 FFT 分析,则 $I_{5g}=\sqrt{\sum_{1}^{9}C_{k+i}^2}=9.534$,与实际 287 Hz 对应值 9.8 的误差仅为 2.7%。

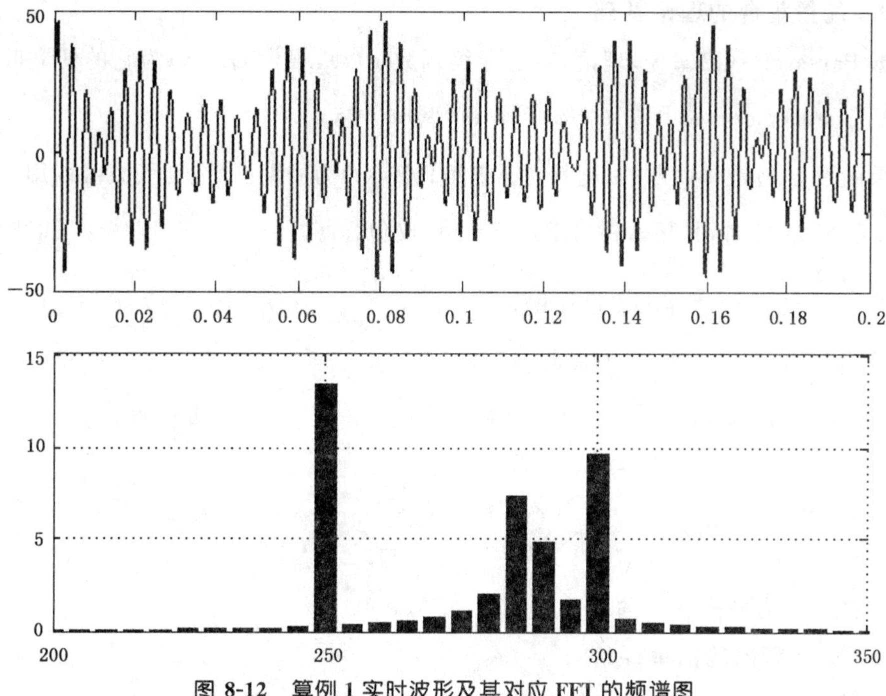

图 8-12 算例 1 实时波形及其对应 FFT 的频谱图

算例 2：$x=10\sqrt{2}(1+0.2\sin(2\pi\times5t))\sin(2\pi\times250t)+9.8\sqrt{2}\sin(2\pi\times287t)$，其实际波形如图 8-13 所示。对此波形取 10 个工频周波进行 FFT 分析，$I_{5g}=9.5368$，与实际 287 Hz 9.8 的误差：2.7%；$I_{5sg}=9.3414$，与实际 287 Hz 9.8 的误差：4.7%。

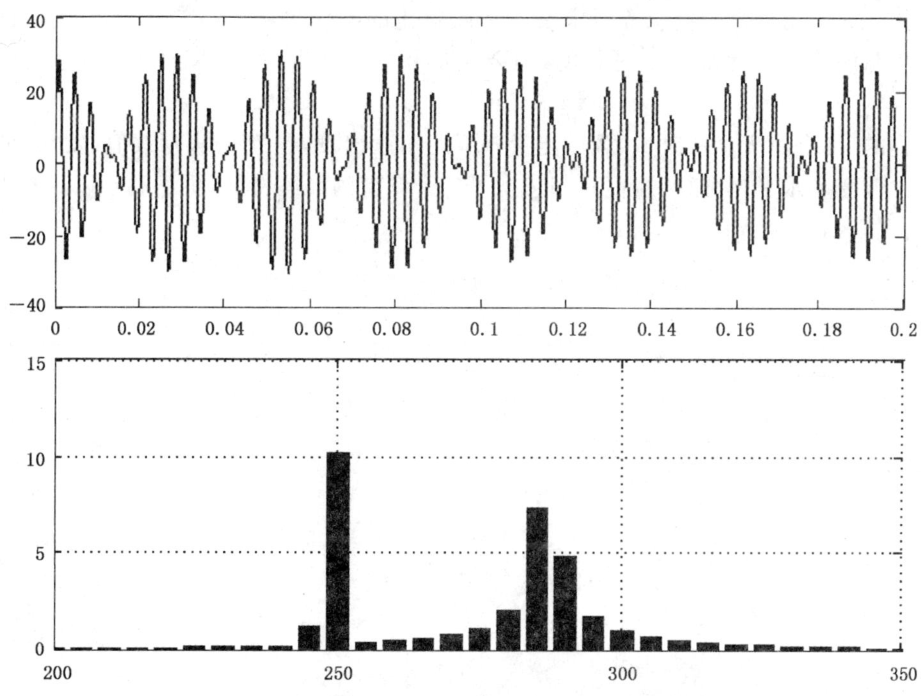

图 8-13 算例 2 实时波形及其对应 FFT 的频谱图

8.5.6.3 能量集合的理论基础

根据 Parseval's(巴塞夫)理论,对于连续函数 $g(t)$,假设 $G(jw)$为它的傅立叶变换函数,则:$\int_{-\infty}^{+\infty}|g(t)|^2\mathrm{d}t=\frac{1}{2\pi}\int_{-\infty}^{+\infty}|G(j\omega)|^2\mathrm{d}\omega$,这里,$\omega=2\pi f$。

如果函数 $g(t)$是非周期的,则其频谱连续;若 $g(t)$为周期函数,则函数可以用一个有限时间段 T_{W} 表示,此时,其频谱将为不连续频谱,仅包含 $f_{\mathrm{W}}=\frac{1}{T_{\mathrm{W}}}$频谱分量,该段时间内时域能量与其 FFT 变换后的频谱能量和相等,即:$\frac{1}{T_{\mathrm{W}}}\int_{-T_{\mathrm{W}}/2}^{T_{\mathrm{W}}/2}|g(t)|^2\mathrm{d}t=\sum_{k=-\infty}^{\infty}|G_k|^2$。

考虑到 FFT 变换的特点,上式可表示为:

$\frac{1}{T_{\mathrm{W}}}\int_{-T_{\mathrm{W}}/2}^{T_{\mathrm{W}}/2}|g(t)|^2\mathrm{d}t=G_0{}^2+2\sum_{k=1}^{\infty}|G_k|^2=\sum_{0}^{\infty}|C_k|^2$。设 T_{W} 内采样点数为 N,则上式表示为:

$$\sqrt{\frac{1}{N}\sum_{i=1}^{N}g(t_i)^2}=\sqrt{\frac{1}{N}\sum_{k=0}^{N/2}|C_k|^2} \tag{8-10}$$

式中:$g(t_i)$为采样点 t_i 的函数值,$t_i=i\times T_{\mathrm{W}}/N$。

8.5.6.4 集合概念的简单评价

IEC 61000-4-7 指出,如果发射限值以不同于总畸变率(other than THD)的方式定义,则监测结果需按要求的定义方式给出。也就是说当采用集合的概念时,必须明确限值指标是以这种方式给出的。

实际上,电力系统公共连接点谐波、间谐波的监测是一个复杂的过程,将采样周期规定为 10 周波,或应用集合的概念等要求是一种简单化的操作手法,或许在 EMC 范畴针对固定的干扰源评价其干扰水平是可行的,但要是应用于电力系统公共连接点则存在广泛的争议。

特别的,集合的概念从时域、频域能量守恒的角度出发,也就是从有效值(发热)的角度评价总的畸变率水平是可行的,但是却忽视了各个频谱的具体特征,更不利于以诊断为目的的监测。

第 9 章 电能质量监测设备通用要求 (GB/T 19862—2005)

GB/T 19862—2005《电能质量监测设备通用要求》是我国电能质量领域第一个设备类国家标准，标志着我国电能质量产业化开始走向规范化发展的道路。

标准来源于实践，服务于实践。多年来，电能质量限值的研究在我国电能质量领域一直占据着重要位置，围绕限值方面的争论一直就没有停止过。但是，指标应如何去监测、监测设备应如何去规范、如何对指标限值进行合理控制、控制设备应具有什么样的性能等，都是在限值标准之后应及时进行研究、分析、规范的问题。只有这样，才能够使所制定的限值标准落到实处。

本章就 GB/T 19862—2005 的编制过程、主要参考文献、标准主要内容及其实施过程的反馈进行解释，以期读者把握标准的要领，更好地指导实际工作。

9.1 标准编制的简单说明

9.1.1 标准制定的原则

本标准的制定遵循以下原则：

① 有利于保证产品质量及新技术应用；

② 有益于促进贸易，减少成本；

③ 有利于增强标准使用者的选择性；

④ 保证在功能上、接口上的兼容与互换性；

⑤ 注意与现有标准、法规之间的协调，同时避免重复；

⑥ 注意标准的可操作性。

9.1.2 相关内容的取舍

标准涉及的主要电能质量指标有：电压偏差、频率偏差、三相不平衡度、谐波、电压波动闪变、电压暂降、电压暂升、电压短时中断。相关内容的取舍考虑如下。

1. 间谐波问题

本标准没有涉及间谐波问题，主要原因如下：

① 该标准制定时还没有相应的间谐波国家限值标准，因而测试的数据无法进行评估。

② 电力系统公共连接点 0～25 次谐波之间的间谐波应该分辨到什么程度，比较难以制定统一标准，应根据具体要测试的负荷类型具体分析解决。

③ 间谐波问题在国际范围内还是一个正在研究思考的问题。

④ 间谐波问题主要针对特定的非线性负荷，电力系统公共连接点一般不存在突出的间谐波问题。

如果具体的监测环境需要测量间谐波问题，可与设备制造厂单独协商解决。

2. 电压波动问题

在起草的初始阶段本标准未考虑电压波动监测内容，主要原因如下：

① 目前还未发现国际或其他国家标准中涉及 PCC 点电压波动监测和取值方法的具体要求与说明。

② 国标中电压波动限值是针对单一负荷制定的，因此公共连接点单一负荷引起的电压波动难于监测。

③ 国外电能质量监测设备中未见有电压波动的监测功能。

④ IEC 61000-3-7 指出，波动负荷应首先评估其闪变发射水平；当闪变水平不超标，电压变动成为问题的主要关心对象时，可对电压变动进行评估。

当然，从物理意义上讲电压波动与闪变又不完全是一回事，仅 0.05 Hz～35 Hz 的波动对闪变有直接贡献。考虑到《电能质量　电压波动和闪变》国家标准规定了电压变动的限值，本标准最终还是增加了电压波动的监测内容，但是电压波动监测的取值方法、误差测量方法等内容均未涉及。

3. 电压暂升、暂降、短时中断问题

本标准采用了电压暂升、暂降、短时中断的定义，而未采用暂时过电压与瞬态过电压的定义来反映暂态电能质量问题，主要原因如下：

① IEEE、IEC 标准均采用了电压暂升、暂降、短时中断的定义。

② 我国标准 GB/T 17626 等同采用 IEC 电磁兼容标准中试验和测量技术系列标准。

③ 电压暂升、暂降、短时中断的定义中描述的特征值是电压有效值，便于监测分析。

④ 暂时过电压与瞬态过电压描述的是一种过电压现象，一般是以峰值为特征量进行分析的，而且相当多的过电压现象无法通过电压互感器获取信号，因而无法实现此类现象的真实监测。

⑤ 对过电压现象进行监测，关键可能不在于监测设备，而在于信号取样设备，因此可待条件成熟后再来考虑。

电压暂升、暂降、短时中断属于暂态电能质量的主要内容，据文献报道，在目前电能质量投诉事件中，电压暂降的投诉占到 70%。目前我们国家虽还未有电压暂升、暂降、短时中断的相应标准，但由于这类电能质量问题可不涉及限值问题(不同的敏感负荷对同一事件的反应各不相同)，因而所需要的只是对该类电能质量问题的监测、评估。在 IEC、IEEE 标准中均有电压暂升、暂降、短时中断的监测方法、特征参数、评估方法的相应规定，因而是能够进行监测、评估与分析的。

9.2　IEC 61000-4-7 谐波测量设备的通用要求

可以说，制定电能质量监测设备通用要求标准规范在国际范围内还是首次，可参考的文献较少。鉴于 IEC 61000-4-7 涉及谐波监测设备的通用要求，也是本标准制定的主要参考文献之一，故在此作一重点介绍。

9.2.1　通用要求

1. 仪器适用范围

仪器适用下述场合的测量：

① 谐波发射限值；

② 间谐波发射限值；

③ 9 kHz 以内的频谱测量。

严格的说,这里所说的谐波被测信号只能是稳态信号。

2. 精度

分Ⅰ、Ⅱ两等级。对于接近限值的发射水平测试要求采用Ⅰ类精度设备。

3. 一般要求

① 这部分内容的规定是基于DFT(FFT是其快速算法)算法而言的。

② 测量设备可包含的环节如图9-1(根据应用场合可不一定要求包含所有环节),仪器主要包含下述几部分:包括抗混叠滤波的信号输入电路、采样保持及A/D转换模块、同步环节(或窗函数)、DFT(FFT)变换计算。

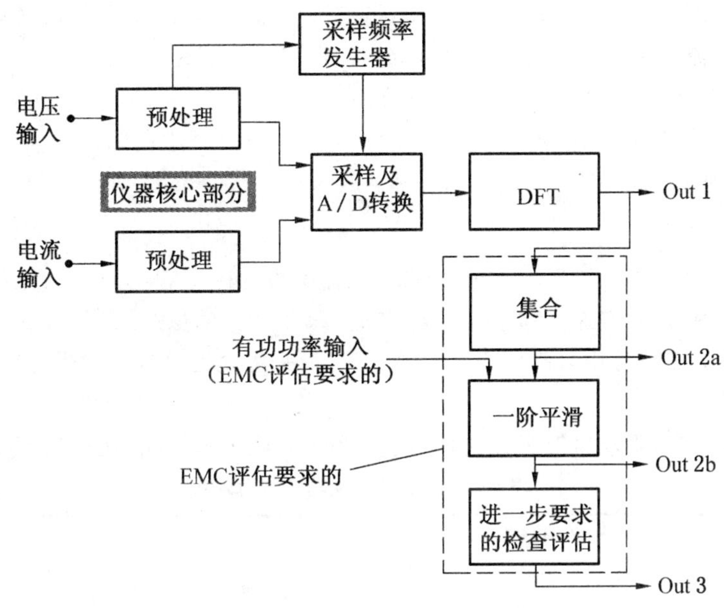

图 9-1 IEC 61000-4-7 给出的监测仪器结构

③ 采样窗宽度:矩形窗同步情况下10周波(50 Hz系统)或12周波(60 Hz系统)。

④ 窗函数:只有当失去同步情况下允许使用汉宁窗。

⑤ 同步的要求:50Hz系统,采样窗10周波必须完全同步;若10周波采样脉冲为M个,则第一个采样脉冲与第(M+1)个采样脉冲之间的时间间隔应等于10个周波的时间总和,误差不大于0.03%,即:6 ms。

⑥ 频率适应范围:锁相或其他同步的要求意味着:在额定频率±5%范围内,仪器应保证其应有的精度。

⑦ DFT结果的后期处理(可选择性):EMC测试评估所要求。

9.2.2 电流测量回路

① 信号回路功耗。

Ⅰ类设备:电压降不大于0.15 V;Ⅱ类设备:小于等于3 VA。

② 额定电流可在下述数值中选择(非唯一)。0.1 A;0.2 A;0.5 A;1 A;2 A;5 A;10 A;20 A;50 A;100 A。

③ 安全性。1.2倍额定电流连续;10倍额定电流持续1 s时间。

④ 峰值系数。$I_n=5$ A,$k\geqslant4$;$I_n=10$ A,$k\geqslant3.5$;$I_n>10$ A,$k\geqslant2.5$。

⑤ 应有过负荷指示。

⑥ 输入信号的直流分量。

输入信号的直流分量将导致电流传感器的误差,因此仪器应提出输入信号直流分量的最大含量限制,以满足其表明的谐波测量精度。

9.2.3 电压回路

① 波峰系数。一般情况下:应≥1.5;污染较重区域内应≥2。

② 过负荷指示:应有过负荷指示。

③ 安全要求。输入信号额定电压1.2倍范围内来连续,应保证其精度;施加4倍额定电压或1 kV交流电压的较小者,仪器应不致损坏。

④ 额定电压可在下述数值中选择(非唯一)。66 V,115 V,230 V,400 V,690 V。

⑤ 功耗。230 V额定电压时,功耗不大于0.5 VA;高灵敏度输入回路(小于50 V),则输入阻抗最小为10 kΩ/V。

9.2.4 精度要求

精度要求见表9-1。出于对精度的要求,仪器的设计应遵守:

① 采样定理;采样定理又称奈奎斯特定理,即在进行模拟/数字信号的转换过程中,当采样频率$f_{s.max}$大于信号中最高频率f_{max}的2倍时,采样之后的数字信号完整地保留了原始信号中的信息。

② 抗混叠滤波,要求通带区无失真,截至频率衰减到−3 dB。阻带区至少衰减50 dB。

表9-1 谐波测量仪器准确度等级

等级	被测量	条 件	允许误差
A	电压	$U_{ih}\geqslant1\%\ U_N$ $U_{ih}<1\%\ U_N$	$5\%\ U_{ih}$ $0.05\%\ U_N$
	电流	$I_{ih}\geqslant3\%\ I_N$ $I_{ih}<3\%\ I_N$	$5\%\ I_{ih}$ $0.15\%\ I_N$
B	电压	$U_{ih}\geqslant3\%\ U_N$ $U_{ih}<3\%\ U_N$	$5\%\ U_{ih}$ $0.15\%\ U_N$
	电流	$I_{ih}\geqslant10\%\ I_N$ $I_{ih}<10\%\ I_N$	$5\%I_{ih}$ $0.5\%\ I_N$

注:表中U_N为标称电压,I_N为标称电流,U_{ih}为间谐波电压,I_{ih}为间谐波电流。

9.2.5 其他

设备应明确仪器使用的气候及电气环境条件,并说明环境条件改变引起的误差。主要环境条件应包括:温度、湿度、电源、共模干扰、电池、辐射电磁场。

9.3 标准的范围

标准指出,“本标准规定了电能质量监测设备的通用要求”,因此,标准主要从功能、性能、安全、准确度、型式试验等几个方面对产品进行了规定。也就是说,只要监测设备从功能、性能、安全、准确度、型式试验方面满足了要求，无论采用什么监测方法、监测思路、技术路线等均是可行的。

标准指出，“本标准适用于户内使用的、对交流电力系统及其设备进行电能质量监视测量的下述设备”，因此对于户外使用的监测设备的特殊要求标准并未涉及，同时应用于直流系统中电能质量监测(例如谐波等)的设备标准也未涉及。

9.4　分类及构成

一般来说，广义的电能质量监测系统的全部功能框图与组成如图 9-2 所示。

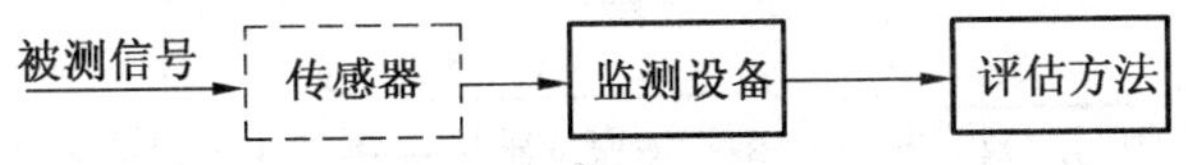

图 9-2　监测设备的构成示意图

分析图 9-2 可见，对于某一电能质量现象，要从其监测数据获取其实际物理现象的正确评价结论，不仅决定于单纯意义上的监测设备，也应该关心与规范所采用传感器的性能、所应用的评估方法等。

本标准内容仅涉及图 9-2 的中间环节，即监测设备部分。尽管如此，对于设备的分类、构成等内容仍是在图 9-2 的基础上进行的。

9.4.1　分类

标准指出，按信号的接入方式分，监测设备可分为“直接接入式”与“间接接入式”。直接接入式与间接接入式主要区别在于是否应用了外部传感器，这里的传感器指电压互感器、电流互感器。一般来说，380 V 及其以下等级的电压信号可不采用电压传感器，高于 380 V 等级的电压、电流信号一般均需要借助于外部电压、电流传感器。这一分类的目的在于强调电压、电流传感器性能对监测参数的影响。一般来说，电压、电流互感器应主要考虑其频率特性及响应特性对监测数据的影响，其中幅频特性、相频特性是考虑问题的重点。

与监测设备利害相关的另外一个因素在于监测设备的使用方式，标准指出：按使用方式分，监测设备分为“便携式”与“固定式”。一般来说，便携设备应便于携带与移动、便于接线与拆线、与人身相关的安全要求更高。另外便携设备由于其频繁移动、装箱拆箱，其设备结构、材料、元件等应要求更高。虽然标准未涉及这些内容，但是以此要点进行分类隐含了选购时所应该进一步关注的因素。这便是以“便携式”与“固定式”分类的初衷。

另外，固定式的名称最初为“在线式”，希望强调其长期、在线工作运行的性能要求，例如结构、散热、功耗、器件运行的长期性指标等。由于存在异议，最后还是采用“固定式”的名称，但是其所包含的特殊要求应该明白。

当然，还可按其他因素进行分类，例如电压等级、数字式或模拟式、多功能或单功能等，但和本标准关系不大。

9.4.2　构成

设备构成在充分考虑图 9-2 各环节的基础上，主要从功能上进行描述，着重考虑后两个功能环节。

标准指出：“便携式监测设备可根据需要，由自身完成全部功能；也可配套后台分析软件，完成诸如分析、存取、打印等功能”。可见标准主要强调了便携式灵活的组织结构特色，即在满足性能、功能的基础上,可灵活组织其结构,充分发挥其便携的特点。

固定式主要从系统的角度,强调了其系统结构,“一般由在线监测设备(单元)、通信系统、后台系统组成”。如图 9-3 属于其典型的结构原理图,各部分功能描述如下:

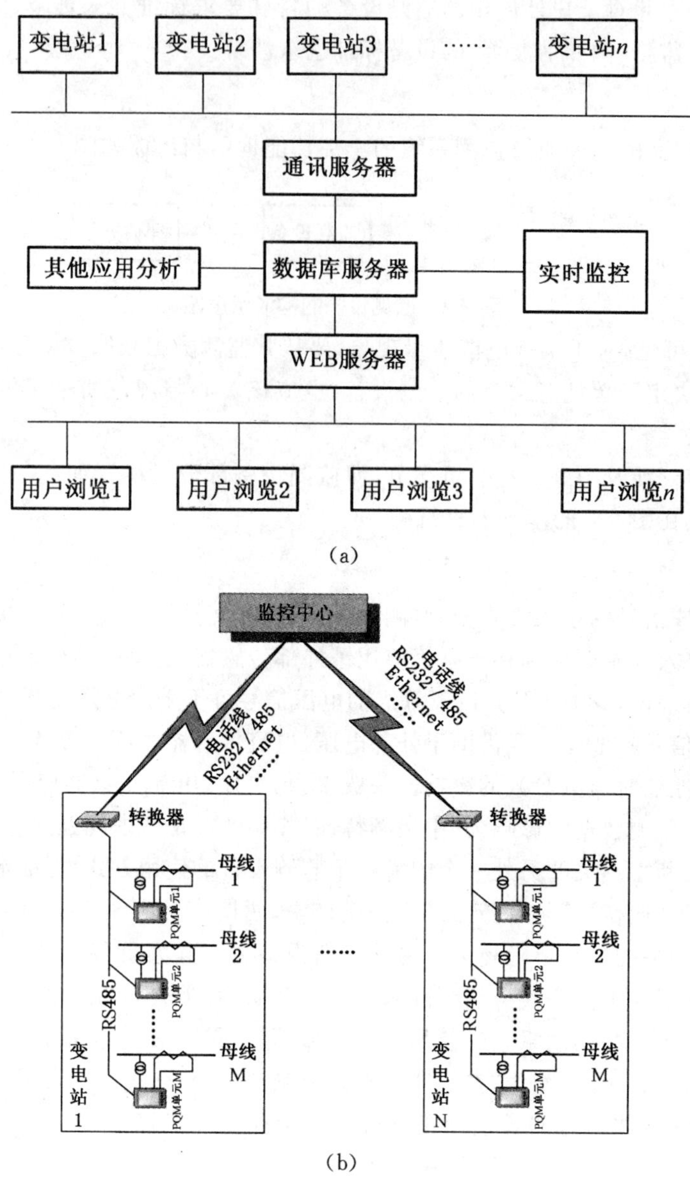

图 9-3　电能质量监测系统结构原理示意图

1. 面向对象的单元化结构

监控产品的发展经历了两个过程,一是早期的集中监控方式;二是发展到目前的面向对象的单元化监控模式。集中模式主要缺点在于不能灵活地实现监控思路,安装调试特别是扩展麻烦,器件之间公用元件较多,一个元件的损坏可能造成整个系统的瘫痪,故障难以查找,各路信号之间干扰较大,抗干扰能力较差。因此从技术经济角度考虑采用面向对象的单元化模式较好。

根据面向对象的设计思路,参考变电站综合自动化保护单元、RTU 单元的结构模式,除了在硬件设计方面考虑设备运行的安全、可靠、无故障要求之外,还应该考虑各监控对象的装置之间互相不产生影响,同时,产品必须考虑尽可能地将事故限定在最小范围,不影响其余监控点的工作。

2. 通信服务器

负责处理监控中心与监控单元的全部通信工作。通信服务程序可采用多线程机制,可以同时与多个变电站通信,将来自不同监控单元的数据进行处理后存入数据库。另外,通信服务程序还接收来自管理工作站的命令或定时检测数据库中相关配置信息,形成控制命令并将其下发给具体的变电站监控单元。对于监测单元特别多的系统,还可以配置多台通信服务器,每台负责一部分变电站监控单元的通信任务,确保监控系统的快速运行。

3. 数据库服务器

数据库服务器主要用于存储和管理整个系统的配置信息和监控数据。通信服务器、管理工作站、WEB 服务器等都直接和数据库交互来实现各自的功能。数据库服务器的硬件平台依据系统规模和投资规模的不同配备不同规模和配置的服务器。如系统要求特别高的可以配置成主备用系统或采用 cluster 集群技术,确保监控系统的安全运行。

4. WEB 服务器

向用户提供数据查询、分析等 WEB 服务,可通过多种方式接入电力 MIS 系统,MIS 网内的用户只需使用 IE 浏览器,以合法用户身份登录后,便可在授权范围内查询系统的线路信息,对供电线路的电能质量监控数据进行查询、分析和统计。主要功能包括:记录查询、图形分析、报表分析、暂态事件分析等。

5. 管理工作站

监控中心的管理操作平台,运行管理分析软件,负责整个系统配置数据的维护管理和监控数据的管理、统计和分析等;对下一级监控中心的数据进行汇总和报表统计并可实现下一级监控中心的全部功能。

9.5 技术要求

9.5.1 基本功能要求

9.5.1.1 监测功能

标准将监测设备的功能分为“基本功能”和“可选功能”,见表 9-2。

表 9-2 监测功能一览表

序号	项　目	基本功能	可选功能
1	电压偏差	√	
2	频率偏差	√	
3	三相不平衡度、负序电流	√	
4	谐波	√	
5	闪变	√	
6	电压波动		√
7	电压暂降、暂升、短时中断		√

注:具有表 9-2 中单项或几项监测功能的监测设备也均按照本标准执行。

9.5.1.2　显示功能

标准规定:"监测设备一般应具有对被监测相关电能质量参数的实时数据显示功能"。便携设备要求具有显示功能不难理解,为什么固定式也要求有显示功能呢?

首先出于安装调试的方便。一般监测单元大都距离监控中心较远,安装时三相相序的接错、电流进出线的接反是经常发生的事情,有了当地显示功能,这样的错误在安装时极易检查更改。

其二在于型式试验的方便,不借助其他外部设备,仅接入相关信号即可确定其是否具有相应的监测功能,直观,简便。

其三在于多数用户站分散安装,不具备组网条件,此时的显示要求成为基本功能的组成部分。

9.5.1.3　通讯接口、权限管理功能、设置功能

关于监测设备的通讯接口、权限管理、设置要求均是变电站固定安装的监测类设备的基本要求,因而标准给出了下述相关要求:

"在线监测设备应根据实际应用环境的通讯要求,至少具备一种标准通讯接口,实现监测数据的实时传输或定时提取,例如RS485/232、以太网接口等。

监测设备宜具有权限管理功能。只有具有授权权限的操作人员方可对监测设备进行相应的参数设置与更改。

监测设备应具有对诸如其时钟、系统基本数据的重新设置、更改、删除功能。"

9.5.1.4　统计功能

标准要求"监测设备应具有相应国家标准要求的统计功能"。这里的统计功能主要指$x\%$概率大值的统计功能;同时,一般要求具备最大值、最小值、平均值的统计功能,以备各类场合使用。

实际上,监测设备的当地物理单元可不具备此功能,根据监测设备的构成定义,该部分功能可放置到后台进行处理。

9.5.1.5　记录存储功能

对记录取值方法的规定,是实现监测设备规范化的基本要求,只有这样,才能够做到对于同一物理现象,当采用不同厂家监测产品监测时获取相同的监测结果。

记录取值方法的规定应充分考虑已有的国家限值标准中的相关要求,同时考虑监测设备的存储容量等因素。标准规定:

① 电压偏差、频率偏差、三相不平衡度、谐波监测的一个基本记录周期为3 s,其时间标签为该3 s结束的时刻。

② 固定式当地监测设备记录保存的时间间隔为3 min,取该时间段的最大值连同该时间段结束的时刻构成一条完整的存储记录;具有实时数据上传功能的固定式监测设备在实时监测状态下记录上传时间间隔为3 s。

③ 便携式当地监测设备记录保存的时间间隔为3 s。

④ 短时闪变的一个记录周期为10 min,长时闪变为2 h。

⑤ 监测设备的存储记录应至少保存15 d,之后可按先进先出的原则更新。

下面就上述规定涉及的相关问题进行简要分析。

1. IEC 标准描述的记录的时间间隔及其取值方法

IEC 61000-4-30 指出，一个记录时间间隔有 3 种情况存在，即 3 s、10 min、2 h，除频率、闪变之外的记录形成均采用方均根的方法取得。其取值方法如下：

① 关于 3 s 记录：对于 50 Hz 系统，每 10 周波获取一组谐波数值，共 15 个这样的数值采用方均根的办法形成一个有效记录。实际上，这一时间间隔是以周波进行控制的，基本等于 3 s。

② 关于 10 min 记录：10 min 记录是要求附带时间标签的，也是由周波数值方均根得到的。当然这样必然产生周波数据间隔与 10 min 间隔的不同步问题。

③ 关于 2 h 记录：2 h 记录的时间间隔由 12 个 10 min 组成，也就是由 12 个 10 min 记录方均根形成。

2. IEC 标准描述的评估周期及其基本统计方法

IEC 61000-4-30 规定的各类电能质量数据的最小评估周期、基本记录时间间隔、统计方法见表 9-3 所示。

表 9-3 IEC 标准描述的电能质量数据的最小评估周期、基本记录时间间隔、统计方法

参数	最小评估周期	记录间隔	统计方法
频率偏差	至少一周	10 s	统计周期内： ① 超出限值的累计记录数量或百分数 ② 连续超出限值的记录数量 ③ 最严重的记录 ④ 95%概率大值 ⑤ 偏离限值的累计时间段
电压偏差	至少一周	10 min	① 超出限值的累计记录数量或百分数 ② 连续超出限值的记录数量 ③ 最严重的记录 ④ 95%概率大值
闪变	至少一周	10 min(P_{st}) 2 h(P_{lt})	① 超出限值的累计记录数量或百分数 ② 对于 P_{st}：99%概率大值 对于 P_{lt}：95%概率大值
电压不平衡度	至少一周	10 min/2 h	① 超出限值的累计记录数量或百分数 ② 最严重的记录 ③ 95%概率大值
谐波电压	至少一周	10 min/3 s	① 超出限值的累计记录数量或百分数 ② 最严重的记录 ③ 95%概率大值
电压骤降/骤升	至少一年	—	—
短时电压中断	至少一年	—	—

3. 我国限值标准中涉及的取值方法及其相关监测内容

本标准编制过程中要求与我国现有限值标准的基本思想保持一致,因此,下述限值标准中所涉及的监测方面的内容必须认真考虑。

(1) 谐波限值标准中相关测量内容

谐波限值国家标准规定,谐波电压(或电流)测量应选择在:

① 电网正常供电时可能出现的最小运行方式下,且谐波源工作周期中产生的谐波量最大的时间段内进行。

② 当测量点附近安装有电容器时,应在电容器组的各种运行方式下进行测量。

(2) 三相不平衡度限值标准中相关测量内容

三相不平衡度限值国家标准规定,三相不平衡度的测量应在电力系统正常运行的最小方式下负荷所引起的电压不平衡度为最大的生产(运行)周期进行。

(3) 闪变限值标准中相关测量内容

闪变限值国家标准规定,闪变的测量应在下述条件下进行:

① 电力系统正常运行的较小方式下,波动负荷变化最大的工作周期内。

② 三相负荷不平衡时应在三相测量值中取最严重的一相值。

可见,我国限值国家标准中对于电能质量各指标的测量要求取其最严重的情况,这一原则精神属于本标准所必须遵守的,即基于极大值的思想处理测量数据。

4. 本标准规定记录存储要求的思路

基于上述分析对比,考虑到实际测量的需要,国标对于记录、记录周期及其取值采取了下述思路。

(1) 记录

记录分为基本记录与存储记录两种(闪变除外)。

对于谐波、三相不平衡度、电压偏差,首先,一个完整的采样周期内获取的测量值为一个观测值;其次在一个基本记录周期内对诸多观测值方均根后形成一个基本记录。对于频率偏差,在一个基本记录周期内形成一个基本记录。最后,在一个存储记录周期内由基本记录形成存储记录。

(2) 记录周期及保存记录的取值方法

规定:一个基本记录周期为 3 s。主要在于考虑了谐波、三相不平衡度的限值国标中相关测量内容;电压偏差、频率偏差限值国标中既然没有相关要求,按 3 s 实施以便于测量取值的规范统一。

存储记录周期取值 3 min。主要有几方面考虑:一是当地记录保存周期若取 3 s,则数据量过于庞大,不便于实际操作,也没有这样的必要;其二记录保存周期可取为 5 min、10 min,若取值方式以方均根值方法形成尚且可以,但这种处理又不符合我国限值国家标准中关于测量取值的“最大值”要求;若取值方法按“最大”的取值原则进行,5 min、10 min 的时间间隔又显得偏大,特别在我国相关电能质量限值国家标准中所涉及的测量时间段均较短的情况下,数据样本偏少,容易以偏概全,很难发现数理统计的规律,获取不到较可靠的评估结论。

权衡之后,考虑按“最大”的取值方法,以 3 min 作为记录保存的时间周期。即取 3 min

内 60 个基本记录(3 s 记录)的最大值作为一个存储记录。

实际上,本标准的相关记录取值方法及其记录周期规定,是在考虑了 IEC 相关标准、我国相关电能质量限值标准的基础上,从电力系统公共连接点电能质量评估的角度出发综合考虑的结果。

9.5.2 准确度要求

准确度的规定是在记录周期及取值方法规范化的基础上进行的。其计算公式见表 9-4,引用了相关限值标准中准确度的定义。

表 9-4 准确度计算公式

项 目	准确度计算公式	说 明
电压偏差/%	$\left\|\frac{u-u_N}{u_N}\right\|\times100\%$	u:实际测试值(kV) u_N:给定值(kV)
频率偏差/Hz	$\|f-f_N\|$	f:实际测试值(Hz) f_N:给定值(Hz)
三相电压不平衡度/%	$\|\varepsilon_u-\varepsilon_{uN}\|$	ε_u:实际测试值(%) ε_{uN}:给定值(%)
三相电流不平衡度/%	$\|\varepsilon_i-\varepsilon_{iN}\|$	ε_i:实际测试值(%) ε_{iN}:给定值(%)
谐波/%	$\left\|\frac{u(i)_h-u(i)_{hN}}{u(i)_N}\right\|\times100\%$	$u(i)_h$:第 h 次谐波电压(电流)实际测试值 $u(i)_{hN}$:第 h 次谐波电压(电流)给定值 $u(i)_N$:系统标称电压(电流)
闪变/%	$\left\|\frac{P_{st}-P_{stN}}{P_{stN}}\right\|\times100\%$	P_{st}:短时闪变测试值 P_{stN}:短时闪变给定值
电压波动/%	$\left\|\frac{\delta_u-\delta_{uN}}{\delta_{uN}}\right\|\times100\%$	δ_u:测试值 δ_{uN}:给定值

监测设备各相应指标的准确度应满足下述要求:

① 电压偏差:0.5%;

② 频率偏差:0.01 Hz;

③ 三相电压不平衡度:0.2%;

④ 三相电流不平衡度:1%;

⑤ 谐波:按 GB/T 14549—1993 规定分为 A 级、B 级,具体规定同表 9-1;

⑥ 闪变:5%;

⑦ 电压波动:5%。

准确度的具体规定主要参考了我国电能质量限值标准中相关内容要求及 IEC 标准相关内容。对比如表 9-5 所示。

表 9-5　准确度指标对照表

项　　目	国家限值标准涉及的准确度指标规定	本标准规定的准确度指标	IEC 标准涉及的准确度指标规定
电压偏差/%	未规定	0.5%	±0.1%(A类) ±0.5%(B类)
频率偏差/Hz	绝对误差:0.01 Hz	0.01 Hz	±0.01 Hz
三相电压不平衡度/%	绝对误差:0.2%	0.2%	±0.15%
三相电流不平衡度/%	绝对误差:1%	1%	无规定
谐波/%	如表 9-1	如表 9-1	如表 9-1
闪变/%	未规定	5%	±5%
电压波动/%	未规定	5%	未规定

电压波动准确度 5%的规定虽然无参考依据，但是考虑到同频度的电压波动幅度与其所引起的短时闪变成正比这一规律，参照闪变的准确度给予了规定。

9.5.3　电气性能要求

电气性能主要从设备的电源干扰、信号范围、功耗等几个方面进行了规定。

1. 监测设备电源电压及允许偏差

电源要求主要在考虑了 GB/T 14549—1993 附录 D5.4 规定的内容，即“仪器应保证其电源在标称电压±15%，频率在 49 Hz～51 Hz 范围内电压总谐波畸变率不超过 8%条件下能正常工作”。考虑到开关电源的普及及城市供电重负荷情况下供电电压的实际情况，将电压变化范围从±15%提高到±20%。

另外，考虑到我国实际情况，规定可取用的电源电压一般为交流 220 V、100 V，直流 220 V、100 V。

电源回路的要求对于监测设备而言至关重要。在上述要求规定的范围内，装置的功能、性能、测量精度应充分保证。

2. 信号输入范围

实际上，作为装置的信号，无非是电压、电流；但是电压电流信号中所包含的要监测的变量信号范围也是影响装置性能，特别是影响监测精度的一个重要因素。

依据 IEC 61000-4-30，被监测信号的量程范围如表 9-6 所示，在该表所示的范围内，监测设备的功能、性能、精度应充分保证。

表 9-6　IEC 61000-4-30 描述的信号量程范围

参数	A 类范围	B 类范围
频率/Hz	42.5～57.5	42.5～57.5
电压(稳态)	0%～200% U_N	0%～150% U_N (U_N:系统标称电压折合到 PT 二次的值)
闪变/P_{st}	0～20	—

续表 9-6

参数	A类范围	B类范围
不平衡度	0%～5%	0%～5%
谐波电压总畸变率	2倍的 IEC 61000-2-4 规定值	2倍的 IEC 61000-2-4 规定值
间谐波	2倍的 IEC 61000-2-4 规定值	2倍的 IEC 61000-2-4 规定值

基于上述思想，结合我国实际情况，被测信号的量程范围一般应如表 9-7 所示。

表 9-7 国内监测设备应遵循的信号量程范围

参　数	范　围
频率/Hz	42.5～57.5
电压(稳态)	$0\sim\sqrt{3}U_N$
闪变/P_{st}	0～20
不平衡度	0%～5%
谐波电压总畸变率	2倍的 GB/T 14549—1993 规定的 0.38 kV 限值

3. 电压信号输入回路

一般来说，0.38 kV 以上电压等级的电压信号监测需要借助外部电压传感器进行；0.38 kV 及以下电压等级的电压回路可直接接入监测设备。因此电压回路可能的额定信号为：$100\ V/\sqrt{3}$ V(PT 二次测相电压)、100 V(PT 二次测线电压)、220 V(380 V 系统相电压)、380 V(380 V 系统线电压)。其过载能力$\sqrt{3}$倍既考虑了表 9-7 的信息，同时考虑到工频相电压的最大升值为$\sqrt{3}$倍。

考虑到谐波电压的量程范围及 IEC 61000-4-7 关于波峰因数的规定，同时结合我国电网谐波水平的现状，本标准规定电压信号监测的波峰因数为不小于 2。因该说，1.5 的波峰因数能够满足太多数监测情况的需求，但是由于谐波电压不仅受谐波电流的影响，很大程度上与系统接地方式、并补装置配置、电压互感器频率特性及其零序回路阻抗改变等因素有关，因此波峰系数取不小于 2 是必须的。考虑到实际监测现场的特殊情况，更严格的要求可通过用户与制造厂家协商确定。

另外波峰因数及表 9-7 的规定，还有助于规范电能质量参数特别是谐波监测准确度的实验室测量，避免了无限制的谐波加载。

4. 电流信号输入回路

本标准未对电流钳的接入及其回路要求进行规定。

一般经过电流互感器回路的二次侧电流信号为 5 A、1 A，其他情况下电流回路的监测需要电流钳进行信号转换。电流钳需要有良好的频率特性(不亚于电磁式电流互感器的频率特性)，电流钳的参数选择应结合各电能质量设备制造企业电流回路设计的具体要求，在满足本标准其他要求的情况下自行选择。

16 A 及以下电气设备谐波电流发射水平的测试表明，很多此类设备谐波电流发射水平远远高于基波电流，波形畸变非常严重，表 9-8 给出了某些品牌电视机的谐波电流发射水平。可见，电流回路波峰系数的规定应充分考虑实际的畸变水平。

表 9-8 某些品牌电视机的谐波电流发射水平

电视机型号	额定功率/W	基波电流有效值/A	各次谐波电流分量有效值/A					
			3	5	7	9	11	13
长虹 2919PV	215	0.605	0.545	0.447	0.318	0.192	0.081	0.018
康佳 T2988	190	0.527	0.459	0.363	0.243	0.130	0.035	0.024
嘉华 K929A	180	0.512	0.428	0.305	0.162	0.049	0.030	0.052
索尼 F29MF1	169	0.433	0.389	0.317	0.227	0.142	0.068	0.022
菲利普 29B9PV	115	0.457	0.395	0.313	0.210	0.117	0.039	0.021
熊猫 2918	135	0.636	0.573	0.472	0.345	0.219	0.0103	0.016

标准规定：电流回路的过载能力为1.2倍标称电流下连续运行，2倍标称电流下持续运行1s；波峰系数规定为不小于3。这些规定是在充分考虑了IEC 61000-4-7相关要求的基础上，结合我国电网的实际情况给予确定的。

同样，在谐波电流准确度测量确定时，所加载的谐波电流量也应该受波峰因数的限值。

5. 功率消耗

功率消耗主要考虑两个方面：装置的电源消耗及信号回路的消耗。

一般情况下，对于装置的电源消耗不作规定，但是对于从PT二次回路取电的监测装置，考虑到PT的二次负载特性，规定其有功功率不大于5 W；待实际接入时，应根据PT的二次容量限制情况，在不影响其测量精度的情况下接入PT二次回路。

信号回路的功耗在充分考虑到IEC 61000-4-7相关内容的基础上，考虑到当前低功耗电子器件的实际应用情况，以尽可能减少信号回路功耗为原则，确定信号回路在标称输入电压电流参数下，回路(通道)消耗的视在功率应不大于0.75 VA/回路(通道)，可见该规定较IEC 61000-4-7要稍严格一些。

9.5.4 气候环境、安全性能、电磁兼容性(EMC)

本部分内容参考了IEC 61000-4-15、DL/T 614—1997、DL/T 743—2001的相关内容。属于电工电子类产品基本的要求，在此不再赘述。

9.6 准确度测试方法

电能质量监测设备的准确度测量方法一直是用户及制造商关注的焦点。在满足设备安全稳定运行、规范取值方法的基础上，只有采取科学合理的准确度监测方式，才能够对设备所采用的监测方法及其采用的先进技术进行全面的评定。

一般来说，准确度测试采用的方法有两种：标准源法和比对法。所谓标准源法即用标准源所发出的标准信号与待测设备的监测结果对比，以判断计算其准确度等级；比对法则是先

确定某一监测设备为基准设备，然后以相同的信号，将待检设备所监测的数据与基准设备监测的数据进行对比以确定待定设备的准确度。本标准给出了标准源应满足的基本条件，虽然没有提及比对法，但也没有明确排除。

通常，任意一个误差均可分解为系统误差和随机误差的代数和。所谓系统误差即由于测量工具(或测量仪器)本身固有误差、测量原理或测量方法本身理论的缺陷、实验操作及实验人员本身心理生理条件的制约而带来的测量误差称为系统误差。系统误差的特点是在相同测量条件下、重复测量所得测量结果总是偏大或偏小，且误差数值一定或按一定规律变化。减小系统误差的方法通常是改变测量工具或测量方法，还可以对测量结果考虑进行修正。随机误差又叫偶然误差，即使在完全消除系统误差这种理想情况下，多次重复测量同一测量对象，仍会由于各种偶然的、无法预测的不确定因素干扰而产生测量误差，称为随机误差。随机误差的特点是对同一测量对象多次重复测量，所得测量结果的误差呈现无规则涨落，既可能为正(测量结果偏大)，也可能为负(测量结果偏小)，且误差绝对值起伏无规则。但误差的分布服从统计规律，表现出以下三个特点：单峰性，即误差小的多于误差大的；对称性，即正误差与负误差概率相等；有界性，即误差很大的概率几乎为零。从随机误差分布规律可知，增加测量次数，并按统计理论对测量结果进行处理可以减小随机误差。

本标准给出了标准源的误差等级及相关参量准确度的测定方法，但是没有涉及误差测量的重复次数。实际进行时，可先对设备进行基波参量及额定频率的校准，再依次进行准确度确定。

9.6.1 标准源要求

标准指出：标准源的误差应高于待确定设备所要定级的两个等级。两个等级的要求虽然具体，理解上却有点含糊。什么叫高两个等级？一个等级是多少？

对于仪表来说，精度=(绝对误差的最大值/仪表量程)×100%，该计算式取绝对值，并去掉%号就是我们看到的仪表精度等级了。仪表精度等级是根据国家规定的允许误差划分的。我国过程检测控制仪表的精度等级有 0.005、0.02、0.1、0.35、0.5、1.0、1.5、2.5、4 等，一般工业用表为 0.5～4 级，精度数字越小，说明仪表精确度越高，精度等级就越大。

当初起草标准征求意见稿的本意是，从数值上来说，源的准确度小于等于待测设备所要求确定的准确度的一半；标准最终审查确定为“高于两个等级”。笔者认为实际执行过程中若“高于两个等级”的要求不好掌握，可按当初的本意执行。

9.6.2 电能质量参数的准确度测试方法

1. IEC、IEEE 标准规定的的准确度测试方法

IEC 61000-4-30 对其所定义的 A 类设备，对应各类监测参数，规定了下述准确度评定方法：

第一步：选择一种参数待评定(例如电压偏差)；

第二步：除该参数之外的其他参数设定为表 9-9 状态 1 所规定的参数，对于待评定的参数，将表 9-6 所规定的量程范围分为 5 等分，针对每一个设定值进行测量，判断其误差是否满足表 9-5 的要求；例如：对于电压偏差，A 类设备的有效值变化范围为 0～200%U_N，则五个可选数值为：0%U_N、50%U_N、100%U_N、150%U_N、200%U_N，这样可以覆盖整个量程范围，其误差均在要求的范围之内。

第三步:除该参数之外的其他参数设定为表 9-9 状态 2 所规定的参数,重复上述试验。

第四步:除该参数之外的其他参数设定为表 9-9 状态 3 所规定的参数,重复上述试验。

表 9-9　IEC 电能质量监测设备准确度评定参数设置表

参　数	状态 1	状态 2	状态 3
频率	$f_N \pm 0.5$ Hz	$f_N - 1$ Hz ± 0.5 Hz	$f_N + 1$ Hz ± 0.5 Hz
电压幅值(偏差)	$U_N \pm 1\%$	由该状态的其他参数设定值综合确定。(闪变、不平衡度、谐波、间谐波)	由该状态的其他参数设定值综合确定。(闪变、不平衡度、谐波、间谐波)
闪变	$P_{st} < 0.1$	$P_{st} = 1 \pm 0.1$ 矩形调制 频度为 39(min^{-1})	$P_{st} = 4 \pm 0.1$ 矩形调制 频度为 110(min^{-1})
不平衡度	0%～0.5%	A 相:0.73%±0.5% U_N B 相:0.80%±0.5% U_N C 相:0.87%±0.5% U_N 120°相角差	A 相:1.52%±0.5% U_N B 相:1.40%±0.5% U_N C 相:1.28%±0.5% U_N 120°相角差
谐波电压	0～3%U_N	3 次谐波:10%±3% U_N, 0° 5 次谐波:5%±3% U_N,0° 29 次谐波:5%±3% U_N,0°	7 次谐波:10%±3% U_N,180° 13 次谐波:5%±3% U_N,0° 25 次谐波:5%±3% U_N,0°
间谐波电压	0～0.5%U_N	7.5f_N,1%±0.5% U_N	3.5f_N,1%±0.5% U_N

IEEE P1159.1 采用与 IEC 61000-4-30 类似的方法,只是参数设置表稍有差别,如表 9-10 所示。

表 9-10　IEEE 电能质量监测设备准确度评定参数设置表

参数	状态 1	状态 2	状态 3
频率	50 Hz	49 Hz	51 Hz
电压幅值(偏差)	U_N	由该状态的其他参数设定值综合确定。(闪变、不平衡度、谐波、间谐波)	由该状态的其他参数设定值综合确定。(闪变、不平衡度、谐波、间谐波)
闪变	—	$P_{st} = 1$ 矩形调制 频度为 2.275 Hz	$P_{st} = 4$ 矩形调制 频度为 8.8 Hz
不平衡度	—	A 相:0.73 U_N B 相:0.80% U_N C 相:0.87 U_N 120°相角差	A 相:1.52 U_N B 相:1.40 U_N C 相:1.28 U_N 120°相角差
谐波电压	—	3 次谐波:10% U_N,0° 5 次谐波:5% U_N,0° 29 次谐波:5% U_N,0°	7 次谐波:10% U_N,180° 13 次谐波:5% U_N,0° 25 次谐波:5% U_N,0°
间谐波电压	—	7.5f_N,1%U_N	1.8f_N,1% U_N

上述准确度试验，其最大优点在于对应每一种待确定参数，可以判断其他参数的变化是否对其测量精度产生影响。

2. 本标准规定的准确度测试方法分析

本标准在制定过程中，参考了IEC、IEEE的准确度试验方法。但是对于每一种参量，在规定其试验方法及其取值的时候，没有规定其他变量的参数设定，这是标准比较模糊的处理手段。主要考虑到当时条件下干扰发生源大多为单一功能，此时若详细规定其他干扰的取值，实际操作过程可能比较困难。

当然对于每一种变量，在规定其试验方法及其取值的时候，同时规定其他变量的参数设定是比较科学的方法，主要优点在于能够观察其他变量的变化对该变量的监测是否会产生影响，同时便于判断诸如采样率、抗混叠电路、锁相电路、监测方法的合理与否。例如三相不平衡度测试中谐波的影响较大，此时若不滤除谐波可能得到错误的结果等。

另外，本标准在考虑准确度测试取值及其方法的过程中，充分考虑了我国限值标准的取值，注重了技术性与经济性(产品成本)的综合考虑。也就是说，测试中取值的范围涵盖了系统中可能出现的大多数情况，例如频率变化考虑49 Hz～51 Hz范围，系统稳态运行情况下，超出此范围的情况很少出现；电压偏差一般范围不超过±20%；$P_{st}=1\sim3$主要考察其随电压波动的线性变化特性，频度的变化在于考察其计算方法的细节；谐波电压、电流的取值范围充分考虑了系统的实际情况。

依照本标准在具体确定设备准确度的测试过程中，按表9-11分为3种状态进行将会更趋于科学、合理、务实。其中状态1主要考察变量的零输入或零变化情况；状态2主要考察频率偏低情况；状态3主要考察频率偏高的情况。当然，谐波试验中可改变单独施加谐波的规定，但要考虑电压电流信号波峰因数的限制。

随着监测设备及干扰发生源的进一步发展，本标准在以后的修订中可考虑采纳IEC误差测试的基本方法。

表9-11 本标准规定的电能质量监测设备准确度评定参数设置表

参数	状态1	状态2	状态3
基波频率	50 Hz	49 Hz	51 Hz
电压幅值(偏差)	U_N	$0.8U_N$，$1.2U_N$	$0.8U_N$，$1.2U_N$
闪变	—	$P_{st}=1$，$P_{st}=3$ 方波，每分钟变化1、2、7、39、110、1 620	$P_{st}=1$，$P_{st}=3$ 方波，每分钟变化1、2、7、39、110、1 620
不平衡度	—	2%，4%	2%，4%
谐波电压、电流	—	见表9-12	见表9-12

表9-12 谐波准确度测试设定值

等级	被测量	设定量值
A	电压	0.5%、1%、4%、8%
	电流	1%、3%、20%
B	电压	1%、3%、8%
	电流	3%、10%、20%
根据监测设备的额定信号电压、电流，基波频率设定为49 Hz或51 Hz，依次对3、5、7、11、13、25次谐波分别单独设置。		

9.7 标准实施过程中的技术反馈

标准颁布实施以来,作者主要收到下述技术反馈。

9.7.1 电流回路波峰系数无法获取

2007年5月接到许继实验站电话,反映该标准规定的电流回路波峰系数不小于3在实验室无法合成。经过分析作者提供合成该波峰系数的一个信号函数如下,并在实验室完成了试验。

信号 $y=\sqrt{2}\times A\sqrt{5}(\sin\omega t+\sin(-3\omega t)+\sin(5\omega t)+\sin(-7\omega t)+\sin(9\omega t))$,理论上,其有效值为 A,峰值为:$A\ \sqrt{10}$,因此,波峰系数理论值为:$\sqrt{10}$即3.16,实际合成波形形状如图9-4所示。

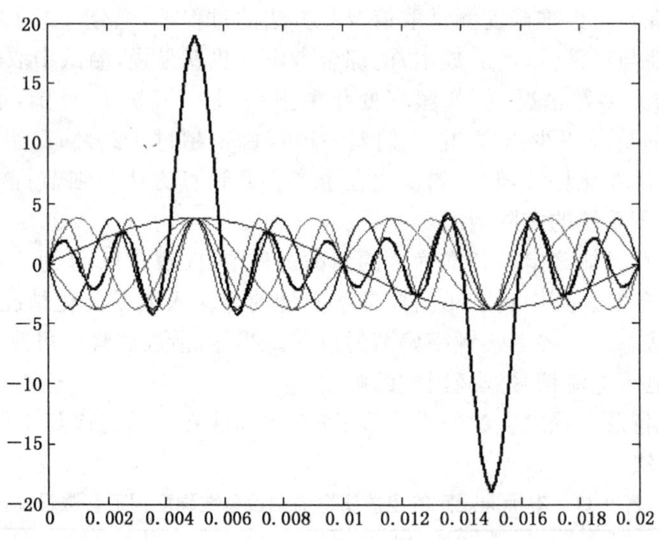

图 9-4 波峰系数大于3的信号

9.7.2 关于取值方法的反馈

关于对测量3 min最大值取值方法的疑义,本章9.5.1.5已经对此规定的原因进行了详细的阐述。

的确,3 min最大值取值方法不同于IEC 10 min方均根值取值方法。IEC取值方法是建立在IEC发射限值、规划限值、兼容限值3级限值体系基础上的,而且偏重于针对特定的待试设备(EUT)的干扰水平进行评估的,主要从能量(也就是方均根有效值)角度进行评价的,一般评定多在规定的标准网络下进行(例如图9-5是IEC 61000-4-7定义的谐波发射水平评估的标准网络);同时,电磁兼容体系中没有要求"在电网正常运行的最小方式下、在干扰源干扰最大的运行周期"进行测量的基本要求。因而完全不同于我国公用电网电能质量的限值体系。

我国公用电网电能质量限值仅仅一级;而且是从电能质量的角度进行定义的,同时明确提出要求"在电网正常运行的最小方式下、在干扰源干扰最大的运行周期"进行测量。因而3 min最大值取值方法思路是完全符合我国国情的。

实际上，世界上许多国家或地区电能质量的取值、评估方法不同于 IEC EMC 标准。例如欧洲 EN50160 电能质量标准取值方法为 10 min 内 3 s 记录的平均值；我国国家标准三相不平衡度测量的取值方法也是取平均值的方法；我国电压波动闪变国家标准不采纳 IEC 短时闪变的指标而删除之；美国闪变指标为基于 110 V 电压系统而不采纳 IEC 230 V 系统等。因此应该结合各国实际情况有选择的采纳或修改。

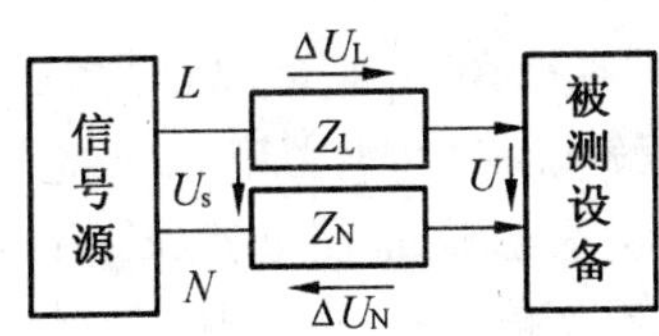

U_s　相电压

U　被测设备端电压

$Z_{L,N}$ 测试网络阻抗

ΔU　网络压降（$\Delta U=\Delta U_L+\Delta U_N$）

(a) 单相设备发射水平测试网络

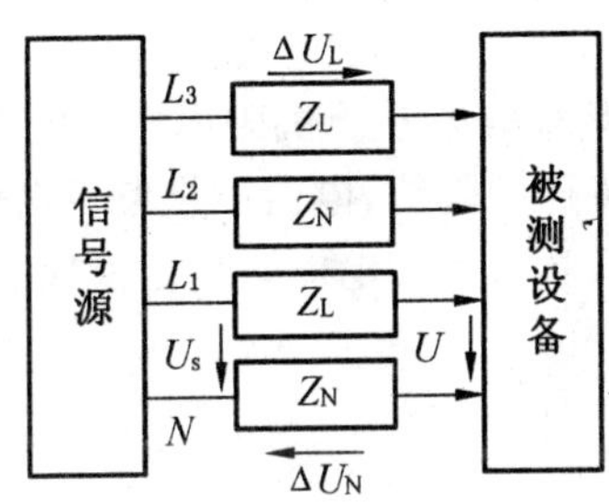

U_s　相电压

U　被测设备端电压

$Z_{L,N}$ 测试网络阻抗

ΔU　网络压降（$\Delta U=\Delta U_L+\Delta U_N$）

对于连接于线-线间的设备 $\Delta U=2\times\Delta U_L$

(b) 三相设备发射水平测试网络

图 9-5　IEC 61000-4-7 定义的谐波发射水平评估的标准网络

9.8　标准的技术经济评价

正如我们所知道的，本标准的编制在国际范围内尚是首次。其起草过程是在参考 IEC 相关电磁兼容标准的基础上，充分把握我国电能质量限值标准体系基本思想、紧密结合我国电能质量监测产业的发展的基础上进行的。标准的颁布实施对于规范我国电能质量监测产业的发展起着举足轻重的作用。

第10章 供配电系统电能质量限值的计算

10.1 概述

电能质量指公用电网对电力用户(或电气设备)的供电质量(频率偏差、电压偏差、电压波动与闪变、三相电压不平衡度、谐波电压、电压暂降等)和电力用户(或电气设备)的用电质量(有功冲击、无功功率、无功波动、负序电流和零序电流、谐波电流和短路电流等)。

提高电网的供电质量、降低电力用户(或电气设备)的用电干扰需要较高的电网控制和管理成本及电气设备制造成本。电能质量标准和电磁兼容标准就是在整体社会成本最小的条件下协调电力公司、电力用户和电力设备制造商三者之间利益的平台,通过标准所规定的电能质量限值实现三者之间最大的兼容。因此,电能质量限值是电力系统规划、供用电协议、电气设备采购合同、供用电管理、电力调度、电网与电气设备运行维护中重要的技术内容。

本章将根据电能质量标准和有关电磁兼容标准,对电力系统供配电网、用户供配电网、电气设备之间的电能质量考核点分类,电能质量考核点的限值,电能质量考核点供电质量和用电质量限值的计算方法结合实例进行探讨,供大家学习贯彻电能质量国家标准时参考。

10.2 电力系统的拓扑结构

典型的电力系统网络拓扑结构如图 10-1 所示。

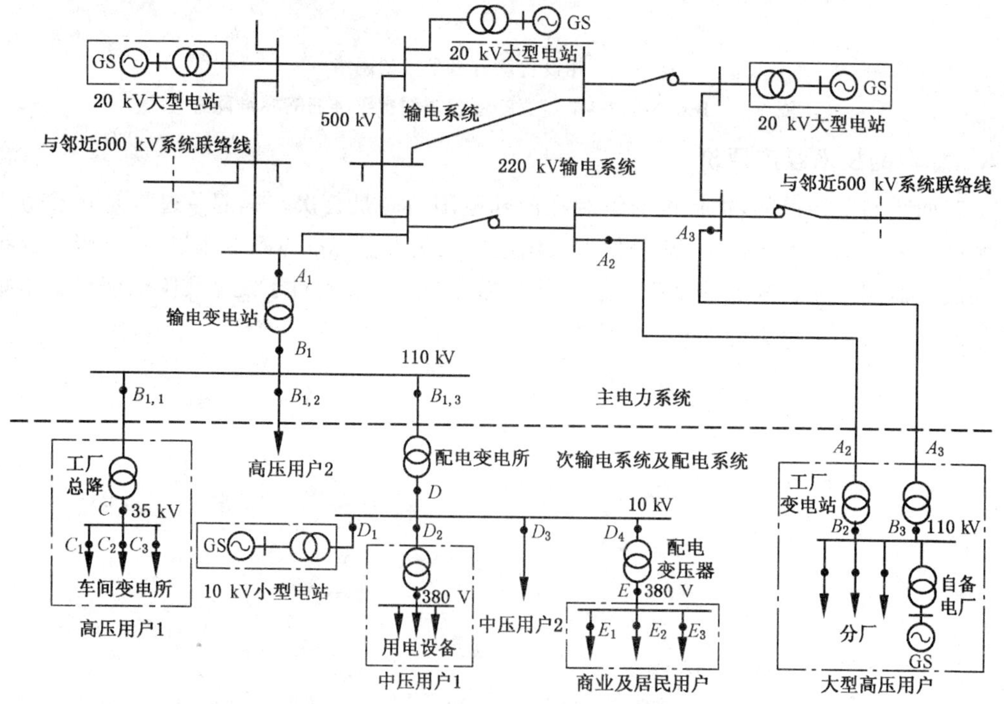

图 10-1 电力系统网络拓扑结构图

图 10-1 中：

A,A_i——220 kV 电压等级电能质量考核点；

B,B_i——110 kV 电压等级电能质量考核点；

C,C_i——35 kV 电压等级电能质量考核点；

D,D_i——10 kV 电压等级电能质量考核点；

E,E_i——0.4 kV 电压等级电能质量考核点。

10.3 电能质量考核点及限值计算体系

10.3.1 电能质量考核点和限值计算体系

以 220 kV 变电站 110 kV 侧用户为例，电能质量限值计算体系如图 10-2 所示。

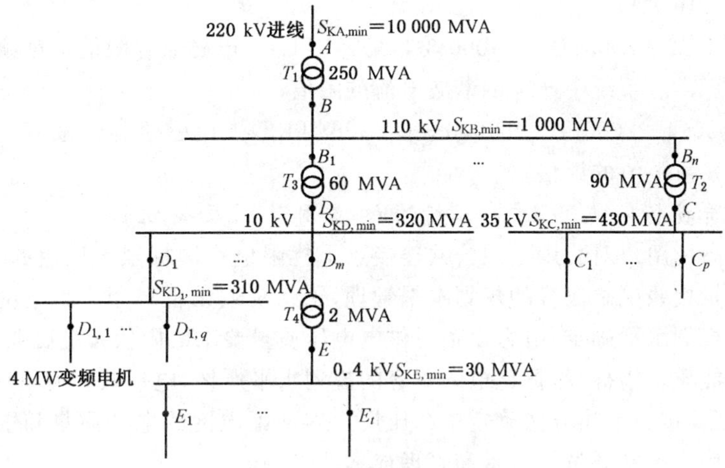

图 10-2 电能质量限值计算体系

图 10-2 中：

A——电力公司内部 220 kV 考核点；

（当 T_1 产权属于一个大用户时，则 A 为电力公司与电力用户 220 kV 双向考核点）

B——电力公司内部 110 kV 考核点；

$B_1 \sim B_n$——电力公司与各用户 110 kV 双向考核点；

C——B_n 用户内部 35 kV 考核点；

$C_1 \sim C_p$——B_n 用户供电部与 C 各子系统 35 kV 双向考核点；

D——B_1 用户内部 10 kV 考核点；

$D_1 \sim D_m$——B_1 用户供电部与 D 各子系统 10 kV 双向考核点；

$D_{1,1} \sim D_{1,q}$——B_1 用户供电部与 D_1 子系统各高压用电设备 10 kV 双向考核点；

E——B_1 用户供电部与 D_m 子系统低压供电内部 0.4 kV 考核点；

$E_1 \sim E_t$——低压供电部 E 与各低压电气设备 0.4 kV 双向考核点。

10.3.2 电能质量和电磁兼容标准

1. 电能质量标准

电能质量标准主要规定了公用电网公共连接点的电压质量限值和用户的干扰限值、测量仪器和测量方法，我国已发布的电能质量标准如下：

GB/T 14549—1993 电能质量 公用电网谐波；

GB/T 12325—2008 电能质量 供电电压偏差；

GB/T 15945—2008 电能质量 电力系统频率偏差；

GB/T 12326—2008 电能质量 电压波动和闪变；

GB/T 15543—2008 电能质量 三相电压不平衡；

GB/T 18481—2001 电能质量 暂时过电压和瞬态过电压。

2. 电磁兼容标准

电磁兼容标准主要规定了电力设备运行的电压质量限值和对供电点的干扰限值、测量仪器和测量方法，我国已发布的电磁兼容标准如下：

GB 17625.1—2003/IEC 61000-3-2:2001 电磁兼容 限值 谐波电流发射限值(设备每相输入电流≤16 A)；

GB/Z 17625.6—2003/IEC 61000-3-4:1998(TR) 电磁兼容限值 对额定电流大于16 A的设备在低压供电系统中产生的谐波电流的限值；

GB/Z 17625.4—2000/IEC 61000-3-6:1996(TR2) 电磁兼容 限值 中高压电力系统中畸变负荷发射限值的评估。

3. 电能质量标准与电磁兼容标准的适用范围及关联性

在保证中高压用户对公用电网公共连接点干扰限值在国标限值以内的前提下，配电网用户的电压质量按照电磁兼容的规划水平管理，子系统或设备对用户配电网的干扰限值按照电磁兼容的规划水平确定，电力设备对供电电压质量要求的限值按电磁兼容水平确定。

对同一电能质量指标，国标比电磁兼容的规划水平严格，电磁兼容的规划水平比电磁兼容水平严格，因此按照上述方法确定中高压用户内部配电网的电能质量和干扰限值可以最大限度地降低用户电能质量的技术和管理成本。

10.3.3 考核点限值计算内容及引用标准

1. 一类考核点：电力公司内部考核

考核对象：电力公司内部。

考核内容：电力公司内部供电点供电质量或供电质量与全部用户的用电质量。

供电质量限值内容：系统频率偏差 Δf_s，电压偏差 e_u、电压变动 d_u 和长时间电压闪变 P_{Lt}、三相电压不平衡度 ε_{u_2} 和 ε_{u_0}、谐波电压 THD_U、HRU_h。

全部用户用电质量限值内容：有功冲击、最大无功功率、用户引起的电压变动和电压闪变、注入系统的负序电流和谐波电流。

引用标准：电能质量标准(见10.3.2中1)。

主要应用：电力系统规划、供用电管理、电力调度、电网运行维护。

2. 二类考核点：电力公司和电力用户双向考核

考核对象：电力公司和电力用户。

考核内容：电力公司供电质量和单个电力用户的用电质量。

供电质量限值内容：同一类考核点。

电力用户用电质量限值内容：同一类考核点。

引用标准：同一类考核点。

主要应用：电力系统规划、供用电协议、供用电管理、电力调度、电网运行维护。

3. 三类考核点:单个用户内部中高压供电管理考核

考核对象:单个用户内部供电部。

考核内容:用户内部中高压供电质量。

供电质量限值内容:同一类考核点。

引用标准:谐波电压引用电磁兼容标准 GB/Z 17625.4—2000,其他同一类考核点或在不影响二类考核点考核指标和中低压配电网与设备安全运行的前提下适当放宽限值。

主要应用:电力系统规划、供用电管理、电力调度、电网运行维护。

4. 四类考核点:用户中压供电管理部和高压电气设备双向考核

考核对象:用户供电部和高压电气设备。

考核内容:供电质量和用电质量。

供电质量限值内容:一般同三类考核点,对特殊电压敏感负荷,需增加电压暂降指标限值。

高压电气设备用电质量:电气设备引起的电压变动和电压闪变及注入系统的负序电流和谐波电流。

引用标准:谐波电压和谐波电流引用电磁兼容标准,其他同一类考核点或在不影响三类考核点考核指标和中低压配电网与设备安全运行的前提下适当放宽限值。

主要应用:电力系统规划、电气设备采购合同、供用电管理、电力调度、电网与电气设备运行维护。

5. 五类考核点:用户内部低压供电管理考核点

考核对象:用户内部供电部。

考核内容:用户内部低压供电质量。

供电质量限值内容:同三类考核点。

引用标准:同三类考核点。

主要应用:同三类考核点。

6. 六类考核点:用户低压供电部和低压电气设备双向考核点

考核对象:用户供电部和低压用电设备。

考核内容:供电质量和用电质量。

供电质量限值内容:同四类考核点。

低压用电设备用电质量:同四类考核点。

引用标准:同四类考核点。

主要应用:同四类考核点。

10.4 计算举例

10.4.1 计算图 10-2 中考核点 A 的供电质量限值

1. 考核点类型:一类

2. 供电质量限值

① 系统频率偏差限值:±0.2 Hz。

② 供电电压偏差:供电电压正、负偏差之和不超过系统标称电压的 10%。

③ 三相不平衡度:负序电压 95%概率最大值 $\varepsilon_{u_2} \leqslant 2\%$。

④ 电压变动限值如表 10-1 所示。

表 10-1　电压变动限值

电压变动 d_u/%	≥3	≥2.5	≥1.5	≥1
变动频度限值 r/(次/h)	$r\leqslant1$	$1<r\leqslant10$	$10<r\leqslant100$	$100<r\leqslant1\ 000$

⑤ 电压闪变限值：一周(168 h)内 P_{lt}最大值不超过 0.8。

⑥ 谐波电压：GB/T 14549—1993 没有给出 220 kV 电压等级的谐波电压限值，GB/Z 17625.4—2000 给出的高压和超高压谐波电压的电磁兼容限值比 GB/T 14549 大。因此 THD_u 及 HRU_h($h\leqslant25$ 次)的限值按 GB/T 14549—1993 中 110 kV 限值规定给出。

变频器的应用使电网中大于 25 次(一般小于 100 次)的谐波问题十分突出。因此当 $h>25$ 时，HRU_h 的限值按 GB/Z 17625.4—2000 规定的电磁兼容规划水平给出。

由此，我们给出 220 kV 电压等级的谐波电压限值如表 10-2 所示。

表 10-2　220 kV 电压等级谐波电压限值

系统标称电压/kV	电压总谐波畸变率 THD_u/%	h 次谐波电压含有率 HRU_h/%		
		奇次 $h\leqslant25$	偶次 $h\leqslant25$	$h>25$
220	2	1.6	0.8	0.2+0.5(25/h)

10.4.2　计算图 10-2 中考核点 B₁ 的供电质量限值和用电质量限值

1. 考核点类型：二类

2. 供电质量限值

除电压闪变 $P_{lt}\leqslant1$ 以外，其他电能质量限值指标同 10.4.1 给出的结果。

3. 用电质量限值

(1) 有功功率冲击限值

有功功率冲击：10 s 测量周期内最大有功功率与最小有功功率之差。

最大有功功率冲击：用户负荷功率波动最大时间内有功功率冲击的最大值(统计周期不小于 30 min)。

设系统发电容量为 2 000 MW，发电机功率频率静态特征系数 $K_{Gf}=20$，备用容量系数 $\rho=1.2$，负荷频率调节效应系数 $K_{Lf}=2$，根据用户的协议用电容量，电力公司规定该用户引起的频率偏差为 0.05 Hz，则有功功率冲击最大值：

$$\Delta P_{max}=\frac{\Delta f_{max}}{f_N}\times S_G\times(\rho K_{Gf}+K_{Lf})=\frac{0.05}{50}\times2\ 000\times(1.2\times20+2)\mathrm{MW}=52\ \mathrm{MW}$$

(2) 最大无功功率限值

根据用户的协议用电容量，电力公司规定该用户最大无功功率引起最大电压下降不大于 5%，则最大无功功率限值为 $Q_{max}\leqslant320\times0.05\ \mathrm{Mvar}=16\ \mathrm{Mvar}$

(3) 用户引起的电压长时间闪变限值

由 110 kV 母线供电的全部用户在 B_1 点引起的电压长时间闪变限值

$$G=\sqrt[3]{1^3-0.8^3\times0.8}=0.70$$

设用户波动负荷同时系数 $F=0.3$。

则该用户在 B_1 点引起的电压闪变限值：

$$E=G\sqrt[3]{\frac{S_{T_3}}{S_{T_1}}\times\frac{1}{F}}=0.7\times\sqrt[3]{\frac{60}{250}\times\frac{1}{0.3}}=0.65$$

(4) 用户注入电网谐波电流的限值

① $h \leqslant 25$ 次谐波电流限值:

电压等级 110 kV,基准短路容量 750 MVA,实际最小短路容量 1 000 MVA,供电容量 $S_{T_1}=250$ MVA,用电协议容量 $S_{T_3}=60$ MVA。

根据 GB/T 13549—1993,110 kV 单个用户注入 B_1 点的谐波电流限值计算结果如表 10-3 所示。

表 10-3 110 kV 母线用户注入 B_1 点谐波电流限值计算

谐波次数 h	2	3	4	5	6	7	8	9	10	11	12	13
基准短路容量 750 MVA 时全部用户限值 $I_{p,h}$/A	12	9.6	6	9.6	4	6.8	3	3.2	2.4	4.3	2	3.7
实际短路容量 1 000 MVA 时全部用户注入 B 点限值 I_h/A	16	12.8	8	12.8	5.3	9.1	4	4.3	3.2	5.7	2.7	4.9
单个用户时注入 B_1 点限值 $I_{B_1,h}=I_h\left(\frac{S_{T_3}}{S_{T_1}}\right)^{\frac{l}{\alpha}}$ (A)	32.6	46.8	16.3	42	10.8	25.2	8.2	8.8	6.5	12.6	5.5	10.4
谐波次数 h	14	15	16	17	18	19	20	21	22	23	24	25
基准短路容量 750 MVA 时全部用户限值 $I_{p,h}$/A	1.7	1.9	1.5	2.8	1.3	2.5	1.2	1.4	1.1	2.1	1	1.9
实际短路容量 1 000 MVA 时全部用户注入 B 点限值 I_h/A	2.3	2.5	2	3.7	1.7	3.3	1.6	1.9	1.5	2.8	1.3	2.5
单个用户时注入 B_1 点限值 $I_{B_1,h}=I_h\left(\frac{S_{T_3}}{S_{T_1}}\right)^{\frac{l}{\alpha}}$ (A)	4.7	5.1	4.1	7.6	3.5	6.7	3.3	3.9	3.1	5.7	2.7	5.1

② $h>25$ 次谐波电流限值:目前还没有计算 $h>25$ 次谐波电流限值。但是我们可以根据电磁兼容 GB/Z 17625.4—2000 中谐波电压规划水平规定的大于 25 次谐波电压限值和系统阻抗计算 110 kV 全部用户注入 A 点的谐波电流限值。

设 $h>25$ 次背景谐波电压为 $U_{0,h}$,谐波电压限值为:$U_h=\frac{U_N}{100\sqrt{3}}\times\left[0.2+0.5\left(\frac{25}{h}\right)\right]$。

全部用户负荷引起的谐波电压限值:$U_{B,h}=\sqrt{U_h^2-U_{0,h}^2}$。

系统 h 次谐波阻抗:$X_{S,h}=\frac{hU_N^2}{S_{KB,min}}$。

则全部用户注入系统谐波电流限值:$I_{B,h}=\frac{U_{B,h}}{X_{S,h}}$。

对 $h=60$,$U_{0,60}=0.10$ kV,$U_{60}=\frac{U_N}{100\sqrt{3}}\times\left[0.2+0.5\left(\frac{25}{h}\right)\right]kV=0.260$ kV。

$U_{B,60}=\sqrt{0.26^2-0.1^2}$ kV $=0.24$ kV,$X_{S,60}=\frac{110^2\times 60}{1\ 000}\ \Omega=726\ \Omega$,$I_{B,60}=\frac{240}{726}$ A $=0.33$ A。

$I_{B,60}=0.33$ A 是注入 B 点的 60 次谐波电流，$I_{B,60}$ 如何向 B_1，B_2，…，B_n 分配，没有相关的标准引用，仿照 GB/T 14549—1993 给出的方法，则

$$I_{B_1,60}=I_{B,60}\left(\frac{S_{T_3}}{S_{T_4}}\right)^{\frac{1}{2}}=0.33\times\left(\frac{60}{250}\right)^{\frac{1}{2}}\text{A}=0.16\ \text{A}。$$

(5) 用户注入电网的负序电流限值

用户引起的负序电压限值为 $\varepsilon_{U_2}=1.3\%$。$U_2=\frac{110}{\sqrt{3}}\times0.013\ \text{kV}=0.827\ \text{kV}$。

系统的基波负序阻抗等于系统基波正序阻抗 $X_2=\frac{U_N{}^2}{S_{KB,min}}=\frac{110^2}{1\ 000}\Omega=12.1\ \Omega$，

用户注入电网的负序电流限值 $I_2=\frac{U_2}{X_2}=\frac{827}{12.1}\text{A}=68\ \text{A}$。

10.4.3　计算图 10-2 中考核点 $D_{1,1}$ 的供电质量限值和用电质量限值

1. 考核点类型：四类

2. 供电质量限值

① 系统频率偏差限值：±0.2 Hz。

② 供电电压偏差限值：±7%。

③ 三相电压不平衡度：负序电压 95%概率大值 $\varepsilon_{U_2}\leqslant2\%$。

④ 电压变动限值如表 10-4 所示。

表 10-4　电压变动限值

电压变动 d_u/%	4	3	2	1.5
变动频度限值 r/(次/h)	$r\leqslant1$	$1<r\leqslant10$	$10<r\leqslant100$	$100<r\leqslant1\ 000$

⑤ 电压闪变限值：一周(168 h)内 P_{Lt} 最大值不超过 0.8。

⑥ 谐波电压限值：

a. $D_{1,1}$ 点属于用户内部电网，为了降低谐波管理与控制的成本。我们按照 GB/Z 17625.4—2000 规定的谐波电压电磁兼容水平和规划水平指标值作为谐波电压限值。

b. 电磁兼容水平指电气设备正常运行时对供电网络电磁环境的最低要求。兼容水平一般以这个系统的 95%概率大值水平为基础。电磁兼容水平是电力用户与电气设备供应商签订采购合同的技术条件：电力用户必须保证的电磁环境。

低压与中压系统谐波电压电磁兼容水平如表 10-5 所示。

表 10-5　LV 和 MV 系统的电磁兼容水平

非 3 倍次数奇次谐波		3 倍次数奇次谐波		偶次谐波	
谐波次数 h	谐波电压/%	谐波次数 h	谐波电压/%	谐波次数 h	谐波电压/%
5	6	3	5	2	2
7	5	9	1.5	4	1
11	3.5	15	0.3	6	0.5
13	3	21	0.2	8	0.5

续表 10-5

非 3 倍次数奇次谐波		3 倍次数奇次谐波		偶次谐波	
谐波次数 h	谐波电压/%	谐波次数 h	谐波电压/%	谐波次数 h	谐波电压/%
17	2	>21	0.2	10	0.5
19	1.5			12	0.2
23	1.5			>12	0.2
25	1.5				
>25	0.2+1.3×(25/h)				
注：总谐波畸变率（THD）：8%。					

c. 规划水平是供电部门内部的质量目标，规划水平等于或低于电磁兼容水平。

中压、高压和特高压系统的谐波电压规划水平如表 10-6 所示。

表 10-6　MV、HV 和 EHV 系统谐波电压的规划水平

非 3 倍次数奇次谐波			3 倍次数奇次谐波			偶次谐波		
谐波次数 h	谐波电压/%		谐波次数 h	谐波电压/%		谐波次数 h	谐波电压/%	
	MV	HV-EHV		MV	HV-EHV		MV	HV-EHV
5	5	2	3	4	2	2	1.6	1.5
7	4	2	9	1.2	1	4	1	1
11	3	1.5	15	0.3	0.3	6	0.5	0.5
13	2.5	1.5	21	0.2	0.2	8	0.4	0.4
17	1.6	1	>21	0.2	0.2	10	0.4	0.4
19	1.2	1				12	0.2	0.2
23	1.2	0.7				>12	0.2	0.2
25	1.2	0.7						
>25	0.2+0.5×(25/h)	0.2+0.5×(25/h)						
注 1：对于 HV 系统而言，关于 U_2 的规划水平值 1.5% 似乎可能是相当高，但可能会遇到这样的值，并值得注意，2 次谐波并不总是与直流分量联系在一起的。 注 2：总谐波畸变率（THD）：MV 网络为 6.5%，HV 网络为 3%。								

⑦ 电压暂降限值：根据 4 MW 变频电机运行技术条件，电压暂降限值为残余电压 $\Delta U \leqslant$ 0.80p.u.，$\Delta t \leqslant$ 20 ms。

3. 用电质量限值

因 $D_{1,1}$ 点所在支路仅带 4 MW 变频电机，有功功率冲击，无功功率波动和负序电流干扰很小，但谐波干扰较大。为了保证 10 kV-D_1 母线谐波电压满足电气设备的电磁兼容要求，我们按谐波电压规划水平推算各次谐波电流发射限值。

谐波电流发射限值流程如图 10-3 所示。

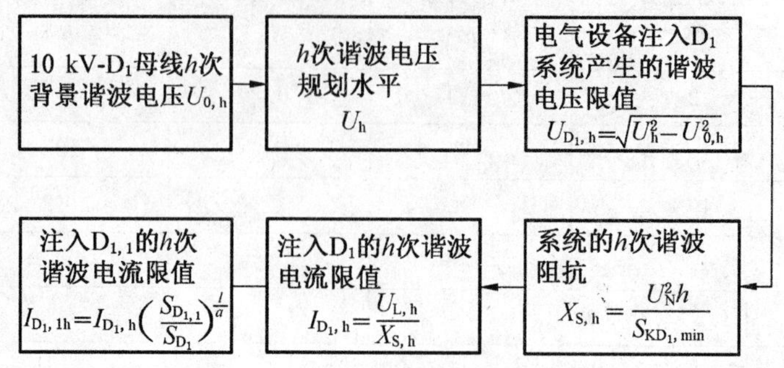

图 10-3　谐波电流发射限值流程

图 10-3 中：

S_{D_1}——D_1 线路协议用电容量；

$S_{D_1,1}$——$D_{1,1}$线路协议用电容量；

α——相位迭加系数。

10.5　电能质量限值计算的主要思路

如何在保证系统安全的情况下，计算电能质量限值，使电能质量管理和控制成本最低，是电能质量限值计算和分配中最重要的问题，解决这个问题的主要思路是：

① 公用电网电能质量限值采用国家电能质量标准计算，用户配电网电能质量限值采用的国家电磁兼容标准计算。因为前者比后者严格，如果后者大都采用 110 kV 或 220 kV 线路供电，则可大幅度减少用户在电能质量管理和控制方面的费用。

② 对于电压敏感设备，制造商提高电气设备的电磁兼容水平比起对其特殊提高供电质量的成本要低得多。

③ 按照市场化原则解决好接于公共电网连接点的各个用户对用电质量指标的分配问题。

国标中是按照公平原则对不同功率用户分配用电质量限值，尽管某几个用户用电质量指标超标，但全部用户的用电质量指标则未超标。这时如果要求超标用户采取治理措施，总体社会成本就会提高。如果按照市场化原则让用电质量高的用户出售干扰限值给用电质量指标超标用户，就不需要投入电能质量治理的成本。

电能质量指标限值计算是一项十分复杂的技术工作，本文提出的计算思路和方法还存在很多问题，需要在实践中不断地完善。

附　　录

ICS 29.020
K 04

中华人民共和国国家标准

GB/T 156—2007
代替 GB 156—2003

标准电压

Standard voltages

(IEC 60038:2002,IEC Standard Voltages,MOD)

2007-04-30 发布　　2008-03-01 实施

中华人民共和国国家质量监督检验检疫总局
中国国家标准化管理委员会　发布

前　言

本标准修改采用 IEC 60038:2002《IEC 标准电压》。IEC 60038 是一项较特殊的基础标准,它在尊重各国标准电压体系的前提下,通过协商提供了以 50 Hz 和 60 Hz 为基本参数的两个标准电压系列,并在每个系列中综合提供了该系列的基本电压等级。各国可根据本国情况选择其中的标准电压系列和该系列的基本电压等级。我国一直采用 50 Hz 的标准电压系列。本标准与 IEC 60038 主要差异如下:

——删掉了 IEC 前言;

——增加了第 2 章规范性引用文件,原 IEC 第 2 部分、第 3 部分分别变为本标准第 3 章、第 4 章。

——根据我国实际将 IEC 标准电压 230/400 V 和 400/690 V 分别修改为 220/380 V 和 380/660 V,同时增加了我国某些行业使用的 1 140 V(见表 1);

——鉴于我国有专门的供电电压允许偏差标准(GB/T 12325),且技术要求更严格,因此删去了 IEC 60038 的电压范围的规定;

——有关牵引系统的标称电压交流部分仅保留了一组数值(见表 2);

——根据我国实际补充了 330 kV、500 kV、750 kV、1 000 kV 等四个等级系统标称电压(见表 5);

——根据我国实际增加了高压直流输电系统标称电压 (见表 6);

——根据我国实际增加了直流部分的 1.2 V、1.5 V 两个额定电压值 (见表 7);

——根据我国实际增补了发电机的额定电压值(见表 8)。

本标准代替 GB 156—2003《标准电压》。

本标准与 GB 156—2003 相比的主要差异如下:

——本标准改为推荐性;

——将系统标称电压 20 kV 去掉原来的括号(见表 3);

——引入 IEC 标准电压,同时兼顾国内现状,将系统标称电压 110 kV、220 kV 设备的最高电压 126 kV、252 kV 修改为 126(123) kV、252(245) kV(见表 4);

——将设备最高电压 1 200 kV 修改为特高压试验示范工程系统标称电压 1 000 kV 和设备最高电压 1 100 kV(见表 5);

——增加了高压直流输电系统标称电压±500 kV、±800 kV(见表 6);

——根据我国实际增加了直流部分的 1.2 V、1.5 V 两个额定电压值(见表 7);

——以资料性附录形式提供了 IEC 标准电压,以满足用户了解国际标准相关规定的需要,便于与国家标准对比。

本标准的附录 A 为资料性附录。

本标准由全国电压电流等级和频率标准化技术委员会提出并归口。

本标准起草单位:中机生产力促进中心、中国电力科学研究院、国网武汉高压研究院、中冶京诚工程技术有限公司、哈尔滨大电机研究所、上海电器科学研究所。

本标准主要起草人:康文祥、林海雪、李澍森、曾幼云、富立新、刘迅、李世林、季慧玉。

本标准参加起草人:刘亚芳、任丕德、焦莉、刘军成、张涛。

本标准所代替标准的历次版本发布情况为:GB 156—1980;GB 156—1993;GB 156—2003。

标 准 电 压

1 范围

本标准适用于：

——标称电压高于 100 V、标准频率为 50 Hz 的交流输电、配电、用电的系统及其设备；

——额定电压低于 120 V、标准频率为 50 Hz(但不绝对限制)的设备；

——直流电压低于 750 V 的设备；

——交流和直流牵引系统；

——高压直流输电系统；

——交流和直流电压不低于 100 V 的发电机。

本标准不适用于表示信号、传输信号和测量值的电压。

本标准不适用于那些用于电气装置内部的元件、部件或设备零件的标准电压。

注：本标准中的交流电压为方均根值，直流电压为无纹波直流电压值。

2 规范性引用文件

下列文件中的条款通过本标准的引用而成为本标准的条款。凡是注日期的引用文件，其随后所有的修改单(不包括勘误的内容)或修订版均不适用于本标准，然而，鼓励根据本标准达成协议的各方研究是否可使用这些文件的最新版本。凡是不注日期的引用文件，其最新版本适用于本标准。

GB 311.1—1997 高压输变电设备的绝缘配合(neq IEC 60071-1:1993)

GB/T 311.2—2002 绝缘配合 第 2 部分:高压输变电设备的绝缘配合使用导则(eqv IEC 60071-2:1996)

GB 1402 铁道干线电力牵引交流电压(GB 1402—1998,eqv IEC 60850:1988)

GB/T 2900.50—1998 电工术语 发电、输电及配电 通用术语(neq IEC 60050(601):1985)

GB 4706.1 家用和类似用途电器的安全 第 1 部分:通用要求(GB 4706.1—2005,IEC 60335-1:2001,IDT)

GB/T 12325 电能质量 供电电压允许偏差

3 术语和定义

下列术语和定义适用于本标准。

3.1

系统标称电压 nominal system voltage

用以标志或识别系统电压的给定值。

[GB/T 2900.50—1998,定义 2.1.21]

3.2

系统最高和最低电压(瞬时或异常工况除外) highest and lowest voltages of a system (excluding transient or abnormal conditions)

3.2.1

系统最高电压 highest voltage of a system

在正常运行条件下，在系统的任何时间和任何点上出现的电压的最高值。

不包括瞬变电压，比如，由于系统的开关操作及暂态的电压波动所出现的电压值。

3.2.2

系统最低电压　lowest voltage of a system

在正常运行条件下，在系统的任何时间和任何点上出现的电压的最低值。

不包括瞬变电压，比如，由于系统的开关操作及暂态的电压波动所出现的电压值。

3.3

供电点　supply terminals

供电部门配电系统与用户电气系统的联结点。

3.4

供电电压　supply voltage

供电点处的线电压或相电压。

3.5

供电电压范围　supply voltage range

供电点处的电压范围。

3.6

用电电压　utilization voltage

设备受电端上的线电压或相电压。

3.7

用电电压范围　utilization voltage range

设备受电端上的电压范围。

3.8

(设备的)额定电压　rated voltage (of equipment)

通常由制造厂家确定，用以规定元件、器件或设备的额定工作条件的电压。

3.9

设备最高电压　highest voltage for equipment

规定设备的最高电压是用以表示：

a)　绝缘；

b)　在相关设备性能中可以依据这个最高电压的其他特性。

设备的最高电压就是该设备可以应用的“系统最高电压”(见3.2.1)的最大值。

注1：设备最高电压仅指高于1 000 V的系统标称电压。须知，对某些系统标称电压，不能保证那些对电压具有敏感特性(如电容器的损耗、变压器励磁电流等)的设备在最高电压下正常运行。

在这些情况下，相关的性能必须规定能够保证该设备正常运行的电压限值。

注2：对用于标称电压不超过1 000 V系统的设备，运行和绝缘仅依据系统标称电压作具体规定。

注3：应提请注意的是，在某些设备标准(例如GB 4706.1《家用和类似用途电器的安全　第1部分：通用要求》和GB 311.1《高压输变电设备的绝缘配合》)中，“电压范围”术语有不同含义。

4　标准电压

4.1～4.8给出了不同系统和设备的标准电压值。供电电压的允许偏差见GB/T 12325。

4.1　标称电压220 V～1 000 V之间的交流系统及相关设备的标准电压(见表1)

表1　标称电压220 V～1 000 V之间的交流系统及相关设备的标准电压　单位为伏(V)

三相四线或三相三线系统的标称电压
220/380
380/660
1 000(1 140)
注：1 140 V仅限于某些行业内部系统使用。

表1中是三相四线或三相三线交流系统及相关设备的标称电压。

表1中同一组数据中较低的数值是相电压，较高的数值是线电压；只有一个数值者是指三相三线系统的线电压。

4.2 交流和直流牵引系统的标准电压(见表2)

表2 交流和直流牵引系统的标准电压

单位为伏(V)

	系统最低电压	系统标称电压	系统最高电压
直流系统	(400) 500 1 000 2 000	(600) 750 1 500 3 000	(720) 900 1 800 3 600
交流单相系统	19 000	25 000	27 500

注1：圆括号中给出的是非优选数值。建议在未来新建系统中不采用这些数值。

注2：表中给出的数值均得到电气牵引设备国际联合委员会(C. M. T)和IEC/TC 9电气牵引设备技术委员会认可。

注3：铁道干线电力牵引交流电压的其他要求见GB 1402。

注4：其他的交流和直流牵引系统电压参见相关专业标准。

4.3 标称电压1 kV以上至35 kV的交流三相系统及相关设备的标准电压(见表3)

表3 标称电压1 kV以上至35 kV的交流三相系统及相关设备的标准电压

单位为千伏(kV)

设备最高电压	系统标称电压
3.6	3(3.3)
7.2	6
12	10
24	20
40.5	35

注1：表中数值为线电压。

注2：圆括号中的数值为用户有要求时使用。

注3：表中前两组数值不得用于公共配电系统。

4.4 标称电压35 kV以上至220 kV的交流三相系统及相关设备的标准电压(见表4)

表4 标称电压35 kV以上至220 kV的交流三相系统及相关设备的标准电压

单位为千伏(kV)

设备最高电压	系统标称电压
72.5	66
126(123)	110
252(245)	220

注1：表中数值为线电压。

注2：圆括号中的数值为用户有要求时使用。

4.5 标称电压220 kV以上的交流三相系统及相关设备的标准电压(见表5)

表5 标称电压220 kV以上的交流三相系统及相关设备的标准电压

单位为千伏(kV)

设备最高电压	系统标称电压
363	330
550	500
800	750
1 100	1 000
注：表中数值为线电压。	

4.6 高压直流输电系统的系统标称电压(见表6)

表6 高压直流输电系统的系统标称电压

单位为千伏(kV)

系统标称电压
±500
±800
注：低于上表中的系统标称电压正在考虑中。

4.7 交流低于120 V或直流低于750 V的设备额定电压(见表7)

表7 交流低于120 V或直流低于750 V的设备额定电压

单位为伏(V)

直流额定电压		交流额定电压	
优选值	增补值	优选值	增补值
1.2			
1.5			
	2.4		
	3		
	4		
	4.5		
	5		5
6		6	
	7.5		
	9		
12		12	
	15		15
24		24	
	30		
36			36
	40		42
48		48	
60			60
72			

表 7（续）

单位为伏(V)

直流额定电压		交流额定电压	
优选值	增补值	优选值	增补值
	80		
96			
			100
110		110	
	125		
220			
	250		
440			
	600		
注：应认识到，出于技术和经济方面的理由，对某些特殊场合的应用，可能需要另外的电压。			

4.8　发电机的额定电压(见表8)

表 8　发电机的额定电压

单位为伏(V)

交流发电机额定电压	直流发电机额定电压
115	115
230	230
400	460
690	—
3 150	—
6 300	—
10 500	—
13 800	—
15 750	—
18 000	—
20 000	—
22 000	—
24 000	—
26 000	—
注 1：与发电机出线端配套的电气设备额定电压可采用发电机的额定电压，并应在产品标准中加以具体规定。 注 2：引进国外机组的额定电压不受上表规定的限制。	

附 录 A
（资料性附录）
IEC 标准电压

A.1 范围

本标准适用于：

——标称电压高于 100 V、标准频率为 50 Hz 和 60 Hz 的交流输电、配电及用电系统及其设备；

——交流和直流牵引系统；

——标称电压交流低于 120 V 或直流低于 750 V 的设备。交流电压意指采用 50 Hz 和 60 Hz(但不排它)的频率。这样的设备包括电池(原电池或蓄电池)、其他的交流或直流电源装置、电气设备(包括工业的和通讯的)和仪表。

本标准不适用于表示信号、传输信号和测量值的电压。

本标准不适用于那些用于电气装置内部的元件、部件或设备零件的标准电压。

A.2 术语和定义

下列术语和定义适用于本标准。

A.2.1

系统标称电压　nominal system voltage

系统设计选定的电压。

A.2.2

系统最高和最低电压（瞬时或异常工况除外）　highest and lowest voltages of a system（excluding transient or abnormal conditions）

A.2.2.1

系统最高电压　highest voltage of a system

在正常运行条件下，在系统的任何时间和任何点上出现的电压的最高值。

它不包括电压瞬变，比如，由于系统的开关操作及暂态的电压波动所出现的电压值。

A.2.2.2

系统最低电压　lowest voltage of a system

在正常运行条件下，在系统的任何时间和任何点上出现的电压的最低值。

它不包括电压瞬变，比如，由于系统的开关操作及暂态的电压波动所出现的电压值。

A.2.3

供电点　supply terminals

供电部门配电系统与用户电气系统的联结点。

A.2.4

供电电压　supply voltage

供电点处相对相或相对中性导体的电压。

A.2.5

供电电压范围　supply voltage range

供电点处的电压范围。

A.2.6

用电电压 utilization voltage

在设备的电源插座上或端子上的线电压或相电压。

A.2.7

用电电压范围 utilization voltage range

在设备的电源插座上或端子上的电压范围。

A.2.8

(设备的)额定电压 rated voltage (of equipment)

通常由制造厂家确定,用以规定元件、器件或设备的工作条件的电压。

A.2.9

设备最高电压 highest voltage for equipment

规定设备的最高电压是用以表示:

a) 绝缘;

b) 在相关设备性能中可以依据这个最高电压的其他特性。

设备的最高电压就是该设备可以应用的“系统最高电压”(见 A.2.2.1)的最大值。

注1:设备最高电压仅指高于1 000 V的标称系统电压。须知,对某些标称系统电压,不能保证那些对电压具有敏感特性(如电容器的损耗、变压器励磁电流等)的设备在最高电压下正常运行。

在这些情况下,相关的性能必须规定能够保证该设备正常运行的电压限值。

注2:对用于标称电压不超过1 000 V系统的设备,运行和绝缘仅依据系统标称电压作具体规定。

注3:应提请注意的是,在某些设备标准(例如 IEC 60335-1 和 IEC 60071)中,“电压范围”术语有不同含义。

A.3 标准电压

A.3.1 标称电压 100 V 与 1 000 V 之间的交流系统及其相关设备(见表 A.1)

表 A.1 中的三相四线和单相三线系统,包括连接到这些系统中的单相电路(扩充电路、业务通信电路等)。

在第一栏和第二栏中较低的数值是相电压,较高的数值是线电压。只有一个数值者是指三线系统的线电压。第三栏中较低数值是指相电压,较高数值是表示线电压。

超过 230/400 V 的电压,仅适于重型工业应用和大型商业建筑中。

表 A.1 标称电压 100 V 与 1 000 V 之间的交流系统及其相关设备 单位为伏(V)

三相四线或三相三线系统		单相三线系统
标称电压		标称电压
50 Hz	60 Hz	60 Hz
—	120/208	120/240
—	240	—
230/400[a]	277/480	—
400/690[a]	480	—
—	347/600	—
1 000	600	—

a 现有的 220/380 V 和 240/415 V 标称电压的系统,应逐步归向推荐值 230/400 V,过渡时期要尽可能的短,并应不超过 2003 年。在此期间,作为第一步,采用 220/380 V 系统的国家供电部门应在 230/400 V 等级内使该电压能达到+6%、−10%的容许偏差范围;采用 240/415 V 系统的那些国家,要在 230/400 V 等级内使该电压能达到+10%、−6%的容许偏差范围。过渡时期结束,230/400 V 就实现了±10%的容许偏差范围,此后,就要考虑缩减这个范围。所有上述考虑,同样也适用于正在使用的 380/660 V 向推荐值 400/690 V的过渡。

关于供电电压范围，在正常运行条件下供电端电压对标称电压的偏差建议不要大于±10%。

关于用电电压范围，除在供电端的电压变化外，用户的电气装置内还会出现电压降。对低压装置而言，这个电压降被限制到4%，因此，用电电压范围是+10%、-14%。过渡期结束时，将考虑压缩这个范围的问题。产品委员会应该考虑这个用电范围。

A.3.2 直流和交流牵引系统(见表A.2)

表A.2 直流和交流牵引系统[a]

	电压/V			交流系统额定频率/Hz
	最低	标称	最高	
直流系统	(400) 500 1 000 2 000	(600) 750 1 500 3 000	(720) 900 1 800 3 600[b]	
交流单相系统	(4 750) 12 000 19 000	(6 250) 15 000 25 000	(6 900) 17 250 27 500	50或60 16 2/3 50或60

a 圆括号中给出的是非优选数值。建议在未来的新建系统中不采用这些数值。特别是对于交流单相系统，只有在当地条件不能采用标称电压25 000 V时，其标称值才应采用6 250 V。

上表给出的数值都得到电气牵引设备国际联合委员会(C. M. T)和IEC/TC 9电气牵引设备技术委员会认可。

b 在某些欧洲国家，这个电压可能达到4 000 V。在这些国家间运行的车辆中的电气设备，应能在5 min这样的短时间内承受这个最大绝对电压值。

A.3.3 标称电压1 kV以上至35 kV的交流三相系统及其相关设备(见表A.3)

表A.3给出的是设备最高电压的两个系列，一个是50 Hz和60 Hz系统(系列Ⅰ)，另一个是60 Hz系统(系列Ⅱ：适用于北美洲)，建议任何国家仅采用两系列之一，且只有系列Ⅰ可应用于任何国家。

表A.3 标称电压1 kV以上至35 kV的交流三相系统及其相关设备 单位为千伏(kV)

系列Ⅰ			系列Ⅱ	
设备最高电压	系统标称电压		设备最高电压	系统标称电压
3.6[a]	3.3[a]	3[a]	4.40[a]	4.16[a]
7.2[a]	6.6[a]	6[a]	—	—
12	11	10	—	—
—	—	—	13.2[b]	12.47[b]
—	—	—	13.97[b]	13.2[b]
—	—	—	14.52[a]	13.8[a]
(17.5)	—	(15)	—	—
24	22	20	—	—
—	—	—	26.4[b]	24.94[b]
36[c]	33[c]	—	—	—
—	—	—	36.5[b]	34.5[b]
40.5[b]	—	35[c]	—	—

表 A.3(续)

单位为千伏(kV)

系列Ⅰ		系列Ⅱ	
设备最高电压	系统标称电压	设备最高电压	系统标称电压
注1:建议任何一个国家的两个相邻标称电压的比率不应小于2。 注2:在系列Ⅰ的正常电压系统中,最高电压和最低电压对系统标称电压的偏差不能大于±10%。在系列Ⅱ的正常电压系统中,最高电压对系统标称电压的偏差不能大于+5%,而最低电压对系统标称电压的偏差,不能大于−10%。 注3:除另有说明外,这些系统一般指三线系统。所给数值是线电压。 圆括号中给出的是非优选数值。建议在未来的新建系统中不采用这些数值。			
a 这些数值不得用于公共配电系统。 b 这些系统通常是四线系统。 c 这些数值的统一在考虑中。			

A.3.4 标称电压35 kV以上至230 kV的交流三相系统及其相关设备(见表A.4)

表A.4给出的是两个系统标称电压系列,建议任何国家仅用两系列其中之一。

建议任何国家仅应取下列每组数值中之一用作设备的最高电压:

123 kV—145 kV

245 kV—300 kV(见表A.5)—362 kV(见表A.5)。

表A.4 标称电压35 kV以上至230 kV的交流三相系统及其相关设备

单位为千伏(kV)

设备最高电压	系统标称电压	
(52)	(45)	—
72.5	66	69
123	110	115
145	132	138
(170)	(150)	—
245	220	230
注:圆括号中给出的数值是非优选数值。这些数值建议不要用于未来的新建系统中。上述数值都是线电压。		

A.3.5 245 kV以上的交流三相系统的设备最高电压(见表A.5)

建议任何地区仅在下列一组数据中选择一个作为设备的最高电压:

245 kV(见表A.4)−300 kV−362 kV;

362 kV—420 kV;

420 kV—550 kV。

表A.5 245 kV以上的交流三相系统的设备最高电压[a]

单位为伏(V)

设备最高电压
(300)
362
420
550[b]
800[c,e]
1 050[d]
1 200[e]

表 A.5（续） 单位为伏(V)

设备最高电压
注：在本表中，“地区”这一术语，可指单一的国家、同意采用相同电压等级的若干国家构成的国家集团或一个大国的一个部分。
a 圆括号中给出的是非优选数值，在未来的新建系统中建议不采用这些数值。上述数值都是线电压。 b 525 kV 这个数值也有使用的。 c 765 kV 这个数值也有使用的：设备的试验值应与 IEC 对 765 kV 所定义的数值相同。 d 1 100 kV 这个数值也有使用的。 e 采用数值 1 050 kV 的任何地区，都不应采用 800 kV 和 1 200 kV 两个数值。

A.3.6 交流低于 120 V 或直流低于 750 V 的设备标称电压(见表 A.6)

表 A.6 交流低于 120 V 或直流低于 750 V 的设备标称电压 单位为伏(V)

标称值(D.C)		标称值(A.C)	
优选值	增补值	优选值	增补值
	2.4		
	3		
	4		
	4.5		
	5		5
6		6	
	7.5		
	9		
12		12	
	15		15
24		24	
	30		
36			36
	40		
48		48	
60			60
72			
	80		
96			
			100
110		110	
	125		
220			
	250		

表 A.6（续）

单位为伏(V)

标称值(D.C)		标称值(A.C)	
优选值	增补值	优选值	增补值
440			
	600		

注 1：因为原电池和蓄电池的电压均低于 2.4 V，而且按用途选择电池类型的依据是特性而不是电压，因此这些电压未包括在表中。对于特殊用途的电池类型和额定电压由相关 IEC 技术委员会规定。

注 2：应认识到，出于技术和经济方面的理由，对某些特殊场合的应用，可能需要另外的电压。

ICS 27.100
K 04

中华人民共和国国家标准

GB/T 12325—2008
代替 GB/T 12325—2003

电能质量 供电电压偏差

Power quality—Deviation of supply voltage

2008-06-18 发布　　2009-05-01 实施

中华人民共和国国家质量监督检验检疫总局
中国国家标准化管理委员会　发布

前　言

本标准代替 GB/T 12325—2003《电能质量　供电电压允许偏差》。

本标准与 GB/T 12325—2003 相比主要变化如下：

——标准名称改为《电能质量　供电电压偏差》；

——为便于理解和实施，前三个术语与 GB 156 协调一致（见 3.1～3.3），修改了“电压偏差”的定义（见 3.4），增加了“电压合格率”术语（见 3.5）；

——增加 20 kV 电压等级的电压偏差限值（见 4.2）；

——正文增加“供电电压偏差的测量”，以增强标准的可操作性；

——增加了“附录 A　电压合格率统计”、“附录 B　电网电压监测及地区电网电压合格率的统计”；

本标准的附录 A 和附录 B 都为资料性附录。

本标准由全国电压电流等级和频率标准化技术委员会提出并归口。

本标准起草单位：中国电力科学研究院、华北电力科学研究院有限公司、中机生产力促进中心、中国南方电网有限责任公司、中铁二院工程集团公司、中石化工程建设公司、煤炭科学研究总院上海分院、上海大众汽车、铁道第一勘察设计院。

本标准主要起草人：周胜军、于坤山、谭志强、刘迅、林海雪、吴琼、林宗良、宋建中、张健、方正辉、魏宏伟。

本标准所代替标准的历次版本发表情况为：

——GB 12325—1990、GB/T 12325—2003。

电能质量　供电电压偏差

1　范围

本标准规定了电网供电电压偏差的限值、测量和合格率统计。

本标准适用于交流 50 Hz 电力系统在正常运行条件下供电电压对系统标称电压的偏差。

2　规范性引用文件

下列文件中的条款通过本标准的引用而成为本标准的条款。凡是注日期的引用文件，其随后所有的修改单(不包括勘误的内容)或修订版均不适用于本标准，然而，鼓励根据本标准达成协议的各方研究是否可使用这些文件的最新版本。凡是不注日期的引用文件，其最新版本适用于本标准。

GB/T 156—2007　标准电压(IEC 60038:2002,MOD)

3　术语和定义

下列术语和定义适用于本标准。

3.1

系统标称电压　nominal system voltage

用以标志或识别系统电压的给定值。

[GB/T 156—2007,定义 3.1]

3.2

供电点　supply terminals

供电部门配电系统与用户电气系统的联结点。

[GB/T 156—2007,定义 3.3]

3.3

供电电压　supply voltage

供电点处的线电压或相电压。

[GB/T 156—2007,定义 3.4]

3.4

电压偏差　voltage deviation

实际运行电压对系统标称电压的偏差相对值，以百分数表示。

3.5

电压合格率　voltage qualification rate

实际运行电压偏差在限值范围内累计运行时间与对应的总运行统计时间的百分比。

4　供电电压偏差的限值

4.1　35 kV 及以上供电电压正、负偏差绝对值之和不超过标称电压的 10%。

注：如供电电压上下偏差同号(均为正或负)时，按较大的偏差绝对值作为衡量依据。

4.2　20 kV 及以下三相供电电压偏差为标称电压的±7%。

4.3　220 V 单相供电电压偏差为标称电压的+7%，−10%。

4.4　对供电点短路容量较小、供电距离较长以及对供电电压偏差有特殊要求的用户，由供、用电双方协议确定。

5 供电电压偏差的测量

5.1 测量仪器性能的分类

测量仪器性能分两类，分别定义如下：

A 级性能——用来进行需要精确测量的地方，例如合同的仲裁、解决争议等。

B 级性能——可以用来进行调查统计、排除故障以及其他的不需要较高精确度的应用场合。

应该根据每个具体应用场合来选择测量仪器性能的级别。

5.2 供电电压偏差的测量方法

获得电压有效值的基本的测量时间窗口应为 10 周波，并且每个测量时间窗口应该与紧邻的测量时间窗口接近而不重叠，连续测量并计算电压有效值的平均值，最终计算获得供电电压偏差值，计算公式如下：

$$\text{电压偏差}(\%) = \frac{\text{电压测量值} - \text{系统标称电压}}{\text{系统标称电压}} \times 100\% \quad \cdots\cdots(1)$$

对 A 级性能电压监测仪，可以根据具体情况选择 4 个不同类型的时间长度计算供电电压偏差：3 s、1 min、10 min、2 h。对 B 级性能电压监测仪制造商应该标明测量时间窗口、计算供电电压偏差的时间长度。时间长度推荐采用 1 min 或 10 min。

5.3 仪器准确度

A 级性能电压监测仪的测量误差不应超过±0.2%；B 级性能仪器的测量误差不应超过±0.5%。

附　录　A
（资料性附录）
电压合格率统计

被监测的供电点称为监测点，通过供电电压偏差的统计计算获得电压合格率。供电电压偏差监测统计的时间单位为 min，通常每次以月（或周、季、年）的时间为电压监测的总时间，供电电压偏差超限的时间累计之和为电压超限时间，监测点电压合格率计算公式如下：

$$\text{电压合格率}(\%)=\left(1-\frac{\text{电压超限时间}}{\text{总运行统计时间}}\right)\times 100\% \qquad \text{(A.1)}$$

附 录 B
（资料性附录）
电网电压监测及地区电网电压合格率的统计

B.1 电网电压监测

电网电压监测分为A、B、C、D四类监测点：

(1) A类为带地区供电负荷的变电站和发电厂的20 kV、10(6) kV母线电压。

(2) B类为20 kV、35 kV、66 kV专线供电的和110 kV及以上供电电压。

(3) C类为20 kV、35 kV、66 kV非专线供电的和10(6) kV供电电压。每10 MW负荷至少应设一个电压监测点。

(4) D类为380/220 V低压网络供电电压。每百台配电变压器至少设2个电压监测点。监测点应设在有代表性的低压配电网首末两端和部分重要用户处。

各类监测点每年应随供电网络变化进行调整。

B.2 地区电网电压年(季、月)度合格率的统计

(1) 各类监测点电压合格率为其对应监测点个数的平均值。

$$\text{月度电压合格率}(\%)=\sum_{1}^{n}\frac{\text{电压合格率}}{n} \qquad \cdots\cdots(\text{B.1})$$

式中：

n——各类监测点电压监测点数。

$$\text{年(季)度电压合格率}(\%)=\sum_{1}^{m}\frac{\text{月度电压合格率}}{m} \qquad \cdots\cdots(\text{B.2})$$

式中：

m——年(季)度电压合格率统计月数。

(2) 电网年(季、月)度综合电压合格率 γ

$$\gamma(\%)=0.5\gamma_A+0.5\left(\frac{\gamma_B+\gamma_C+\gamma_D}{3}\right) \qquad \cdots\cdots(\text{B.3})$$

式中：

γ_A、γ_B、γ_C、γ_D——A、B、C、D类的年(季、月)度电压合格率。

参 考 文 献

[1] GB/T 19862—2005 电能质量监测设备通用要求

[2] IEC 61000-4-30 Testing and measurement techniques-Power quality measurement methods (International Standard 2003-02)

[3] EN50160 Voltage characteristics of electricity supplied by public distribution system, 2000

ICS 27.010
F 20

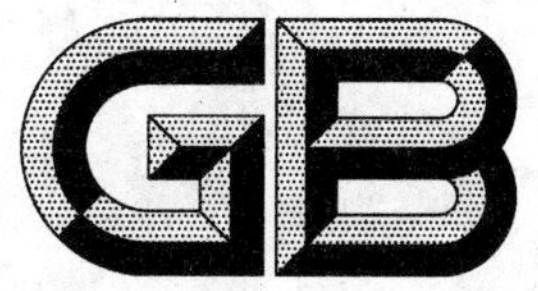

中华人民共和国国家标准

GB/T 15945—2008
代替 GB/T 15945—1995

电能质量　电力系统频率偏差

Power quality—Frequency deviation for power system

2008-06-18 发布　　2009-05-01 实施

中华人民共和国国家质量监督检验检疫总局
中国国家标准化管理委员会　发布

前　言

本标准代替 GB/T 15945—1995《电能质量　电力系统频率允许偏差》。

本标准与 GB/T 14945—1995 相比主要变化如下：

——标准名称改为《电能质量　电力系统频率偏差》；

——增加了术语“2.1　标称频率”；

——对原标准中的“4　测量仪表”的内容进行扩充和细化，改为“4　频率偏差的测量”；

——删除了原标准中的“2.2　频率变动”；

——将原标准中关于冲击负荷引起的频率偏差限值移到附录 A；

——增加了附录 B“频率合格率统计”。

本标准的附录 A、附录 B 为规范性附录。

本标准由全国电压电流等级和频率标准化技术委员会提出并归口。

本标准起草单位：中国电力科学研究院、国家电网公司国家电力调度通信中心、中机生产力促进中心、哈尔滨电工仪表研究所、国电龙源电力技术工程有限责任公司、上海电气科学研究所（集团）有限公司。

本标准主要起草人：潘艳、朱伟江、刘迅、林海雪、李照阳、于坤山、王明仁、马俊镛、李松洁。

本标准所代替标准的历次版本发布情况为：

——GB/T 15945—1995。

电能质量　电力系统频率偏差

1　范围

本标准规定了标称频率为 50 Hz 的电力系统频率偏差限值、测量及合格率的统计方法。

本标准不适用于电气设备的频率偏差限值。

2　术语和定义

下列术语和定义适用于本标准。

2.1

标称频率　nominal frequency

系统设计选定的频率。

2.2

频率偏差　frequency deviation

系统频率的实际值和标称值之差。

2.3

冲击负荷　impact load

生产(或运行)过程中周期性或非周期性地从电网中取用快速变动功率的负荷。

2.4

频率合格率　frequency qualification rate

实际运行频率偏差在限值范围内累计运行时间与对应的总运行统计时间的百分比。

3　频率偏差限值

3.1　电力系统正常运行条件下频率偏差限值为±0.2 Hz。当系统容量较小时，偏差限值可以放宽到±0.5 Hz。

3.2　冲击负荷引起的频率偏差限值见本标准附录 A。

3.3　电力系统中频率合格率的统计方法见本标准附录 B。

4　频率偏差的测量

4.1　频率偏差的测量方法

测量电网基波频率，每次取 1 s、3 s 或 10 s 间隔内计到的整数周期与整数周期累计时间之比(和 1 s、3 s 或 10 s 时钟重叠的单个周期应丢弃)。测量时间间隔不能重叠，每 1 s、3 s 或 10 s 间隔应在 1 s、3 s 或 10 s 时钟开始时计。本标准不排斥更先进的频率测量方法的采用。

4.2　仪器准确度

测量误差不应超过±0.01 Hz。

附 录 A
(规范性附录)
冲击负荷引起的频率偏差变化

冲击负荷引起的系统频率变化为±0.2 Hz,根据冲击负荷性质和大小以及系统的条件也可适当变动,但应保证近区电力网、发电机组和用户的安全、稳定运行以及正常供电。

附 录 B
（规范性附录）
频率合格率统计

通过监测及直接或间接地统计频率超限时间以获得表征电网频率在限值以内的一种方法。统计时间以 s 为单位，计算公式如下：

$$频率合格率 = \left(1 - \frac{频率超限时间}{总运行统计时间}\right) \times 100\% \qquad \cdots\cdots\cdots\cdots(B.1)$$

参 考 文 献

[1] GB/T 1980—2005 电气设备额定频率

[2] GB/T 19862—2005 电能质量测量设备通用要求

[3] IEC 61000-4-30 Testing and measurement techniques—Power quality measurement methods (International Standard),2003-02

[4] EN 50160:2000 Voltage characteristics of electricity supplied by public distribution system

ICS 29.020
K 04

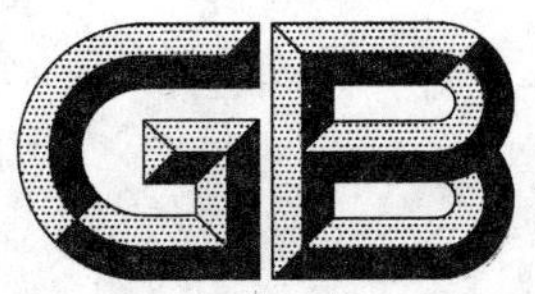

中华人民共和国国家标准

GB/T 15543—2008
代替 GB/T 15543—1995

电能质量 三相电压不平衡

Power quality—Three-phase voltage unbalance

2008-06-18 发布 2009-05-01 实施

中华人民共和国国家质量监督检验检疫总局
中国国家标准化管理委员会 发布

前　言

本标准代替 GB/T 15543—1995《电能质量　三相电压允许不平衡度》。

和 GB/T 15543—1995 相比较，这次修订的主要内容有：

——修订了本标准的适用范围，明确了“瞬时和暂时的不平衡问题不适用于本标准”。

——增加了低压配电系统零序不平衡度的相关内容。同时，将原标准中所有的“不平衡度”改为“负序不平衡度”。

——将原标准的“不平衡度的测量和取值”内容由附录提升至标准正文，并对测量时间、测量方法进行了调整。对波动负荷引起的不平衡，测量时间规定为 24 h，每个不平衡度的测量间隔调整为 1 min；而对系统的公共连接点，测量时间调整为一周，每个不平衡度的测量间隔为 1 min 的整数倍。

——因为测量方法成了新标准的内容，对标准的名称进行了修改，将“三相电压允许不平衡度”修改为“三相电压不平衡”。同时标准的“电能质量”一词的英文翻译进行调整，使之与电能质量的其他标准保持一致。

——增加了“规范性引用文件”的内容，并对术语进行了扩充。

——明确规定三相不平衡度为基波分量的不平衡度。

——对附录的“不平衡度计算”内容进行了调整。

本标准的附录 A 为资料性附录。

本标准由全国电压电流等级和频率标准化技术委员会提出并归口。

本标准起草单位：武汉国测科技股份有限公司、中国电力科学研究院、中机生产力促进中心、国网武汉高压研究院、中铁第四勘察设计院集团有限公司、武汉钢铁工程技术集团、哈尔滨电工仪表研究所、浙江省电力试验研究院、广东电网公司电力科学研究院、江苏省电力试验研究院有限公司、中冶京诚工程技术有限公司、北京交通大学电气工程学院、江西电力试验研究院、华中科技大学电气与电子工程学院。

本标准主要起草人：侯铁信、卜正良、林海雪、刘迅、李澍森、黄足平、邹家武、张建平、梅桂华、李照阳。

本标准参与起草人：景德炎、顾文、曾幼云、吴命利、万卫、林湘宁、程利军。

本标准所代替标准的历次版本发布情况为：

——GB/T 15543—1995。

电能质量　三相电压不平衡

1　范围

本标准规定了三相电压不平衡的限值、计算、测量和取值方法。

本标准适用于标称频率为50 Hz的交流电力系统正常运行方式下由于负序基波分量引起的公共连接点的电压不平衡及低压系统由于零序基波分量而引起的公共连接点的电压不平衡。

电气设备额定工况的电压允许不平衡度和负序电流允许值仍由各自标准规定，例如旋转电机按GB 755要求规定。

瞬时和暂时的不平衡问题不适用于本标准。

2　规范性引用文件

下列文件中的条款通过本标准的引用而成为本标准的条款。凡是注日期的引用文件，其随后所有的修改单(不包括勘误的内容)或修订版均不适用于本标准，然而，鼓励根据本标准达成协议的各方研究是否可使用这些文件的最新版本。凡是不注日期的引用文件，其最新版本适用于本标准。

GB/T 156—2007　标准电压(IEC 60038:2002，MOD)

GB/T 12325　电能质量　供电电压偏差

3　术语与定义

下列术语和定义适用于本标准。

3.1

电压不平衡　voltage unbalance

三相电压在幅值上不同或相位差不是120°，或兼而有之。

3.2

不平衡度　unbalance factor

指三相电力系统中三相不平衡的程度。用电压、电流负序基波分量或零序基波分量与正序基波分量的方均根值百分比表示。电压、电流的负序不平衡度和零序不平衡度分别用ε_{U2}、ε_{U0}和ε_{12}、ε_{10}表示。

3.3

正序分量　positive-sequence component

将不平衡的三相系统的电量按对称分量法分解后其正序对称系统中的分量。

3.4

负序分量　negative-sequence component

将不平衡的三相系统的电量按对称分量法分解后其负序对称系统中的分量。

3.5

零序分量　zero-sequence component

将不平衡的三相系统的电量按对称分量法分解后其零序对称系统中的分量。

3.6

公共连接点　point of common coupling

电力系统中一个以上用户的连接处。

3.7

瞬时 instantaneous

用于量化短时间变化持续时间的修饰词,其时间范围为工频 0.5 周波～30 周波。

3.8

暂时 momentary

用于量化短时间变化持续时间的修饰词,指时间范围为工频 30 周波～3 s。

3.9

短时 temporary

用于量化短时间变化持续时间的修饰词,指时间范围为 3 s～1 min。

4 电压不平衡度限值

4.1 电力系统公共连接点电压不平衡度限值为:

电网正常运行时,负序电压不平衡度不超过 2%,短时不得超过 4%;

低压系统零序电压限值暂不作规定,但各相电压必须满足 GB/T 12325 的要求。

注 1:本标准中不平衡度为在电力系统正常运行的最小方式(或较小方式)下、最大的生产(运行)周期中负荷所引起的电压不平衡度的实测值。

注 2:低压系统是指标称电压不大于 1 kV 的供电系统。

4.2 接于公共连接点的每个用户引起该点负序电压不平衡度允许值一般为 1.3%,短时不超过 2.6%。根据连接点的负荷状况以及邻近发电机、继电保护和自动装置安全运行要求,该允许值可作适当变动,但必须满足 4.1 的规定。

5 用户引起的电压不平衡度允许值换算

负序电压不平衡度允许值一般可根据连接点的正常最小短路容量换算为相应的负序电流值作为分析或测算依据,邻近大型旋转电机的用户其负序电流值换算时应考虑旋转电机的负序阻抗。有关不平衡度的计算见附录 A。

6 不平衡度的测量和取值

6.1 测量条件

测量应在电力系统正常运行的最小方式(或较小方式)下,不平衡负荷处于正常、连续工作状态下进行,并保证不平衡负荷的最大工作周期包含在内。

6.2 测量时间

对于电力系统的公共连接点,测量持续时间取一周(168 h),每个不平衡度的测量间隔可为 1 min 的整数倍;对于波动负荷,按 6.1 规定,可取正常工作日 24 h 持续测量,每个不平衡度的测量间隔为 1 min。

6.3 测量取值

对于电力系统的公共连接点,供电电压负序不平衡度测量值的 10 min 方均根值的 95%概率大值应不大于 2%,所有测量值中的最大值不大于 4%。对日波动不平衡负荷,供电电压负序不平衡度测量值的 1 min 方均根值的 95%概率大值应不大于 2%,所有测量值中的最大值不大于 4%。

对于日波动不平衡负荷也可以时间取值:日累计大于 2%的时间不超过 72 min,且每 30 min 中大于 2%的时间不超过 5 min。

注 1:为了实用方便,实测值的 95%概率值可将实测值按由大到小次序排列,舍弃前面 5%的大值取剩余实测值中的最大值。

注 2:以时间取值时,如果 1 min 方均根值超过 2%,按超标 1 min 进行时间累计。

注 3:所有测量值是指以 6.4 要求得到的所有测量结果。

6.4 不平衡度测量仪器应满足本标准的测量要求，仪器记录周期为 3 s，按方均根取值。电压输入信号基波分量的每次测量取 10 个周波的间隔。对于离散采样的测量仪器推荐按式(1)计算：

$$\varepsilon = \sqrt{\frac{1}{m}\sum_{k=1}^{m}\varepsilon_k^2} \quad \cdots\cdots(1)$$

式中：

ε_k——在 3 s 内第 k 次测得的不平衡度；

m——在 3 s 内均匀间隔取值次数($m \geqslant 6$)。

对于特殊情况由供用电双方另行商定。

注：6.3 中 10 min 或 1 min 方均根值系由所有记录周期的方均根值的算术平均求取。

6.5 仪器的不平衡度测量误差：

电压不平衡度的测量误差应满足式(2)规定：

$$|\varepsilon_U - \varepsilon_{UN}| \leqslant 0.2\% \quad \cdots\cdots(2)$$

式中：

ε_{UN}——电压不平衡度实际值；

ε_U——电压不平衡度的仪器测量值实际值。

电流不平衡度的测量误差应满足式(3)规定：

$$|\varepsilon_I - \varepsilon_{IN}| \leqslant 1\% \quad \cdots\cdots(3)$$

式中：

ε_{IN}——电流不平衡度实际值；

ε_I——电流不平衡度的仪器测量值实际值。

附　录　A
（资料性附录）
不平衡度的计算

A.1　不平衡度的表达式

$$\begin{cases}\varepsilon_{U2} = \dfrac{U_2}{U_1} \times 100\% \\ \varepsilon_{U0} = \dfrac{U_0}{U_1} \times 100\% \end{cases} \qquad \cdots\cdots\cdots\cdots(A.1)$$

式中：

U_1——三相电压的正序分量方均根值，单位为伏（V）；

U_2——三相电压的负序分量方均根值，单位为伏（V）；

U_0——三相电压的零序分量方均根值，单位为伏（V）。

将式（A.1）中 U_1、U_2、U_0 换为 I_1、I_2、I_0 则为相应的电流不平衡度 ε_{I2} 和 ε_{I0} 的表达式。

A.2　不平衡度的准确计算式

A.2.1　在三相系统中，通过测量获得三相电量的幅值和相位后应用对称分量法分别求出正序分量、负序分量和零序分量，由式（A.1）求出不平衡度。

A.2.2　在没有零序分量的三相系统中，当已知三相量 a、b、c 时也可以用式（A.2）求负序不平衡度：

$$\varepsilon_2 = \sqrt{\frac{1-\sqrt{3-6L}}{1+\sqrt{3-6L}}} \times 100(\%) \qquad \cdots\cdots\cdots\cdots(A.2)$$

式中：

$L=(a^4+b^4+c^4)/(a^2+b^2+c^2)^2$

A.3　不平衡度的近似计算式

A.3.1　设公共连接点的正序阻抗与负序阻抗相等，则负序电压不平衡度为：

$$\varepsilon_{U2} = \frac{\sqrt{3}I_2U_L}{S_k} \times 100(\%) \qquad \cdots\cdots\cdots\cdots(A.3)$$

式中：

I_2——负序电流值，单位为安（A）；

S_k——公共连接点的三相短路容量，单位为伏安（VA）；

U_L——线电压，单位为伏（V）。

A.3.2　相间单相负荷引起的负序电压不平衡度可近似为：

$$\varepsilon_{U2} \approx \frac{S_L}{S_k} \times 100\% \qquad \cdots\cdots\cdots\cdots(A.4)$$

式中：

S_L——单相负荷容量，单位为伏安（VA）。

参 考 文 献

[1] GB/T 18039.4—2003 工厂低频传导骚扰的兼容水平(IEC 61000-2-4:1994,IDT)

[2] GB/T 19862—2005 电能质量监测设备通用要求

[3] IEC 61000-4-30:2003 电磁兼容(EMC) 第4部分:试验和测量技术 电能质量测量方法

ICS 27.100
F 020

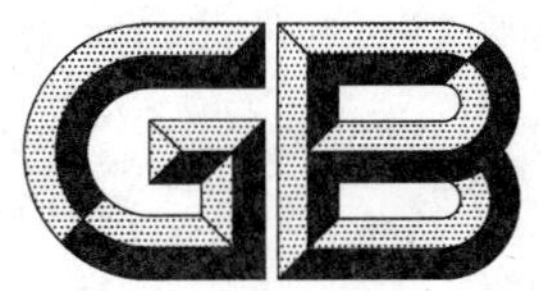

中华人民共和国国家标准

GB/T 12326—2008
代替 GB 12326—2000

电能质量　电压波动和闪变

Power quality—Voltage fluctuation and flicker

2008-06-18 发布　　2009-05-01 实施

中华人民共和国国家质量监督检验检疫总局
中国国家标准化管理委员会　发布

前　言

本标准代替 GB 12326—2000《电能质量　电压波动和闪变》。

与 GB 12326—2000 相比，本次修订的主要内容有：

——对闪变的限值进行了调整，以长时间闪变值 P_{lt} 作为闪变的限值，较原闪变限值有一定程度的放宽。对单个波动负荷引起的闪变，根据实际情况仍分三级处理，但有一定简化，并对超标用户提出明确的治理要求。

——对电压波动限值的判据进行了调整。对于电压变动频度较低或规则的周期性电压波动，仍采用现行限值作为其判据；对于随机性不规则的电压波动，规定了电压变动的最大值作为判据，并调整了原限值。这样增强了电压波动测量和判断是否合格的可操作性。

——对闪变的测量持续时间、取值方法进行了调整。电力系统公共连接点的闪变采用一个星期(168 h)测量，单个波动负荷引起的闪变采用一天(24 h)测量，都取最大值为合格判据。

——对闪变的估算方法进行了简化，删除了原标准中不常用的正弦波、三角波电压波动 $P_{st}=1$ 曲线分析法以及难于执行的仿真法和闪变时间分析法。

——简化了原标准附录 C 涉及的闪变分析实例和评估方法，用较简洁的方式给出了各种电弧炉闪变评估系数。

——电压波动和闪变的限值的适用范围扩展到超高压(EHV)系统，但不考虑 EHV 对下一电压等级的闪变传递。闪变的传递系数统一修改为推荐值 0.8。

——增加了闪变合格率的统计方法，以便于闪变状况的评估。

本标准的附录 A 为规范性附录，附录 B、附录 C、附录 D 为资料性附录。

本标准由全国电压电流等级和频率标准化技术委员会提出并归口。

本标准起草单位：中国电力科学研究院、广东电网公司电力科学研究院、中机生产力促进中心、浙江省电力试验研究院、北京电力公司北京电力试验研究院、中冶京诚工程技术有限公司、武汉国测科技股份有限公司。

本标准主要起草人：赵刚、梅桂华、刘迅、张建平、于希娟、林海雪、曾幼云、于坤山、卜正良。

本标准所代替标准的历次版本发表情况为：

——GB 12326—1990，GB 12326—2000。

电能质量　电压波动和闪变

1　范围

本标准规定了电压波动和闪变的限值及测试、计算和评估方法。

本标准适用于交流 50 Hz 电力系统正常运行方式下，由波动负荷引起的公共连接点电压的快速变动及由此可能引起人对灯光闪烁明显感觉的场合。

2　规范性引用文件

下列文件中的条款通过本标准的引用而成为本标准的条款。凡是注日期的引用文件，其随后所有的修改单(不包括勘误的内容)或修订版均不适用于本标准，然而，鼓励根据本标准达成协议的各方研究是否可使用这些文件的最新版本。凡是不注日期的引用文件，其最新版本适用于本标准。

GB/T 156—2007　标准电压(IEC 60038:2002,MOD)

GB 17625.2　电磁兼容　限值　对每相额定电流≤16 A 且无条件接入的设备在公用低压供电系统中产生的电压变化、电压波动和闪烁的限制(GB 17625.2—2007,IEC 61000-3-3:2005,IDT)

GB/Z 17625.3　电磁兼容　限值　对额定电流大于 16A 的设备在低压供电系统中产生的电压波动和闪烁的限制 (GB/Z 17625.3—2000,idt IEC 61000-3-5:1994)

IEC 61000-4-15:1996　电磁兼容　试验和测量技术　闪变仪-功能和设计规范

3　术语和定义

下列术语和定义适用于本标准。

3.1

公共连接点　point of common coupling

PCC

电力系统中一个以上用户的连接处。

3.2

波动负荷　fluctuating load

生产(或运行)过程中周期性或非周期性地从供电网中取用变动功率的负荷。例如：炼钢电弧炉、轧机、电弧焊机等。

3.3

电压波动　voltage fluctuation

电压方均根值(有效值)一系列的变动或连续的改变。

3.4

电压方均根值曲线　R. M. S. voltage shape

$U(t)$

每半个基波电压周期方均根值(有效值)的时间函数。

3.5

电压变动　relative voltage change

d

电压方均根值曲线上相邻两个极值电压之差，以系统标称电压的百分数表示。

3.6

电压变动频度　rate of occurrence of voltage changes

r

单位时间内电压变动的次数(电压由大到小或由小到大各算一次变动)。不同方向的若干次变动，如间隔时间小于 30 ms,则算一次变动。

3.7

闪变　flicker

灯光照度不稳定造成的视感。

3.8

短时间闪变值　short term severity

P_{st}

衡量短时间(若干分钟)内闪变强弱的一个统计量值(见附录 A),短时间闪变的基本记录周期为 10 min。

3.9

长时间闪变值　long term severity

P_{lt}

由短时间闪变值 P_{st} 推算出,反映长时间(若干小时)闪变强弱的量值(见附录 A),长时间闪变的基本记录周期为 2 h。

3.10

累积概率函数　cumulative probability function

CPF

其横坐标表示被测量值,纵坐标表示超过对应横坐标值的时间占整个测量时间的百分数(见图 A.2)。

4　电压波动的限值

任何一个波动负荷用户在电力系统公共连接点产生的电压变动,其限值和电压变动频度、电压等级有关。对于电压变动频度较低(例如 $r \leqslant 1\,000$ 次/h)或规则的周期性电压波动,可通过测量电压方均根值曲线 $U(t)$ 确定其电压变动频度和电压变动值。电压波动限值见表 1。

表 1　电压波动限值

r/(次/h)	d/%	
	LV、MV	HV
$r \leqslant 1$	4	3
$1 < r \leqslant 10$	3*	2.5*
$10 < r \leqslant 100$	2	1.5
$100 < r \leqslant 1\,000$	1.25	1

注 1：很少的变动频度(每日少于 1 次),电压变动限值 d 还可以放宽,但不在本标准中规定。

注 2：对于随机性不规则的电压波动,如电弧炉负荷引起的电压波动,表中标有"*"的值为其限值。

注 3：参照 GB/T 156—2007,本标准中系统标称电压 U_N 等级按以下划分：

低压(LV)　　$U_N \leqslant 1$ kV

中压(MV)　　1 kV $< U_N \leqslant 35$ kV

高压(HV)　　35 kV $< U_N \leqslant 220$ kV

对于 220 kV 以上超高压(EHV)系统的电压波动限值可参照高压(HV)系统执行。

5 闪变的限值

5.1 电力系统公共连接点，在系统正常运行的较小方式下，以一周(168 h)为测量周期，所有长时间闪变值 P_{lt} 都应满足表 2 闪变限值的要求。

表 2 闪变限值

P_{lt}	
≤110 kV	>110 kV
1	0.8

5.2 任何一个波动负荷用户在电力系统公共连接点单独引起的闪变值一般应满足下列要求。

5.2.1 电力系统正常运行的较小方式下，波动负荷处于正常、连续工作状态，以一天(24 h)为测量周期，并保证波动负荷的最大工作周期包含在内，测量获得的最大长时间闪变值和波动负荷退出时的背景闪变值，通过下列计算获得波动负荷单独引起的长时间闪变值：

$$P_{lt2} = \sqrt[3]{P_{lt1}^3 - P_{lt0}^3} \quad \cdots\cdots(1)$$

式中：

P_{lt1}——波动负荷投入时的长时间闪变测量值；

P_{lt0}——背景闪变值，是波动负荷退出时一段时期内的长时间闪变测量值；

P_{lt2}——波动负荷单独引起的长时间闪变值。

波动负荷单独引起的闪变值根据用户负荷大小、其协议用电容量占总供电容量的比例以及电力系统公共连接点的状况，分别按三级作不同的规定和处理。

5.2.2 第一级规定。满足本级规定，可以不往闪变核算允许接入电网。

a) 对于 LV 和 MV 用户，第一级限值见表 3。

表 3 LV 和 MV 用户第一级限值

r/(次/min)	$k=(\Delta S/S_{sc})_{max}$/%
$r<10$	0.4
$10\leqslant r\leqslant 200$	0.2
$200<r$	0.1
注：表中 ΔS 为波动负荷视在功率的变动；S_{sc} 为 PCC 短路容量。	

b) 对于 HV 用户，满足 $(\Delta S/S_{sc})_{max}<0.1\%$。

c) 满足 $P_{lt}<0.25$ 的单个波动负荷用户。

d) 符合 GB 17625.2 和 GB/Z 17625.3 的低压用电设备。

5.2.3 第二级规定。波动负荷单独引起的长时间闪变值须小于该负荷用户的闪变限值。

每个用户按其协议用电容量 S_i($S_i=P_i/\cos\varphi_i$)和总供电容量 S_t 之比，考虑上一级对下一级闪变传递的影响(下一级对上一级的传递一般忽略)等因素后确定该用户的闪变限值。单个用户闪变限值的计算方法如下：

首先求出接于 PCC 点的全部负荷产生闪变的总限值 G：

$$G = \sqrt[3]{L_P^3 - T^3 L_H^3} \quad \cdots\cdots(2)$$

式中：

L_P——PCC 点对应电压等级的长时间闪变值 P_{lt} 限值；

L_H——上一电压等级的长时间闪变值 P_{lt} 限值；

T——上一电压等级对下一电压等级的闪变传递系数，推荐为 0.8。不考虑超高压(EHV)系统对下一级电压系统的闪变传递。各电压等级的闪变限值见表 2。

单个用户闪变限值 E_i 为：

$$E_i = G\sqrt[3]{\frac{S_i}{S_t} \cdot \frac{1}{F}} \quad \cdots\cdots(3)$$

式中：

F——波动负荷的同时系数，其典型值 $F=0.2\sim0.3$(但必须满足 $S_i/F \leqslant S_t$)，高压(HV)系统 PCC 总供电容量 S_{tHV} 确定方法见附录 B。

5.2.4 第三级规定。不满足第二级规定的单个波动负荷用户，经过治理后仍超过其闪变限值，可根据 PCC 点实际闪变状况和电网的发展预测适当放宽限值，但 PCC 点的闪变值必须符合 5.1 的规定。

6 电压波动的测量和估算

电压波动可以通过电压方均根值曲线 $U(t)$ 来描述，电压变动 d 和电压变动频度 r 则是衡量电压波动大小和快慢的指标。

电压变动 d 的定义表达式为：

$$d = \frac{\Delta U}{U_N} \times 100\% \quad \cdots\cdots(4)$$

式中：

ΔU——电压方均根值曲线上相临两个极值电压之差；

U_N——系统标称电压。

当电压变动频度较低且具有周期性时，可通过电压方均根值曲线 $U(t)$ 的测量，对电压波动进行评估。单次电压变动可通过系统和负荷参数进行估算。

当已知三相负荷的有功功率和无功功率的变化量分别为 ΔP_i 和 ΔQ_i 时，可用下式计算：

$$d = \frac{R_L \Delta P_i + X_L \Delta Q_i}{U_N^2} \times 100\% \quad \cdots\cdots(5)$$

式中：R_L、X_L 分别为电网阻抗的电阻、电抗分量。

在高压电网中，一般 $X_L \gg R_L$，则：

$$d \approx \frac{\Delta Q_i}{S_{sc}} \times 100\% \quad \cdots\cdots(6)$$

式中：

S_{sc}——考察点(一般为 PCC)在正常较小方式下的短路容量。

在无功功率的变化量为主要成分时(例如大容量电动机启动)，可采用式(7)、式(8)进行粗略估算。

对于平衡的三相负荷：

$$d \approx \frac{\Delta S_i}{S_{sc}} \times 100\% \quad \cdots\cdots(7)$$

式中：

ΔS_i——三相负荷的变化量。

对于相间单相负荷：

$$d \approx \frac{\sqrt{3}\Delta S_i}{S_{sc}} \times 100\% \quad \cdots\cdots(8)$$

式中：

ΔS_i——相间单相负荷的变化量。

注：当缺正常较小方式的短路容量时，设计所取的系统短路容量可以用投产时系统最大短路容量乘系数 0.7 进行计算。

7 闪变的测量和计算

闪变是电压波动在一段时期内的累计效果，它通过灯光照度不稳定造成的视感来反映，主要由短时

间闪变 P_{st} 和长时间闪变值 P_{lt} 来衡量。短时间闪变值 P_{st} 的计算方法见附录 A，长时间闪变值 P_{lt} 由测量时间段内包含的短时间闪变值 P_{st} 计算获得：

$$P_{lt}=\sqrt[3]{\frac{1}{12}\sum_{j=1}^{12}(P_{stj})^3} \qquad (9)$$

式中：

P_{stj}——2 h 内第 j 个短时间闪变值。

各种类型电压波动引起的闪变均可采用符合 IEC 61000-4-15：1996 的闪变仪进行直接测量，这是闪变量值判定的基准方法。对于三相等概率的波动负荷，可以任意选取一相测量。

当负荷为周期性等间隔矩形波（或阶跃波）时，闪变可通过其电压变动 d 和频度 r 进行估算。已知电压变动 d 和频度 r 时，可以利用图 1（或表 4）用 $P_{st}=1$ 曲线由 r 查出对应于 $P_{st}=1$ 时的电压变动 d_{Lim}，计算出其短时间闪变值：

$$P_{st}=\frac{d}{d_{Lim}} \qquad (10)$$

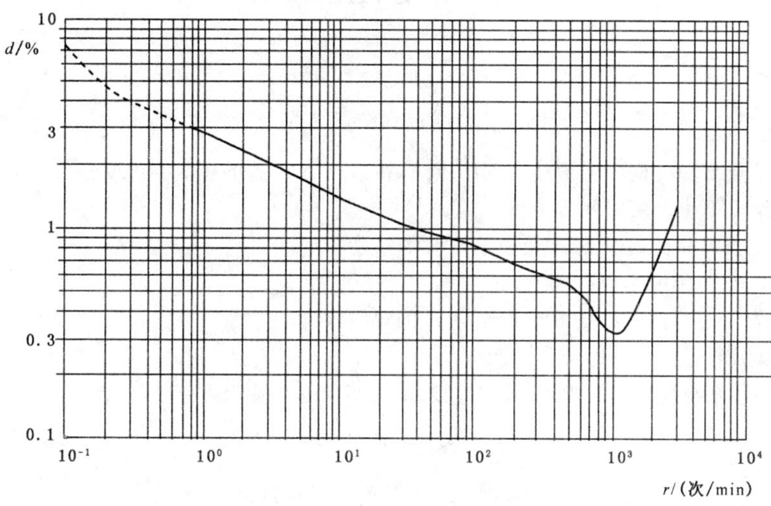

图 1　周期性矩形（或阶跃波）电压变动的单位闪变（$P_{st}=1$）曲线

表 4　周期性矩形（或阶跃波）电压变动的单位闪变（$P_{st}=1$）曲线对应数据

d/%	3.0	2.9	2.8	2.7	2.6	2.5	2.4	2.3	2.2	2.1	2.0	1.9	1.8
R/(次/min)	0.76	0.84	0.95	1.06	1.20	1.36	1.55	1.78	2.05	2.39	2.79	3.29	3.92
d/%	1.7	1.6	1.5	1.4	1.3	1.2	1.1	1.0	0.95	0.90	0.85	0.80	0.75
R/(次/min)	4.71	5.72	7.04	8.79	11.16	14.44	19.10	26.6	32.0	39.0	48.7	61.8	80.5
d/%	0.70	0.65	0.60	0.55	0.50	0.45	0.40	0.35	0.29	0.30	0.35	0.40	0.45
R/(次/min)	110	175	275	380	475	580	690	795	1 052	1 180	1 400	1 620	1 800

8　闪变的叠加和传递

8.1　n 个波动负荷各自引起的闪变及背景闪变在同一节点上相互叠加，其短时间闪变值可按下式计算：

$$P_{st}=\sqrt[m]{(P_{st1})^m+(P_{st2})^m+\cdots+(P_{stn})^m} \qquad (11)$$

式中：

m——值取决于主要闪变源的性质及其工况的重叠可能性；

$m=1$——用于波动负荷引起电压变动同时发生重叠率很高的状况；

$m=2$——用于随机波动负荷引起电压变动同时发生的状况(例如熔化期重叠的电弧炉)；

$m=3$——用于波动负荷引起的电压变动同时发生的可能性很小的状况(比较常用)；

$m=4$——仅用于熔化期不重叠的电弧炉所引起的电压变动合成。

8.2 电力系统不同母线结点上闪变的传递如图2所示，可按下式简化计算：

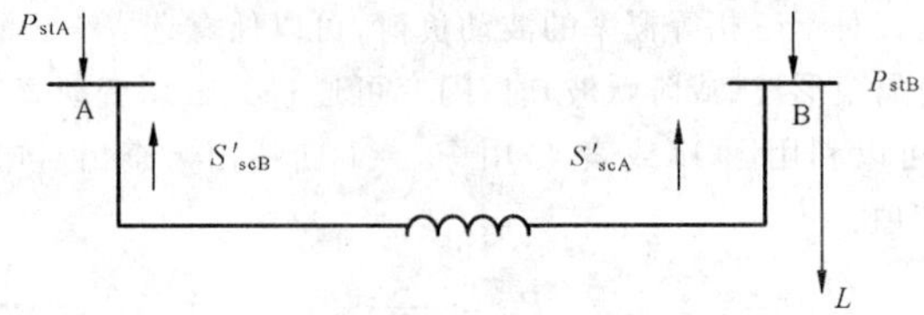

L——波动负荷。

图2 闪变传递计算示意

$$P_{stA}=T_{BA}\cdot P_{stB} \qquad (12)$$

式中：

$T_{BA}=\dfrac{S'_{scA}}{S_{scA}-S'_{scB}}$为结点B短时间闪变值传递到结点A的传递系数；

P_{stA}——结点B短时间闪变值传递到结点A，在结点A引起的短时间闪变值；

P_{stB}——结点B上的短时间闪变值；

S'_{scA}——结点B短路时结点A流向结点B的短路容量；

S_{scA}——结点A的短路容量；

S'_{scB}——结点A短路时结点B流向结点A的短路容量；

当$S'_{scA}=0$，而$S_{scA}=S'_{scB}$时$P_{stA}=P_{stB}$

8.3 某台设备在系统短路容量为S_{sc0}时P_{st0}已知，当短路容量变为S_{sc1}时P_{st1}按下式计算：

$$P_{st1}=P_{st0}\cdot\frac{S_{sc0}}{S_{sc1}} \qquad (13)$$

式(11)、式(12)、式(13)也可用于长时间闪变值的相关计算。

附 录 A
（规范性附录）
闪变的测量和计算式

根据 IEC 61000-4-15：1996 制造的 IEC 闪变仪是目前国际上通用的测量闪变的仪器，有模拟式的也有部分或全部是数字式的结构，其简化原理框图如图 A.1 所示。

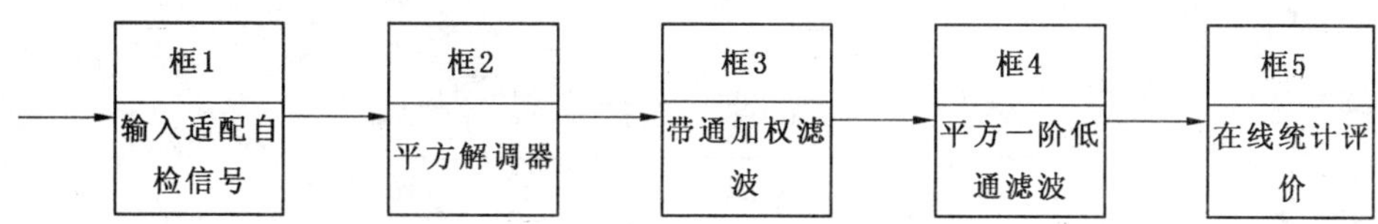

图 A.1 IEC 闪变仪模型的简化框图

框 1 为输入级，它除了用来实现把不同等级的电源电压（从电压互感器或输入变压器二次侧取得）降到适用于仪器内部电路电压值的功能外，还产生标准的调制波，用于仪器的自检。框 2、3、4 综合模拟了灯-眼-脑环节对电压波动的反应。其中框 2 对电压波动分量进行解调，获得与电压变动成线性关系的电压；框 3 的带通加权滤波器反映了人对 60 W 230 V 钨丝灯在不同频率的电压波动下照度变化的敏感程度，通频带为 0.05 Hz～35 Hz；框 4 包含一个平方器和时间常数为 300 ms 的低通滤波器，用来模拟灯-眼-脑环节对灯光照度变化的暂态非线性响应和记忆效应。框 4 的输出 $S(t)$ 反映了人的视觉对电压波动的瞬时闪变感觉水平。如图 A.2a）所示，可对 $S(t)$ 作不同的处理来反映电网电压引起的闪变情况。进入框 5 的 $S(t)$ 值是用积累概率函数 *CPF* 的方法进行分析。在观察期内（10 min），对上述信号进行统计。图中为了简明起见，分为 10 级。以第 7 级为例，由图 A.2a），$T_7=\sum_{i=1}^{5} t_i$，用 CPF_7 代表 S 值处于 7 级（或 1.2 p.u.～1.4 p.u.）的时间 T_7 占总观察时间的百分数，相继求出 CPF_i（$i=1$～10）即可作出图 A.2b）*CPF* 曲线。实际仪器分级数应不小于 64 级。

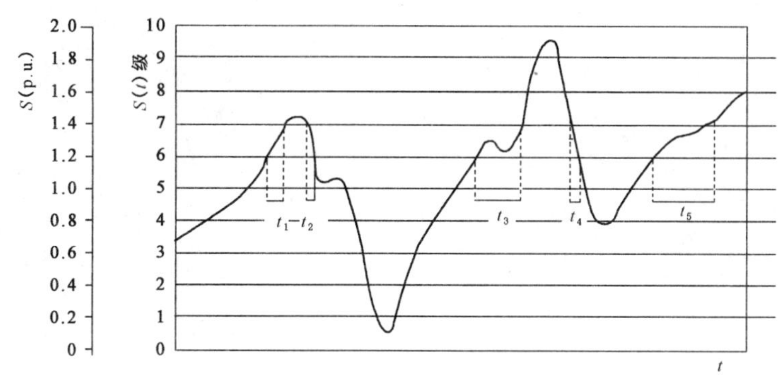

a）

图 A.2 由 $S(t)$ 曲线作出的 *CPF* 曲线示例

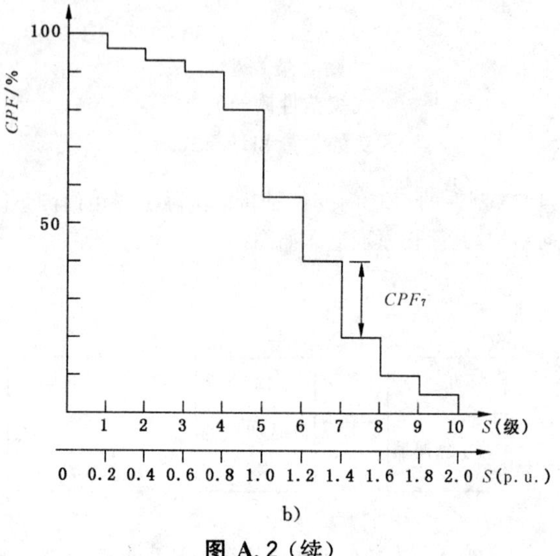

b)

图 A.2（续）

由 CPF 曲线获得短时间闪变值：

$$P_{st}=\sqrt{0.0314P_{0.1}+0.0525P_{1}+0.0657P_{3}+0.28P_{10}+0.08P_{50}} \quad \cdots\cdots(A.1)$$

式中：

$P_{0.1}$、P_1、P_3、P_{10}、P_{50}分别为 CPF 曲线上等于 0.1%、1%、3%、10%和 50%时间的 $S(t)$值。

长时间闪变值 P_{lt}由测量时间段内包含的短时间闪变值计算获得：

$$P_{lt}=\sqrt[3]{\frac{1}{n}\sum_{j=1}^{n}(P_{stj})^{3}} \quad \cdots\cdots(A.2)$$

式中：

n——长时间闪变值测量时间内所包含的短时间闪变值个数。

P_{st}和 P_{lt}由图 A.1 框 5 输出。

每计算获得一个 P_{st}可依据式(A.2)进行递推计算，获得一个 P_{lt}。

附 录 B
（资料性附录）
高压（HV）总供电容量 S_{tHV} 的估算方法

高压（HV）总供电容量 S_{tHV} 即为主变压器的供电容量。对于某些用户（特别是 220 kV 级用户），其 PCC 可能有多个供电电源，S_{tHV} 可以用下列方法估算：

第一种近似估算：在 PCC 最大需求日（或计及将来发展），所供给的 HV 用户总容量为 $\sum S_{iHV}$，就取为 S_{tHV}。但当 PCC 附近有较大的波动负荷时，则按第二种近似估算。

第二种近似估算：如图 B.1 所示。设 1 为所考虑的结点，2、3 为其附近有较大波动负荷的结点。先按第一种估算法，求出 S_{tHV1}、S_{tHV2}、S_{tHV3}。然后求出工频下传递系数 K_{2-1}、K_{3-1}。“传递系数”K_{j-i}是结点 j 注入 1 p. u. 电压时在 i 结点引起的电压。K_{j-i}计算一般需要计算机程序，但 8.2 给出简化的算法，在许多情况下能很快求出近似的结果。由此得：

$$S_{tHV}=S_{tHV1}+K_{2-1}\times S_{tHV2}+K_{3-1}\times S_{tHV3}。$$

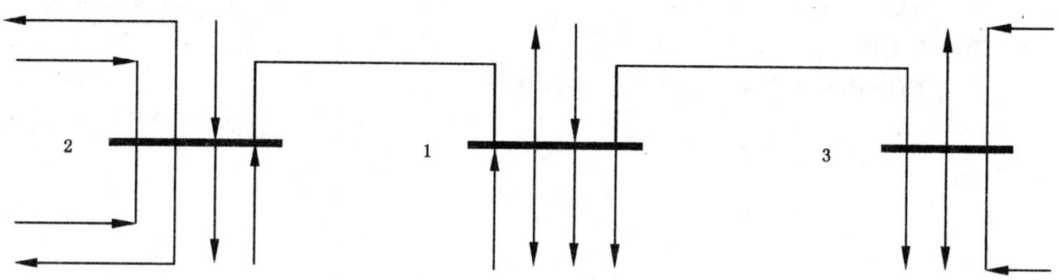

图 B.1 第二种近似估算 S_{tHV} 示意

附 录 C
（资料性附录）
电弧炉的闪变估算方法

电弧炉在运行过程中，特别是在熔化期，随机且大幅度波动的无功功率会引起供电母线严重的电压波动和闪变。电弧炉在熔化期电极和炉料（或熔化后钢水）接触可以有开路和短路两种极端状态，当相继出现这两种状态时，其最大无功功率变动量 ΔQ_{max} 就等于短路容量 S_d。

电弧炉在 PCC 点引起的最大电压变动 d_{max} 可通过其最大无功功率变动量 ΔQ_{max} 由式(6)计算获得。电弧炉在 PCC 点引起的闪变大小主要与 d_{max} 有关，也与电弧炉的类型、炉变参数、短网、冶炼的工艺、炉料的状况等有关。通过经验公式，由电弧炉的类型和其 d_{max} 可对其闪变值进行粗略地估算，经验公式如下：

$$P_{lt} = K_{lt} \cdot d_{max} \qquad \text{(C.1)}$$

式中：

K_{lt}——交流电弧炉一般取 0.48；

K_{t}——直流电弧炉一般取 0.30；

K_{l}——精炼电弧炉一般取 0.20；

康斯丁(CONSTEEL)电弧炉 K_{lt} 一般取 0.25。

附 录 D
（资料性附录）
闪变合格率统计方法

闪变合格率是指实际运行电压在闪变合格范围内累计运行时间与对应的总运行统计时间的百分比，计算式如下：

$$闪变合格率=\left(1-\frac{闪变超限时间}{总运行统计时间}\right)\times 100\% \quad \cdots\cdots(D.1)$$

闪变状况通常可通过闪变合格率的统计方法进行评估。监测点的闪变合格率通常以月度的时间为闪变监测的总运行统计时间。

电网的闪变合格率为各监测点闪变合格率的平均值：

$$电网闪变合格率(\%)=\sum_{1}^{n}监测点闪变合格率/n \quad \cdots\cdots(D.2)$$

式中：

n——闪变监测点个数。

电网年（季）度闪变合格率计算式如下：

$$年(季)度闪变合格率(\%)=\sum_{1}^{m}电网闪变合格率/m \quad \cdots\cdots(D.3)$$

式中：

m——年（季）度的闪变合格率统计月数。

参 考 文 献

[1] GB/Z 17625.5—2000 电磁兼容 限值中、高压电力系统中波动负荷发射限值的评估(idt IEC 61000-3-7:1996)

[2] EN 50160:2000 Voltage characteristics of electricity supplied by public distribution system

UDC 621.3.027.7
F 20

中华人民共和国国家标准

GB/T 14549—93

电能质量　公用电网谐波

Quality of electric energy supply
Harmonics in public supply network

1993-07-31发布　　1994-03-01实施

国家技术监督局　发布

中华人民共和国国家标准

电能质量　公用电网谐波

GB/T 14549—93

Quality of electric energy supply
Harmonics in public supply network

1 主题内容与适用范围

本标准规定了公用电网谐波的允许值及其测试方法。

本标准适用于交流额定频率为 50 Hz，标称电压 110 kV 及以下的公用电网。

标称电压为 220 kV 的公用电网可参照 110 kV 执行。

本标准不适用于暂态现象和短时间谐波。

2 引用标准

GB 156　额定电压

3 术语

3.1　公共连接点　point of common coupling

用户接入公用电网的连接处。

3.2　谐波测量点　harmonic measurement points

对电网和用户的谐波进行测量之处。

3.3　基波（分量）　fundamental (component)

对周期性交流量进行付立叶级数分解，得到的频率与工频相同的分量。

3.4　谐波（分量）　harmonic (component)

对周期性交流量进行付立叶级数分解，得到频率为基波频率大于 1 整数倍的分量。

3.5　谐波次数（h）　harmonic order（h）

谐波频率与基波频率的整数比。

3.6　谐波含量（电压或电流）　harmonic content (for voltage or current)

从周期性交流量中减去基波分量后所得的量。

3.7　谐波含有率　harmonic ratio（HR）

周期性交流量中含有的第 h 次谐波分量的方均根值与基波分量的方均根值之比（用百分数表示）。

第 h 次谐波电压含有率以 HRU_h 表示，第 h 次谐波电流含有率以 HRI_h 表示。

3.8　总谐波畸变率　total harmonic distortion（THD）

周期性交流量中的谐波含量的方均根值与其基波分量的方均根值之比（用百分数表示）。

电压总谐波畸变率以 THD_u 表示，电流总谐波畸变率以 THD_i 表示。

3.9　谐波源　harmonic source

向公用电网注入谐波电流或在公用电网中产生谐波电压的电气设备。

3.10　短时间谐波　short duration harmonics

国家技术监督局 1993-07-31 批准　　　　1994-03-01 实施

冲击持续的时间不超过 2 s，且两次冲击之间的间隔时间不小于 30 s 的电流所含有的谐波及其引起的谐波电压。

注：谐波术语的数字表达式见附录 A(补充件)。

4 谐波电压限值

公用电网谐波电压(相电压)限值见表 1。

表 1

电网标称电压 kV	电压总谐波畸变率 %	各次谐波电压含有率，%	
		奇 次	偶 次
0.38	5.0	4.0	2.0
6	4.0	3.2	1.6
10			
35	3.0	2.4	1.2
66			
110	2.0	1.6	0.8

5 谐波电流允许值

5.1 公共连接点的全部用户向该点注入的谐波电流分量(方均根值)不应超过表 2 中规定的允许值。当公共连接点处的最小短路容量不同于基准短路容量时，表 2 中的谐波电流允许值的换算见附录 B(补充件)。

表 2 注入公共连接点的谐波电流允许值

标准电压 kV	基准短路容量 MVA	谐波次数及谐波电流允许值，A																							
		2	3	4	5	6	7	8	9	10	11	12	13	14	15	16	17	18	19	20	21	22	23	24	25
0.38	10	78	62	39	62	26	44	19	21	16	28	13	24	11	12	9.7	18	8.6	16	7.8	8.9	7.1	14	6.5	12
6	100	43	34	21	34	14	24	11	11	8.5	16	7.1	13	6.1	6.8	5.3	10	4.7	9.0	4.3	4.9	3.9	7.4	3.6	6.8
10	100	26	20	13	20	8.5	15	6.4	6.8	5.1	9.3	4.3	7.9	3.7	4.1	3.2	6.0	2.8	5.4	2.6	2.9	2.3	4.5	2.1	4.1
35	250	15	12	7.7	12	5.1	8.8	3.8	4.1	3.1	5.6	2.6	4.7	2.2	2.5	1.9	3.6	1.7	3.2	1.5	1.8	1.4	2.7	1.3	2.5
66	500	16	13	8.1	13	5.4	9.3	4.1	4.3	3.3	5.9	2.7	5.0	2.3	2.6	2.0	3.8	1.8	3.4	1.6	1.9	1.5	2.8	1.4	2.6
110	750	12	9.6	6.0	9.6	4.0	6.8	3.0	3.2	2.4	4.3	2.0	3.7	1.7	1.9	1.5	2.8	1.3	2.5	1.2	1.4	1.1	2.1	1.0	1.9

注：220 kV 基准短路容量取 2 000 MVA。

5.2 同一公共连接点的每个用户向电网注入的谐波电流允许值按此用户在该点的协议容量与其公共连接点的供电设备容量之比进行分配。分配的计算方法见附录 C(补充件)。

6 测量

测量谐波的方法、数据处理及测量仪器的规定见附录 D(补充件)。

附 录 A
谐波术语的数学表达式
（补充件）

A1 第 h 次谐波电压含有率 HRU_h

$$HRU_h = \frac{U_h}{U_1} \times 100(\%) \qquad \text{(A1)}$$

式中：U_h ——第 h 次谐波电压（方均根值）；

U_1 ——基波电压（方均根值）。

A2 第 h 次谐波电流含有率 HRI_h

$$HRI_h = \frac{I_h}{I_1} \times 100(\%) \qquad \text{(A2)}$$

式中：I_h ——第 h 次谐波电流（方均根值）；

I_1 ——基波电流（方均根值）。

A3 谐波电压含量 U_H

$$U_H = \sqrt{\sum_{h=2}^{\infty}(U_h)^2} \qquad \text{(A3)}$$

A4 谐波电流含量 I_H

$$I_H = \sqrt{\sum_{h=2}^{\infty}(I_h)^2} \qquad \text{(A4)}$$

A5 电压总谐波畸变率 THD_u

$$THD_u = \frac{U_H}{U_1} \times 100(\%) \qquad \text{(A5)}$$

A6 电流总谐波畸变率 THD_i

$$THD_i = \frac{I_H}{I_1} \times 100(\%) \qquad \text{(A6)}$$

附 录 B
谐波电流允许值的换算
（补充件）

当电网公共连接点的最小短路容量不同于表 2 基准短路容量时，按下式修正表 2 中的谐波电流允许值：

$$I_h = \frac{S_{k1}}{S_{k2}} I_{hp} \qquad \text{(B1)}$$

式中：S_{k1} ——公共连接点的最小短路容量，MVA；

S_{k2} ——基准短路容量，MVA；

I_{hp} ——表2 中的第 h 次谐波电流允许值，A；

I_h ——短路容量为 S_{k1} 时的第 h 次谐波电流允许值。

附 录 C
谐波的基本计算式
（补充件）

C1 第 h 次谐波电压含有率 HRU_h 与第 h 次谐波电流分量 I_h 的关系：

$$HRU_h = \frac{\sqrt{3} \cdot Z_h \cdot I_h}{10 \cdot U_N}(\%) \qquad \text{(C1)}$$

近似的工程估算按(C2)或(C3)式计算：

$$HRU_h = \frac{\sqrt{3} \cdot U_N \cdot h \cdot I_h}{10 \cdot S_k}(\%) \qquad \text{(C2)}$$

或

$$I_h = \frac{10 \cdot S_k \cdot HRU_h}{\sqrt{3} \cdot U_N \cdot h}(\%) \qquad \text{(C3)}$$

式中：U_N ——电网的标称电压，kV；

S_k ——公共连接点的三相短路容量，MVA；

I_h ——第 h 次谐波电流，A；

Z_h ——系统的第 h 次谐波阻抗，Ω。

C2 两个谐波源的同次谐波电流在一条线路的同一相上迭加，当相位角已知时按(C4)式计算：

$$I_h = \sqrt{I_{h1}^2 + I_{h2}^2 + 2I_{h1} \cdot I_{h2} \cdot \cos\theta_h} \qquad \text{(C4)}$$

式中：I_{h1} ——谐波源 1 的第 h 次谐波电流，A；

I_{h2} ——谐波源 2 的第 h 次谐波电流，A；

θ_h ——谐波源 1 和谐波源 2 的第 h 次谐波电流之间的相位角。

当相位角不确定时，可按(C5)式进行计算：

$$I_h = \sqrt{I_{h1}^2 + I_{h2}^2 + K_h I_{h1} I_{h2}} \qquad \text{(C5)}$$

式中 K_h 系数按表 C1 选取。

表 C1 公式(C5)中系数 K_h 的值

h	3	5	7	11	13	9|>13|偶次
K_h	1.62	1.28	0.72	0.18	0.08	0

两个以上同次谐波电流迭加时，首先将两个谐波电流迭加，然后再与第三个谐波电流相迭加，以此类推。

两个及以上谐波源在同一节点同一相上引起的同次谐波电压迭加的计算式与式(C4)或(C5)类同。

C3 在公共连接点处第 i 个用户的第 h 次谐波电流允许值(I_{hi})按(C6)式计算：

$$I_{hi} = I_h (S_i/S_t)^{1/\alpha} \qquad \text{(C6)}$$

式中：I_h ——按附录 B 换算的第 h 次谐波电流允许值，A；

S_i ——第 i 个用户的用电协议容量，MVA；

S_t ——公共连接点的供电设备容量，MVA；

α ——相位迭加系数，按表 C2 取值。

表 C2

h	3	5	7	11	13	9|>13|偶次
α	1.1	1.2	1.4	1.8	1.9	2

附 录 D
测量谐波的方法、数据处理及测量仪器
（补充件）

D1 谐波电压（或电流）测量应选择在电网正常供电时可能出现的最小运行方式，且应在谐波源工作周期中产生的谐波量大的时段内进行（例如：电弧炼钢炉应在熔化期测量）。

当测量点附近安装有电容器组时，应在电容器组的各种运行方式下进行测量。

D2 测量的谐波次数一般为第2到第19次，根据谐波源的特点或测试分析结果，可以适当变动谐波次数测量的范围。

D3 对于负荷变化快的谐波源（例如：炼钢电弧炉、晶闸管变流设备供电的轧机、电力机车等），测量的间隔时间不大于2 min，测量次数应满足数理统计的要求，一般不少于30次。

对于负荷变化慢的谐波源（例如：化工整流器、直流输电换流站等），测量间隔和持续时间不作规定。

D4 谐波测量的数据应取测量时段内各相实测量值的95%概率值中最大的一相值，作为判断谐波是否超过允许值的依据。

但对负荷变化慢的谐波源，可选五个接近的实测值，取其算术平均值。

注：为了实用方便，实测值的95%概率值可按下述方法近似选取：将实测值按由大到小次序排列，舍弃前面5%的大值，取剩余实测值中的最大值。

D5 谐波的测量仪器

D5.1 仪器的功能应满足本标准测量要求。

D5.2 为了区别暂态现象和谐波，对负荷变化快的谐波，每次测量结果可为3 s内所测值的平均值。推荐采用下式计算：

$$U_h = \sqrt{\frac{1}{m}\sum_{k=1}^{m}(U_{hk})^2} \qquad \cdots\cdots (D1)$$

式中：U_{hk} ——3 s内第k次测得的h次谐波的方均根值；

m ——3 s内取均匀间隔的测量次数，$m \geqslant 6$。

D5.3 仪器准确度

谐波测量仪的允许误差见表D1。

表 D1 谐波测量仪的允许误差

等 级	被测量	条 件	允许误差
A	电压	$U_h \geqslant 1\%U_N$ $U_h < 1\%U_N$	$5\% U_h$ $0.05\% U_N$
	电流	$I_h \geqslant 3\%I_N$ $I_h < 3\%I_N$	$5\% I_h$ $0.15\% I_N$
B	电压	$U_h \geqslant 3\%U_N$ $U_h < 3\%U_N$	$5\% U_h$ $0.15\% U_N$
	电流	$I_h \geqslant 10\%I_N$ $I_h < 10\%I_N$	$5\% I_h$ $0.50\% I_N$

注：① U_N为标称电压，U_h为谐波电压；I_N为额定电流，I_h为谐波电流。

② A级仪器频率测量范围为0～2 500 Hz，用于较精确的测量，仪器的相角测量误差不大于±5°或±1°·h；B级仪器用于一般测量。

D5.4 仪器有一定的抗电磁干扰能力，便于现场使用。仪器应保证其电源在标称电压±15%，频率在49 Hz～51 Hz范围内电压总谐波畸变率不超过8%条件下能正常工作。

D6 对不符合D5.2条规定的仪器，可用于负荷变化慢的谐波源的测量。如用于负荷变化快的谐波源的测量，测量条件和次数应分别符合D1和D3条的规定。

D7 在测量的频率范围内，仪用互感器、电容式分压器等谐波传感设备应有良好的频率特性，其引入的幅值误差不应大于5%，相角误差不大于5°。在没有确切的频率响应误差特性时，电流互感器和低压电压互感器用于2 500 Hz及以下频率的谐波测量；6～110 kV电磁式电压互感器可用于1 000 Hz及以下频率测量；电容式电压互感器不能用于谐波测量。在谐波电压测量中，对谐波次数或测量精度有较高需要时，应采用电阻分压器（$U_N < 1$ kV）或电容式分压器（$U_N \geqslant 1$ kV）。

附加说明：

本标准由全国电压电流等级和频率标准化技术委员会归口。

本标准由能源部电力司负责起草。能源部电力科学研究院、四川省电力工业局、华中理工大学、湖南省电力工业局、山西电力试验研究所等参加起草。

本标准主要起草人曲涛、任元、林海雪、杜德立、陈宝喜、李平之、吕润余。

ICS 17.220.20
F 20

中华人民共和国国家标准

GB/T 19862—2005

电能质量监测设备通用要求

General requirements for monitoring equipments of power quality

2005-07-29 发布　　2006-04-01 实施

中华人民共和国国家质量监督检验检疫总局
中国国家标准化管理委员会　发布

前 言

本标准在制定过程中结合了我国电力系统的具体特点和国内外电能质量监测设备的生产现状，参阅了 IEC 及 IEEE 等国际和国外标准化组织的相关标准及文献。

本标准由中国国家标准化管理委员会提出。

本标准由全国电压电流等级和频率标准化技术委员会归口。

本标准负责起草单位：全国电压电流等级和频率标准化技术委员会秘书处。

本标准主要起草单位：西安领步电能质量研究所和深圳市领步科技有限公司、机械科学研究院生产力促进中心、中国电力科学研究院、时代集团。

本标准主要起草人：刘军成、李世林、林海雪、李奕。

本标准参加起草单位：西北电力试验研究院、上海电器科学研究所、北京钢铁设计研究总院、机械科学研究院生产力促进中心。

本标准参加起草人：焦莉、季惠玉、曾幼云、康文祥。

电能质量监测设备通用要求

1 范围

本标准规定了电能质量监测设备的通用要求。

本标准适用于户内使用的、对交流电力系统及其设备进行电能质量监视测量的下述设备:

——固定式监测设备;

——便携式监测设备。

2 规范性引用文件

下列文件中的条款通过本标准的引用而成为本标准的条款。凡是注日期的引用文件,其随后所有的修改单(不包括勘误的内容)或修订版均不适用于本标准,然而,鼓励根据本标准达成协议的各方研究是否可使用这些文件的最新版本。凡是不注日期的引用文件,其最新版本适用于本标准。

GB/T 191—2000 包装储运图示标志(eqv ISO 780:1997)

GB/T 2423.1—2001 电工电子产品环境试验 第2部分:试验方法 试验A:低温(idt IEC 60068-2-1:1990)

GB/T 2423.2—2001 电工电子产品环境试验 第2部分:试验方法 试验B:高温(idt IEC 60068-2-2:1974)

GB/T 2423.4—1993 电工电子产品基本环境试验规程 试验Db:交变湿热试验方法(eqv IEC 68-2-30:1980)

GB/T 2423.5—1995 电工电子产品环境试验 第二部分:试验方法 试验Ea和导则:冲击(idt IEC 60068-2-27:1987)

GB/T 2423.10—1995 电工电子产品环境试验 第二部分:试验方法 试验Fc和导则:振动(正弦)(idt IEC 68-2-6:1982)

GB/T 2829—2002 周期检验计数抽样程序及表(适用于对过程稳定性的检验)

GB 4208—1993 外壳防护等级(IP代码)(eqv IEC 60529:1989)

GB/T 12325—2003 电能质量 供电电压允许偏差

GB 12326—2000 电能质量 电压波动和闪变

GB/T 14549—1993 电能质量 公用电网谐波

GB/T 15543—1995 电能质量 三相电压允许不平衡度

GB/T 15945—1995 电能质量 电力系统频率允许偏差

GB 17625.1—2003 电磁兼容限值 谐波电流发射限值(设备每相输入电流≤16A)(IEC 61000-3-2:2001,IDT)

GB/T 17626.2—1998 电磁兼容 试验和测量技术 静电放电抗扰度试验(idt IEC 61000-4-2:1995)

GB/T 17626.3—1998 电磁兼容 试验和测量技术 射频电磁场辐射抗扰度试验(idt IEC 61000-4-3:1995)

GB/T 17626.4—1998 电磁兼容 试验和测量技术 电快速瞬变脉冲群抗扰度试验(idt IEC 61000-4-4:1995)

GB/T 17626.5—1999 电磁兼容 试验和测量技术 浪涌(冲击)抗扰度试验(idt IEC 61000-4-5:1995)

GB/T 17626.11—1999 电磁兼容 试验和测量技术 电压暂降、短时中断和电压变化的抗扰度试验(idt IEC 61000-4-11:1994)

3 术语和定义

下列术语和定义适用于本标准。

3.1

电压偏差 voltage deviation

供电电压对标称电压的偏差。

$$电压偏差(\%)=\frac{实测电压-标称电压}{标称电压}\times 100$$

[GB/T 12325—2003,3.4]

3.2

频率偏差 frequency deviation

系统频率的实际值和标称值之差。

[GB/T 15945—1995,2.1]

3.3

谐波 harmonic

对周期性交流量进行傅立叶级数分解,得到频率为基波频率大于1整数倍的分量。

[GB/T 14549—1993,3.4]

3.4

电压波动 voltage fluctuation

电压方均根值一系列的变动或连续的改变。

[GB 12326—2000,3.8]

3.5

闪变 flicker

灯光照度不稳定造成的视感。

[GB 12326—2000,3.9]

3.6

不平衡度 unbalance factor

三相电力系统中三相的不平衡程度,用电压或电流负序分量与正序分量的方均根值百分比表示。

[GB/T 15543—1995,2.1]

3.7

电压暂降 voltage dip(sag)

在电力系统某一点的电压暂时下降,经历半个周期到几秒钟的短暂持续期后恢复正常。

注:改写 GB/T 17626.11—1999,4.3。

3.8

电压暂升 voltage swell

在电力系统某节点上出现的一个暂时的电压上升。

3.9

电压短时中断 voltage interruption

供电电压消失一段时间,一般不超过1 min。短时中断可以认为是90%～100%幅值的电压暂降。

[GB/T 17626.11—1999,4.4]

4 分类及构成

4.1 分类

4.1.1 按信号的接入方式分

4.1.1.1 直接接入式

直接将待测电压、电流信号接入监测设备，不需要中间设备。

4.1.1.2 间接接入式

待测电压、电流信号经传感器接入监测设备。

4.1.2 按使用方式分

4.1.2.1 便携式

根据需要，临时装设于现场。一般应便于携带、运输。

4.1.2.2 固定式

固定装设在监测现场，长期在线运行。一般无需进行操作，自动完成设定的监测、存取、传输等功能。

4.2 设备构成

便携式监测设备可根据需要，由自身完成全部功能；也可配套后台分析软件，完成诸如分析、存取、打印等功能；

固定式监测设备一般由在线监测设备(单元)、通信系统、后台系统组成。

5 技术要求

5.1 基本功能要求

5.1.1 监测功能

监测设备的功能分为基本功能和可选功能，见表1。

表1 监测功能一览表

序号	项目	基本功能	可选功能
1	电压偏差	√	
2	频率偏差	√	
3	三相不平衡度、负序电流	√	
4	谐波	√	
5	闪变	√	
6	电压波动		√
7	电压暂降、暂升、短时中断		√

具有表1中单项或几项监测功能的监测设备也均按照本标准执行。

5.1.2 显示功能

监测设备一般应具有对被监测相关电能质量参数的实时数据显示功能。

5.1.3 通讯接口

在线监测设备应根据实际应用环境的通讯要求，至少具备一种标准通讯接口，实现监测数据的实时传输或定时提取，例如RS485/232、以太网接口等。

5.1.4 权限管理功能

监测设备宜具有权限管理功能。只有具有授权权限的操作人员方可对监测设备进行相应的参数设置与更改。

5.1.5 设置功能

监测设备应具有对诸如其时钟、系统基本数据的重新设置、更改、删除功能。

5.1.6 统计功能

监测设备应具有相应国家标准要求的统计功能。

5.1.7 记录存储功能

——电压偏差、频率偏差、三相不平衡度、谐波监测的一个基本记录周期为 3 s,其时间标签为该 3 s 结束的时刻;

——固定式当地监测设备记录保存的时间间隔为 3 min,取该时间段的最大值连同该时间段结束的时刻构成一条完整的存储记录;具有实时数据上传功能的固定式监测设备在实时监测状态下记录上传时间间隔为 3 s;

——便携式当地监测设备记录保存的时间间隔为 3 s;

——短时闪变的一个记录周期为 10 min,长时闪变为 2 h;

——监测设备的存储记录应至少保存 15 d,之后可按先进先出的原则更新。

5.2 准确度要求

5.2.1 准确度计算公式(见表 2)

表 2 准确度计算公式

项　　目	准确度计算公式	说　　明
电压偏差/%	$\left\|\frac{u-u_N}{u_N}\right\|\times100$	u:实际测试值 u_N:给定值
频率偏差/Hz	$\|f-f_N\|$	f:实际测试值 f_N:给定值
三相电压不平衡度/%	$\left\|\frac{\varepsilon_u-\varepsilon_{uN}}{\varepsilon_{uN}}\right\|\times100$	ε_u:实际测试值 ε_{uN}:给定值
三相电流不平衡度/%	$\left\|\frac{\varepsilon_i-\varepsilon_{iN}}{\varepsilon_{iN}}\right\|\times100$	ε_i:实际测试值 ε_{iN}:给定值
谐波/%	$\left\|\frac{u(i)_h-u(i)_{hN}}{u(i)_{hN}}\right\|\times100$	$u(i)_h$:第 h 次谐波电压(电流)实际测试值 $u(i)_{hN}$:第 h 次谐波电压(电流)给定值
闪变/%	$\left\|\frac{p_{st}-p_{stN}}{p_{stN}}\right\|\times100$	p_{st}:短时闪变测试值 p_{stN}:短时闪变给定值
电压波动/%	$\left\|\frac{\delta_u-\delta_{uN}}{\delta_{uN}}\right\|\times100$	δ_u:测试值 δ_{uN}:给定值

5.2.2 准确度

监测设备各相应指标的准确度应满足下述要求:

——电压偏差:0.5%;

——频率偏差:0.01 Hz;

——三相电压不平衡度:0.2%;

——三相电流不平衡度:1%;

——谐波:按 GB/T 14549—1993 规定分为 A 级、B 级,具体规定见表 3;

——闪变:5%;

——电压波动:5%。

表 3 谐波监测准确度等级

等级	被测量	条件	允许误差
A	电压	$U_h \geq 1\% U_N$ $U_h < 1\% U_N$	$5\% U_h$ $0.05\% U_N$
	电流	$I_h \geq 3\% I_N$ $I_h < 3\% I_N$	$5\% I_h$ $0.15\% I_N$
B	电压	$U_h \geq 3\% U_N$ $U_h < 3\% U_N$	$5\% U_h$ $0.15\% U_N$
	电流	$I_h \geq 10\% I_N$ $I_h < 10\% I_N$	$\pm 5\% I_h$ $0.5\% I_N$
注：U_N 为标称电压，I_N 为标称电流，U_h 为谐波电压，I_h 为谐波电流。			

5.3 电气性能要求

5.3.1 监测设备电源电压及允许偏差

交流标称电压：220 V，容许变化范围±20%，50 Hz±1 Hz，谐波电压总畸变率不大于 8%；
100 V，容许变化范围±20%，50 Hz±1 Hz，谐波电压总畸变率不大于 8%；

直流标称电压：220 V，容许变化范围±20%；
100 V，容许变化范围±20%。

5.3.2 电压信号输入回路

——范围：间接接入法：标称电压 100 V/$\sqrt{3}$和 100 V，过载能力：标称电压的$\sqrt{3}$倍；
直接接入法：标称电压 220 V 和 380 V，过载能力：标称电压的$\sqrt{3}$倍。

——波峰系数：≥2。

5.3.3 电流信号输入回路

间接接入法：

——范围：标称电流 1 A、5 A；

——过载能力：1.2 倍标称电流连续，2 倍标称电流持续 1 s；

——波峰系数：≥3。

16 A 及以下直接接入法：应满足 GB 17625.1—2003 中 B.2 要求。

5.3.4 功率消耗

——通过 PT 二次回路供电的监测设备，电源消耗的有功功率不大于 5 W(特殊情况与用户协商)；

——信号回路在标称输入电压电流参数下，回路(通道)消耗的视在功率应不大于 0.75 VA/回路(通道)。

5.3.5 停电数据保持

长时间断电时，监测设备不应出现误读数，并应有数据保持措施，至少保持四个月以上；电源恢复时，数据应不丢失。

5.4 正常使用条件

——周围空气温度不超过 40℃；且在 24 h 内测得的平均值不超过 35℃。
最低周围空气温度为－10℃。

——湿度条件如下：
在 24 h 内测得的相对湿度的平均值不超过 95%；
在 24 h 内测得的水蒸气压力的平均值不超过 2.2 kPa；
月相对湿度平均值不超过 90%；

月水蒸气压力平均值不超过 1.8 kPa。

注：在这样的条件下偶尔会出现凝露。

5.5 外壳、机械性能

5.5.1 外观

外观应整洁，无明显划痕。

5.5.2 外壳

监测设备防护等级不应低于 GB 4208—1993 规定的 IP51 要求。

5.5.3 机械性能

应能承受正常运行中的机械振动及常规运输条件下的冲击，监测设备不发生损坏和零部件松动脱落现象；功能和准确度应仍符合 5.1、5.2 要求。

5.6 安全性能

5.6.1 绝缘电阻

监测设备各电气回路对地和各电气回路之间的绝缘电阻要求如表 4 所示：

表 4 绝缘电阻要求

额定电压/V	绝缘电阻要求/MΩ		测试电压/V
	正常条件	湿热条件	
$U \leqslant 60$	≥5	≥1	250
$U > 60$	≥5	≥1	500
注：与二次设备及外部回路直接连接的接口回路采用 $U > 60$ V 要求。			

5.6.2 冲击电压

电压峰值为 6 kV，波形为标准的 1.2/50 μs 的脉冲，施加于监测设备电气回路对地之间，不应出现电弧、放电、击穿和损坏。试验后，监测设备存储的数据应无变化，功能和准确度应仍符合 5.1、5.2 要求。

5.6.3 绝缘强度

在监测设备电气回路对地之间及其各电气回路之间施加有效值如表 5 所示的 50 Hz 正弦波电压 1 min，不应出现电弧、放电、击穿和损坏。试验后，监测设备存储的数据应无变化，功能和准确度应仍符合 5.1、5.2 要求。

表 5 绝缘强度

额定电压/V	试验电压有效值/V	额定电压/V	试验电压有效值/V
$U \leqslant 60$	500	$125 < U \leqslant 250$	2 000
$60 < U \leqslant 125$	1 000	$250 < U \leqslant 400$	2 500

5.7 电磁兼容性（EMC）

应满足本标准 6.8 试验要求。

6 试验方法

6.1 试验条件

6.1.1 试验气候环境条件

除非另有规定，试验应在下列环境条件下进行：

——温度：+15℃～+35℃；

——相对湿度：45%～75%；

——大气压力：86 kPa～106 kPa。

6.1.2 电源条件

——试验电源：频率为 50 Hz，允许偏差±1 Hz；

——电压：AC 220 V，允许偏差±5%。

6.2 基本功能检验

根据产品说明书给监测设备通电，施加标称电压、电流信号，分项检测监测设备是否具有 5.1 所描述的各项功能。

6.3 准确度测试方法

6.3.1 标准源要求

准确度测试中标准源的误差应高于 5.2 对应误差限值两个等级。

6.3.2 频率

在参考相与地之间输入额定交流电压，信号频率分别设定为 50 Hz、49 Hz、51 Hz，频率测试准确度应符合 5.2 的要求。

6.3.3 电压偏差

输入三相交流额定信号电压，频率为 50 Hz，电压偏差测量准确度应符合 5.2 要求；改变信号电压为初试设定电压的 1.2 倍、0.8 倍重复测试，测量准确度仍应符合 5.2 要求。

6.3.4 三相不平衡度

根据监测设备的额定信号电压，分别设定三相电压不平衡度为 2%、4%，测试准确度应符合 5.2 要求；

根据监测设备的额定信号电流，分别设定三相电流不平衡度为 10%、30%，测试准确度应符合 5.2 要求。

6.3.5 谐波电压电流

根据监测设备的额定信号电压、电流，基波频率设定为 50 Hz，依次对 3 次、5 次、7 次、11 次、13 次、25 次谐波根据表 6 设定量值要求分别单独设置，准确度应符合 5.2 要求。

6.3.6 电压波动

依据 6.3.7 闪变测试中电压波动取值(表 7)，在各种电压变化频度及波动幅度下电压波动的误差应在±5%之内。

6.3.7 闪变

闪变以表 7 所示的方波进行测试，其最后短时闪变结果应为 1，误差在±5%内；

增加上述波动量幅度为表 7 数据的 3 倍，其最后短时闪变结果应为 3，误差在±5%内。

6.3.8 电压暂降、暂升、短时中断

正在考虑中。

表 6 谐波准确度测试设定值

等　　级	被测量	设定量值
A	电压	0.5%、1%、4%、8%
	电流	1%、3%、20%
B	电压	1%、3%、8%
	电流	3%、10%、20%

表 7 闪变测试设定值

变化频度/min^{-1}	波动量 $\Delta V/V\%$
1	2.724
2	2.211

表 7(续)

变化频度/min^{-1}	波动量 $\Delta V/V\%$
7	1.459
39	0.906
110	0.725
1 620	0.402
4 000	2.40

6.4 电气性能试验

6.4.1 电源电压变化影响

将电源电压变化到 5.3.1 规定的极限值时,监测设备应能正常工作,功能和准确度应符合 5.1、5.2 要求。

6.4.2 信号输入回路试验

根据监测设备的信号回路额定电压、电流,按 5.3.2、5.3.3 进行试验,监测设备应能正常工作,功能和准确度应符合 5.1、5.2 要求。

6.4.3 停电数据保持

先读出监测设备内保存的数据及设置的参数,然后断电 8 h。电源恢复后,保存的数据应无变化。

6.4.4 功率消耗

用伏安法及功率表测量各回路的功耗,监测设备功率消耗应符合 5.3.4 要求。

6.5 气候防护试验

6.5.1 高温影响

按 GB/T 2423.2—2001 规定的 Bb 类进行,将被测装置在非通电状态下放入高温试验箱中央,升温至 5.4 规定的最高温度,保温 6 h,然后通电 0.5 h,功能和准确度应仍符合 5.1、5.2 要求。

6.5.2 低温影响

按 GB/T 2423.1—2001 规定的 Ab 类进行,将被测装置在非通电状态下放入低温试验箱的中央,降温至 5.4 条规定的最低温度,保温 6 h,然后通电 0.5 h,功能和准确度应仍符合 5.1、5.2 要求。

6.5.3 交变湿热试验

按 GB/T 2423.4—1993 的规定进行试验。试验最高湿度按 5.4 的规定,试验周期为 2 d(最高温度 +40℃)。试验结束前在湿热条件下测绝缘电阻应不低于 5.6.1 的要求,试验结束后在大气条件下恢复 2 h,通电测试,装置功能和准确度应仍符合 5.1、5.2 要求。

6.6 外壳及机械性能试验

6.6.1 外观

目测,外观应整洁,无明显划痕。

6.6.2 防护等级

依据 GB 4208—1993 规定的 IP51 等级试验要求试验,应符合相关要求。

6.6.3 振动试验

监测设备不包装、不通电,固定在试验台中央。试验按 GB/T 2423.10—1995 规定进行:

——频率范围:10 Hz~150 Hz;

——交越频率:60 Hz($f \leqslant 60$ Hz:定振幅 0.075 mm;$f > 60$ Hz:定加速度 10 m/s^2);

——每一轴向扫频周期数:10 次。

试验后检查受试监测设备应无损坏和紧固件松动脱落现象,通电后功能和准确度应仍符合 5.1、5.2要求。

6.6.4 机械冲击试验

监测设备不包装、不通电,固定在试验台中央。试验按 GB/T 2423.5—1995 规定进行:

——脉冲波形:半正弦波;

——峰值加速度:150 m/s^2;

——脉冲宽度:11 ms;

——次数:3 个互相垂直轴线上的 6 个面各 3 次。

试验后检查受试监测设备应无损坏和紧固件松动脱落现象,通电后监测设备功能和准确度应仍符合 5.1、5.2 要求。

6.7 安全性能试验

6.7.1 绝缘电阻试验

在正常试验条件和湿热试验条件下,用表 4 规定电压的兆欧表测量监测设备各电气回路对地和各电气回路间的绝缘电阻,其值应符合表 4 的规定。

6.7.2 冲击电压试验

用 1.2/50 μs 的标准冲击波作用于监测设备各电气回路对地和各电气回路间,试验电压 6 kV,不应出现电弧、放电、击穿和损坏。试验后,监测设备存储的数据应无变化,功能和准确度应仍符合 5.1、5.2 要求。

6.7.3 绝缘强度试验

用 50 Hz 正弦波电压对监测设备各电气回路对地和各电气回路间进行试验,时间 1 min,施加如表 5 规定的试验电压,不应出现电弧、放电、击穿和损坏。试验后,监测设备存储的数据应无变化,功能和准确度应仍符合 5.1、5.2 要求。

6.8 电磁兼容性试验

6.8.1 电快速瞬变脉冲群抗干扰度试验

按照 GB/T 17626.4—1998 中规定,并在下述条件下进行:

——监测设备处于正常工作状态;

——监测设备的供电电源端口和保护接地的试验电压峰值:2 kV;

——信号输入输出端口、数据和控制端口试验电压峰值:1 kV;

——重复频率 5 kHz 的脉冲群;

——施加时间 10 min 内等间隔地作用 3 次。

试验中及试验后,系统应能正常工作。

6.8.2 辐射电磁场抗干扰性试验

按照 GB/T 17626.3—1998 中规定,并在下述条件下进行:

——频率范围:80 MHz~1 000 MHz;

——试验场强:10 V/m;

——监测设备处于正常工作状态。

试验中及试验后,系统应能正常工作。

6.8.3 静电放电抗干扰度试验

按照 GB/T 17626.2—1998 中规定,并在下述条件下进行:

——监测设备在正常工作条件;

——接触放电;

——在其外壳和工作人员经常可能触及的部位;

——试验电压:8 kV;

——正负极性放电各 10 次,每次放电间隔至少为 1 s。

试验中及试验后,系统应能正常工作。

6.8.4 浪涌(冲击)试验

按照 GB/T 17626.5—1998 中规定,并在下述条件下进行:

——监测设备处于正常工作状态;

——严酷等级 3;

——试验电压:2 kV;

——波形:1.2/50 μs;

——极性:正、负;

——试验次数:正负极性各 5 次;

——重复率:每分钟最快 1 次。

施加于供电电源端口之间、供电电源端口与地之间、信号输入回路之间;试验中及试验后,系统应能正常工作。

7 检验规则

7.1 出厂检验

由制造厂检验部门对生产的每个产品进行检验,出厂检验项目见表 8。合格后应加封印出厂,发给质量合格证明书。

表 8 检验项目

序 号	校验项目	检验方法	出厂检验	型式检验	不合格类别
1	基本功能	6.2	√	√	A
2	准确度	6.3	√	√	A
3	电气性能	6.4	√	√	B
4	高温影响	6.5.1		√	A
5	低温影响	6.5.2		√	A
6	交变湿热	6.5.3		√	A
7	外观	6.6.1	√	√	C
8	外壳及机械性能	6.6.2～6.6.4		√	B
9	绝缘电阻	6.7.1	√	√	A
10	冲击耐压	6.7.2		√	A
11	绝缘强度	6.7.3	√	√	A
12	电快速瞬变脉冲群抗扰度	6.8.1		√	A
13	幅射电磁场抗扰度	6.8.2		√	A
14	静电放电抗扰度	6.8.3		√	A
15	浪涌试验	6.8.4		√	A
注:"√"表示应做的项目。					

7.2 型式试验

下列情况之一应按本标准所规定的全部技术要求进行试验:

a) 新产品设计定型鉴定及批量试生产定型鉴定;

b) 当监测设备结构、工艺或主要材料上有改变,可能影响其符合本部分要求时;

c) 停产 1 年后重新投产时;

d) 批量生产的产品每 5 年进行一次型式检验;

e) 国家质量监督机关或主管部门监督检查需进行型式检验时。

7.3 型式试验抽样方案

型式试验的样品应在出厂检验合格的产品中随机抽取，按 GB/T 2829—2002 选择判别水平Ⅰ，不合格质量水平 RQL＝30 的二次抽样方案，即：

$$[\,n \quad Ac \quad Re\,]=\begin{bmatrix}4 & 0 & 2\\ 4 & 1 & 2\end{bmatrix}$$

式中：

n——样本大小；

Ac——合格判定数；

Re——不合格判定数。

7.4 不合格分类

按 GB/T 2829—2002 的规定，不合格分为 A、B、C 三类。各类的权值定为：A 类 1.0，B 类 0.5，C 类 0.3。

7.5 不合格判定

检验中发现任一样品的 A 类不合格或其他类不合格折算为 A 类不合格的权值，累积数大于或等于 1 时，则判为不合格品。

除另有说明外，对在同一样本同一试验项目上重复出现的不合格，均按一个计。

根据合格和不合格的样品数，按抽样方案中的合格判定数 Ac 和不合格判定数 Re 确定检验是否合格。

7.6 检验项目

见表 8。

8 标志、包装、运输和贮存

8.1 标志

产品应有下列标志：

a) 产品型号、名称；

b) 生产厂名、商标；

c) 出厂编号；

d) 额定电压、额定电流、额定频率、额定功率。

具有谐波监测功能的设备应表明谐波监测的准确度是 A 级还是 B 级。

8.2 包装

8.2.1 包装箱上应有下列标志：

a) 生产企业名称、地址；

b) 产品名称、型号；

c) 毛重；

d) 外型尺寸；

e) 产品标准号；

f) “小心轻放”、“向上”、“怕湿”等字样或标志，标志应按 GB/T 191—2000 中有关规定，箱上的字样和标志，应保证不因历时较久而模糊不清。

8.2.2 包装箱内应有防震、防潮措施，以保证产品不受自然损坏。

8.2.3 包装箱内应随带下列文件：

a) 装箱单；

b) 产品合格证；

c) 产品使用说明书。

8.3 运输和储存

8.3.1 包装完整的产品在运输过程中应避免雨、雪的直接淋袭，并防止受到剧烈的撞击和振动。

8.3.2 产品存放时，应放在温度为0℃～40℃、相对湿度不超过85%、空气中无腐蚀性物质的室内。

电能质量　公用电网间谐波

（摘录）

4　限值

4.1　220 kV 及以下电力系统公共连接点(PCC)各次间谐波电压含有率应不大于表 1 限值。

表 1　间谐波电压含有率限值

电压等级 \ 限值/% \ 频率/Hz	<100	100～800
1 000 V 及以下	0.2	0.5
1 000 V 以上	0.16	0.4
注：频率 800 Hz 以上的间谐波电压限值还处于研究中。频率低于 100 Hz 限值的主要依据见附录 A。		

4.2　接于 PCC 的单个用户引起的各次间谐波电压含有率一般不得超过表 2 限值。根据连接点的负荷状况，此限值可以做适当变动，但必须满足 4.1 规定。

表 2　单一用户间谐波电压含有率限值

电压等级 \ 限值/% \ 频率/Hz	<100	100～800
1 000 V 及以下	0.16	0.4
1 000 V 以上	0.13	0.32

4.3　同一节点上，多个间谐波源同次间谐波电压按下式合成：

$$U_{ih}=\sqrt[3]{{U_{ih1}}^{3}+{U_{ih2}}^{3}+\cdots+{U_{ihk}}^{3}} \tag{1}$$

式中：U_{ih1}——第 1 个间谐波源的第 ih 次间谐波电压；

U_{ih2}——第 2 个间谐波源的第 ih 次间谐波电压；

U_{ihk}——第 k 个间谐波源的第 ih 次间谐波电压；

U_{ih}——k 个间谐波源共同产生的第 ih 次间谐波。

5　测量取值和测量条件

5.1　本标准基于离散傅立叶分析(DFT)算法规范间谐波的测量，但不排除更先进的间谐波测量方法。

5.2　间谐波测量的频率分辨率为 5 Hz，测量采样窗口宽度为 10 个工频周期。

5.3　间谐波的取值方法：

取 3 s 内 m 次测量数值的方均根值作为第 ih 次间谐波电压的一个测量结果。计算公式如下：

$$U_{ih}=\sqrt{\frac{1}{m}\sum_{k=1}^{m}u_{ih,k}^{2}}\quad(6\leqslant m\leqslant 15) \tag{2}$$

式中：m——3 s 内均匀间隔的测量次数，$m=15$ 为无缝采样；

$u_{ih,k}$——第 k 次测量得到的 ih 次间谐波电压值；

U_{jh}——第 ih 次间谐波的一个测量结果。

5.4 间谐波的测量可以在 3 s 测量结果的基础上，综合出 3 min、10 min 或 2 h 的测量值。综合方法为取所选时间间隔内(例如 3 min)所有 3 s 测量结果的平方算术和平均取平方根，例如 3 min 的测量值为：

$$U_{\underset{(3\ \text{min})}{ih}} = \sqrt{\frac{1}{60}\sum_{k=1}^{60} u^2_{\underset{(3\ \text{s})}{ih,k}}} \tag{3}$$

式中：60——3 min 内包含 3 s 的测量次数。

5.5 间谐波的评估测量要求在系统正常运行的最小方式下，间谐波发生最大的情况下测量；当系统条件不符合要求时(大于正常最小方式)，可按短路容量折算结果(即将测量结果乘以实际短路容量和最小短路容量之比)。

5.6 间谐波的评估时间段一般至少为 24 h，以评估时间段内三相综合值 95% 概率大值中较大的一相值为评估依据。

注：95%概率大值含义：将实测值按由大到小次序排列，舍弃前面 5%的大值，剩余实测值的最大值。

6 测量仪器准确度

间谐波测量准确度要求如表 3 所示。

表 3 间谐波测量仪器准确度等级

等级	被测量	条件	允许误差
A	电压	$U_{ih} \geqslant 1\% U_N$	$5\% U_{ih}$
		$U_{ih} < 1\% U_N$	$0.05\% U_N$
	电流	$I_{ih} \geqslant 3\% I_N$	$5\% I_{ih}$
		$I_{ih} < 3\% I_N$	$0.15\% I_N$
B	电压	$U_{ih} \geqslant 3\% U_N$	$5\% U_{ih}$
		$U_{ih} < 3\% U_N$	$0.15\% U_N$
	电流	$I_{ih} \geqslant 10\% I_N$	$5\% I_{ih}$
		$I_{ih} < 10\% I_N$	$0.5\% I_N$
注：表中 U_N 为标称电压，I_N 为标称电流，U_{ih} 为间谐波电压，I_{ih} 为间谐波电流。			

A 级仪器——用来进行需要准确测量的场合，例如合同的仲裁、解决争议等。

B 级仪器——可以用来进行调查统计、排除故障以及其他不需要较高测量准确度的场合。

附 录 A
（规范性附录）
间谐波电压含有率与拍频关系曲线

A.1 $P_{st}=1$ 条件下间谐波电压含有率与拍频关系曲线

间谐波的主要危害之一是引起照明闪烁，$P_{st}=1$ 为闪变通用限值，在此条件下各间谐波电压含有率与拍频的关系曲线见图 A.1。

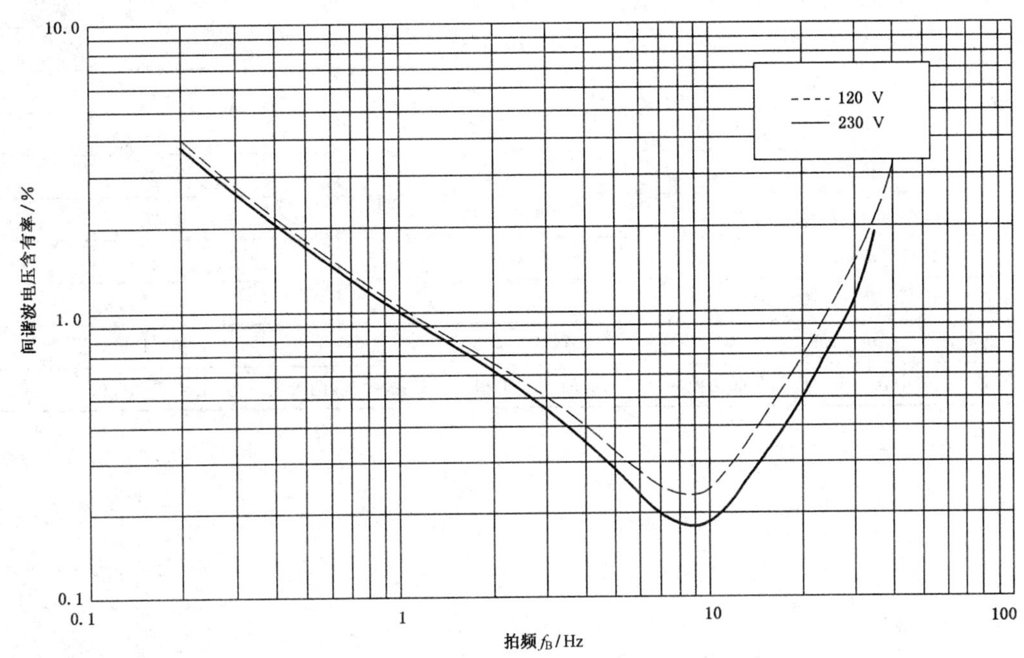

图 A.1 间谐波电压含有率与拍频关系曲线

A.2 $P_{st}=1$ 条件下间谐波电压含有率与间谐波次数关系数值表

对应于图 A.1，$P_{st}=1$ 条件下间谐波电压含有率与间谐波次数(间谐波频率)关系如表 A.1 所示。

表 A.1 $P_{st}=1$ 条件下间谐波电压含有率与间谐波次数(间谐波频率)关系数值表

间谐波次数 ih	系统频率 50 Hz，标称电压 230 V	
	间谐波频率 f_{ih}/Hz	间谐波电压含有率/%
$0.2<ih<0.6$	$10<f_{ih}\leqslant 30$	0.51
$0.60<ih<0.64$	$30<f_{ih}\leqslant 32$	0.43
$0.64<ih<0.68$	$32<f_{ih}\leqslant 34$	0.35
$0.68<ih<0.72$	$34<f_{ih}\leqslant 36$	0.28
$0.72<ih<0.76$	$36<f_{ih}\leqslant 38$	0.23
$0.76<ih<0.84$	$38<f_{ih}\leqslant 42$	0.18

表 A.1（续）

间谐波次数 ih	系统频率 50 Hz，标称电压 230 V	
	间谐波频率 f_{ih}/Hz	间谐波电压含有率/%
0.84<ih<0.88	42<f_{ih}≤44	0.18
0.88<ih<0.92	44<f_{ih}≤46	0.24
0.92<ih<0.96	46<f_{ih}≤48	0.36
0.96<ih<1.04	48<f_{ih}≤52	0.64
1.04<ih<1.08	52<f_{ih}≤54	0.36
1.08<ih<1.12	54<f_{ih}≤56	0.24
1.12<ih<1.16	56<f_{ih}≤58	0.18
1.16<ih<1.24	58<f_{ih}≤62	0.18
1.24<ih<1.28	62<f_{ih}≤64	0.23
1.28<ih<1.32	64<f_{ih}≤66	0.28
1.32<ih<1.36	66<f_{ih}≤68	0.35
1.36<ih<1.40	68<f_{ih}≤70	0.43
1.4<ih<1.8	70<f_{ih}≤90	0.51
注：此表中含有率对应的是间谐波频率 f_{ih}，而图 A.1 的横坐标是拍频 f_B，两者关系为 $f_{ih}=50\pm f_B$(Hz)。		

附　录　B
（资料性附录）
间谐波及其危害和集合概念介绍

B.1　间谐波及其危害

离散傅立叶分析(DFT)是频谱分析的常用方法。对于工频 50 Hz 电力系统而言，电压电流实时波形通过 DFT 分析后得到一系列频谱分量，通常将这些频谱分量中工频整数倍的频谱分量定义为谐波(harmonics)，频率为工频非整数倍的分量称为间谐波(interharmonics)。

有时候也将低于工频的间谐波称为次谐波(sub-harmonics)，次谐波可看成直流与工频之间的间谐波。

B.1.1　间谐波源

常见的间谐波干扰源主要有下述几类：

B.1.1.1　变流装置

目前，大量变流装置应用在电力系统，其产生的特征谐波频谱如下：

$$f = (p_1 m \pm 1) f_1 \pm p_2 n f_0 \tag{B.1}$$

式中：p_1——整流环节脉动数；

p_2——逆变环节脉动数；

f_1——交流输入工频频率；

f_0——变流器输出频率；

m、n——非负整数(不同时为 0)。

考虑到负荷三相的不对称性及触发角的误差，变流器运行过程中还将产生下述非特征谐波频谱：

$$f = (p_1 m \pm 1) f_1 \pm 2n f_0 \tag{B.2}$$

B.1.1.2　交流电弧炉

交流电弧炉不仅属于典型的谐波污染源、闪变发生源，同时，也是典型的间谐波发生源。一般来说，交流电弧炉电流的频谱属于连续频谱。实际上，一般冲击性负荷均产生间谐波。

B.1.1.3　通断控制的电气设备

各种对设备工作电压进行通断控制、电压调整的电气设备工作过程中将产生间谐波。例如电烤箱、熔炉、火化炉、点焊机、通断控制的调压器等。

B.1.2　间谐波的危害

间谐波具有谐波引起的所有危害。一般来说其危害主要表现在下述方面：

——产生闪变；

——导致显示屏闪烁；

——造成滤波器谐振、过负荷；

——引起通讯干扰；

——引起电动机发电机附加力矩；

——引起过零点监测误差；

——引起感应线圈噪声；

——影响脉冲接收器正常工作。

B.2 谐波、间谐波集合的概念

GB/T 17626.7 定义了谐波和间谐波的集合概念。目前谐波、间谐波标准限值尚未明确是针对集合概念的，故本节内容作为标准的资料性附录介绍。

B.2.1 谐波集方均根值(r. m. s. value of a harmonic group)

n 次谐波集方均根值 $G_{g,n}$ 由第 n 次谐波及其对称两侧的间谐波以下述定义形成(见图 B.1)。

$$G_{g,n}=\sqrt{\frac{C_{k-5}^2}{2}+\sum_{i=-4}^{4}C_{k+i}^2+\frac{C_{k+5}^2}{2}} \tag{B.3}$$

式中：$G_{g,n}$——n 次谐波集方均根值；

C_k——第 n 次谐波；

$C_{k+1,2,3,4,5}$——紧邻第 n 次谐波右侧连续的第 1、2、3、4、5 个间谐波频谱分量；

$C_{k-1,2,3,4,5}$——紧邻第 n 次谐波左侧连续的第 1、2、3、4、5 个间谐波频谱分量。

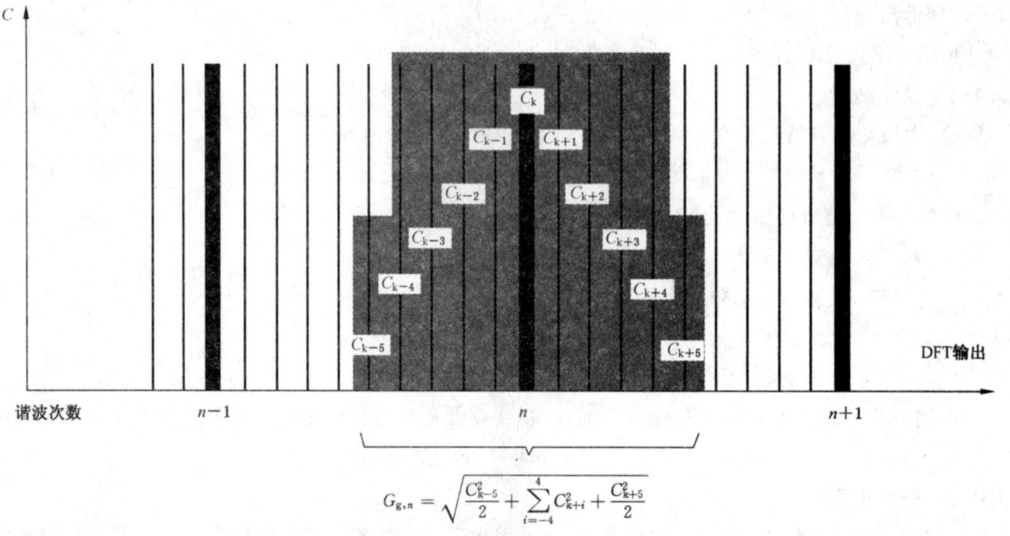

$$G_{g,n}=\sqrt{\frac{C_{k-5}^2}{2}+\sum_{i=-4}^{4}C_{k+i}^2+\frac{C_{k+5}^2}{2}}$$

图 B.1 谐波集方均根值示意图(50 Hz 系统)

B.2.2 谐波子集方均根值(r. m. s. value of a harmonic subgroup)

n 次谐波子集方均根值 $G_{sg,n}$ 由第 n 次谐波及其相邻的两个间谐波分量以下述定义形成(见图 B.2)。

$$G_{sg,n}=\sqrt{\sum_{i=-1}^{1}C_{k+i}^2} \tag{B.4}$$

式中：$G_{sg,n}$——n 次谐波子集方均根值；

C_k——第 n 次谐波；

C_{k+1}——第 n 次谐波右侧紧邻的第 1 个间谐波频谱分量；

C_{k-1}——第 n 次谐波左侧紧邻的第 1 个间谐波频谱分量。

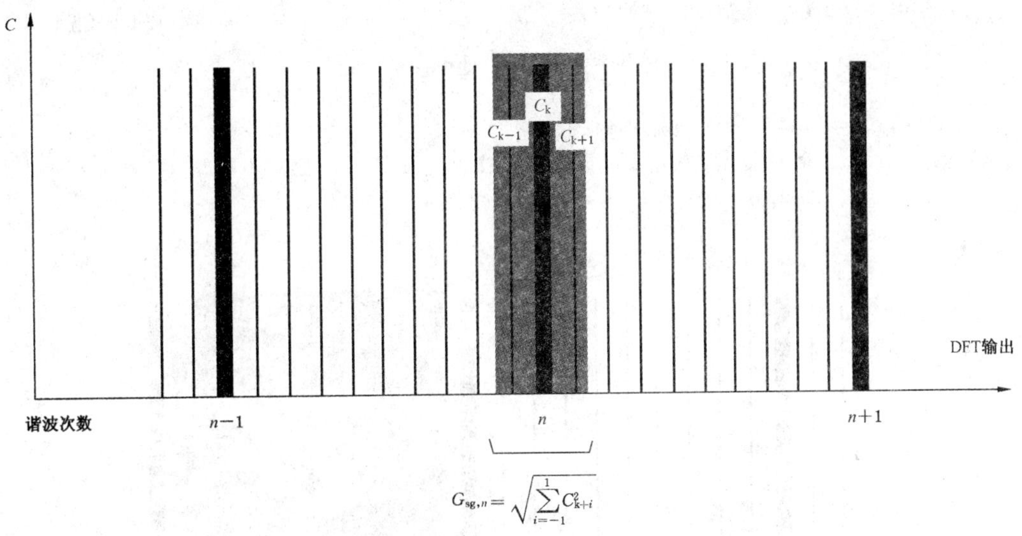

图 B.2 谐波子集方均根值示意图(50 Hz 系统)

B.2.3 间谐波集方均根值(r. m. s. value of an interharmonic group)

n 次间谐波集方均根值 $C_{ig,n}$ 由 n 次谐波与 $n+1$ 次谐波之间的间谐波分量以下述定义形成(见图 B.3)。

$$C_{ig,n}=\sqrt{\sum_{i=1}^{9}C_{k+i}^2} \quad \text{(B.5)}$$

式中：$C_{ig,n}$——n 次间谐波集方均根值；

$C_{k+1,2,3,4,5,6,7,8,9}$——第 n 次谐波频谱 C_k 与第 $n+1$ 次谐波频谱 C_{k+10} 之间连续的 9 个间谐波频谱分量。

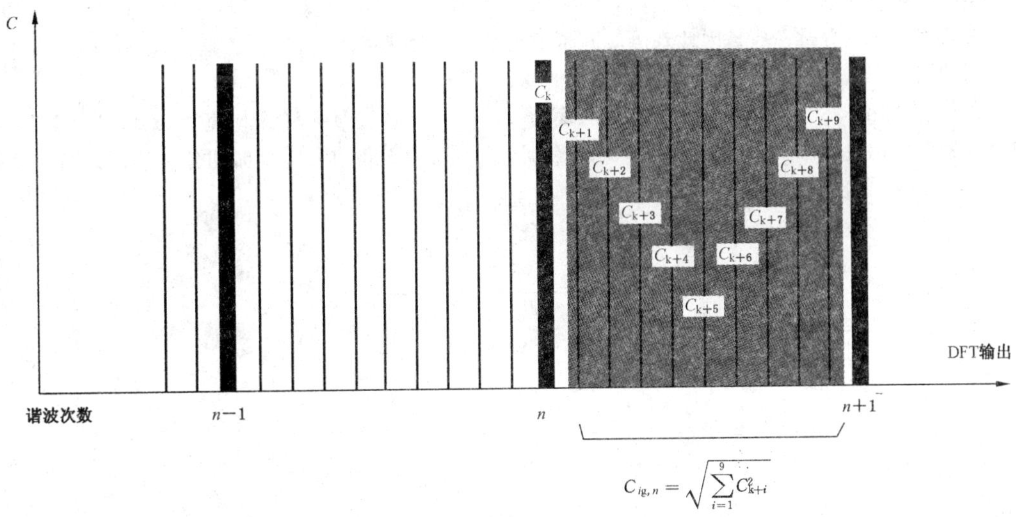

图 B.3 间谐波集方均根值示意图(50 Hz 系统)

B.2.4 间谐波子集方均根值(r. m. s. value of an interharmonic subgroup)

n 次间谐波子集 $C_{isg,n}$ 由第 n 次谐波与 $n+1$ 次谐波之间的间谐波分量以下述定义形成(见图 B.4)。

$$C_{isg,n}=\sqrt{\sum_{i=2}^{8}C_{k+i}^{2}} \tag{B.6}$$

式中：$C_{isg,n}$——n 次间谐波子集方均根值；

$C_{k+2,3,4,5,6,7,8}$——第 n 次谐波频谱 C_k 与第 $n+1$ 次谐波频谱 C_{k+10} 之间不与其直接相邻的连续 7 个间谐波频谱分量。

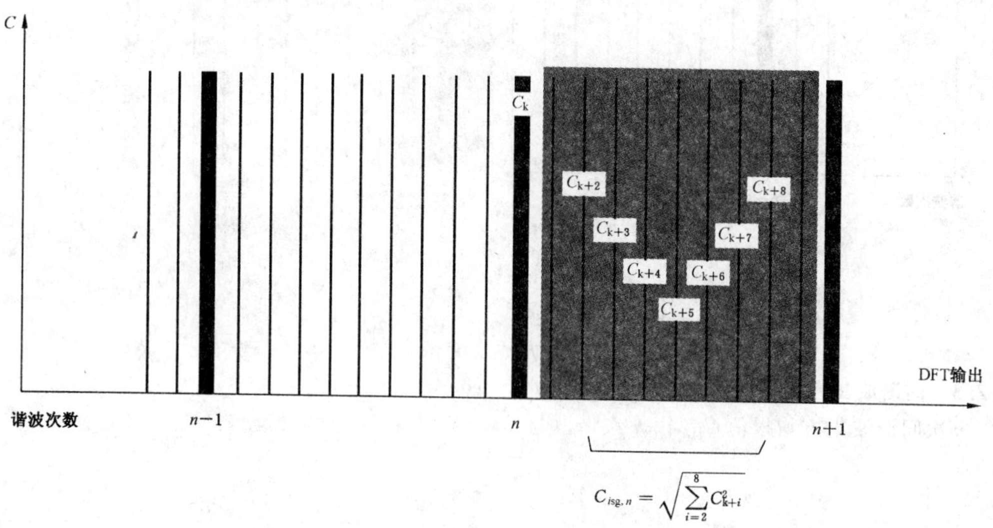

图 B.4 间谐波子集方均根值示意图(50 Hz 系统)

B.3 (间)谐波监测的频率分辨率

傅立叶分析的基本特点在于频率的分辨率与时间的分辨率成反比。

频率分辨率是指将信号中两个靠得很近的频率分量分开的能力，基于 DFT 变换，就是指 DFT 变换后各谱线的频率间隔。频率分辨率是由观测时间长度(亦即时间窗，也就是时间分辨率)决定的，并满足频率分辨率×时间分辨率=1，因此观测时间越长频率分辨率就越高(可分辨的频率越小)，但两者不可能同时达到很小。

例如，本标准 5.2 要求：间谐波测量的频率分辨率为 5 Hz，测量采样窗口宽度为 10 个工频周期。也就是要求用连续采样 10 个工频周期的采样数据进行傅立叶分解，因此，其时间分辨率为 10 个工频周期，即 0.2 s，因此频率分辨率$=\frac{1}{\text{时间分辨率}}=\frac{1}{0.2}=5$ Hz。

参考文献

[1] 李世林,刘军成.电能质量国家标准应用手册[M].北京:中国标准出版社,2007.

[2] 陈慈萱.电气工程基础[M].北京:中国电力出版社,2003.

[3] 陆宠惠.日本1 000 kV特高压输电技术[J].高电压技术,1998,24(2).

[4] 辛德培.电力标准化工作指南[M].北京:中国电力出版社,2001.

[5] 林海雪.电压电流频率和电能质量国家标准应用手册[M].北京:中国电力出版社,2001.

[6] 陶顺,肖湘宁.电能质量单项指标和综合指标评估的研究[J].华北电力大学学报,2008,35(2):27.

[7] 蔡邠.电力系统频率[M].北京:中国电力出版社,1999.

[8] 林海雪.电力系统的三相不平衡[M].北京:中国电力出版社,1998.

[9] 董其国.电能质量技术问答[M].北京:中国电力出版社,2003.

[10] 孙树勤.电压波动和闪变[M].北京:中国电力出版社,1999.

[11] 赵刚,林海雪.闪变值计算方法的研究[J].电网技术,2001,11.

[12] 林海雪.电力系统中的间谐波问题[J].供用电,2001,18(3):6-9.

[13] 林海雪.英国电气协会工程导则G5/4评述[J].电网技术,2006,(13):90-93.

[14] 林海雪.公用电网谐波国标中的几个问题[J].电网技术,2003,vol. 17 No. 1:65-70.

[15] 陈建业等,工业企业电能质量控制[M].北京:机械工业出版社,2008.

[16] 吴竟昌.供电系统谐波[M].北京:中国电力出版社,1998.

[17] GB 17625.1—2003 电磁兼容 限值 谐波电流发射限值(设备每相输入电流≤16 A)(idt IEC 61000-3-2:2001)

[18] GB/Z 17625.6—2003 电磁兼容 限值 对额定电流大于16 A的设备在低压供电系统中产生的谐波电流的限制(idt IEC 61000-3-4:1998)

[19] GB/T 17626.7—2008 电磁兼容 试验和测量技术 供电系统及所连设备谐波、谐间波的测量和测量仪器导则(idt IEC 61000-4-7)

[20] IEC 61000-2-1 Electromagnetic compatibility (EMC)—Part 2: Environment—Section 1: Description of the environment—Electromagnetic environment for low-frequency conducted disturbances and signalling in public power supply systems

[21] IEC 61000-2-2 EMC Part 2:Environment—Section 2:Compatibility levels for low-frequency conducted disturbances and signalling in public low-voltage power supply systems. (1990,International standard)

[22] IEC 61000-2-4 EMC Part 2:Environment—Section 4:Compatibility levels in industrial plants for low-frequency conducted disturbances(1994, International Standard)

[23] IEC 61000-3-6 Assessment of emission limits for distorting loads in MV and HV power systems—Basic EMC publication,1996. 10

[24] IEC 61000-4-30 EMC Part 4-30:Testing and measurement—Power quality measurement methods (2003,international standard)

[25] The Engineering Recommendation G5/4—Planning Levels for harmonic voltage distortion and the connection of non-linear equipment to transmission systems and distribution networks in the United Kingdom, the Electricity Association in February 2001

[26] Engineering Recommendation G5/3, Limits for harmonics in the United Kingdom electricity supply system[s]. The Electricity Council chief Engineers Conference. UK,sep. 1976

[27] IEEE Std 519-1992 IEEE Recommended Practices and Requirements for Harmonic Control in Electrical Power System

[28] IEEE Interharmonic Task Force Working Document(draft1/draft2)